叛逆的葡萄

踏上珍稀葡萄酒旅程

Godforsaken Grapes

A Slightly Tipsy Journey through
the World of Strange,
Obscure,
and Underappreciated
Wine

Jason Wilson

傑森・威爾遜

著

傅士玲

譯

dala food 008

叛逆的葡萄

踏上珍稀葡萄酒旅程 GODFORSAKEN GRAPES

作者：傑森・威爾遜 Jason Wilson

譯者：傅士玲

主編：洪雅雯

校對：金文蕙

美術設計：楊啟巽工作室

內文排版：邱美春

插畫：蘇璒

行銷企劃：李蕭弘

企劃編輯：張凱萁

總編輯：黃健和

法律顧問：董安丹律師、顧慕堯律師

出版：大辣出版股份有限公司
台北市105022南京東路四段25號12樓
www.dalapub.com
Tel：（02）2718-2698 Fax：（02）2514-8670
service@dalapub.com

發行：大塊文化出版股份有限公司
台北市105022南京東路四段25號12樓
www.locuspublishing.com
Tel：（02）8712-3898 Fax：（02）8712-3897
讀者服務專線：0800-006689
郵撥帳號：18955675
戶名：大塊文化出版股份有限公司
locus@locuspublishing.com

台灣地區總經銷：大和書報圖書股份有限公司
地址：248020新北市新莊區五工五路2號
Tel：（02）8990-2588 Fax：（02）2990-1658
製版：瑞豐製版印刷股份有限公司
初版一刷：2020年7月
定價：新台幣520元

獻給小犬桑德和小威，
但願有朝一日他們能找到自己獨一無二特殊品味。
（當然是滿二十一歲之後）

To my sons, Sander and Wes,
in hopes that they'll someday discover
their own unique tastes
(after they turn 21, of course)

在世界的盡頭
喝葡萄酒

樂於沉迷在葡萄酒浩瀚的迷宮

越不知名越有趣

沒名氣不代表不好喝

微醺，在主流之外，幫不知名的葡萄酒吶喊

文｜黃麗如（《酒途的告白》作者、專欄作家）

在葡萄酒行家圈子裡.形容珍稀或
罕見或難得一遇的葡萄酒為:
獨角獸葡萄酒 (Unicorn Wine)

我習慣在旅途中買瓶當地的葡萄酒、託運回台與友人分享，這一路運過玻利維亞、亞美尼亞、摩洛哥、馬其頓、希臘、土耳其等地的酒。曾經有葡萄酒專家質疑我的行為很可笑，他說：「這些地方都不是葡萄酒大國，何必花力氣和精神把不怎麼有名的酒帶回來。」我總是說：「這些國家也有葡萄園啊！有的甚至在六千年前就開始釀葡萄酒，我在那裡喝到的葡萄酒味道還不錯。」

曾經，我也是想努力攀爬葡萄酒天梯的一員，想盡辦法記住法國特級酒莊的名字、釐清波爾多的右岸與左岸、研究布根地地塊的坐向、猛吸著酒鼻子（Le Nez du Vin）好確認小小玻璃瓶裡定義的皮革味……但旅行越多越發現餐桌上的葡萄酒其實是萬花筒，不是只有梅洛（Merlot）、卡本內蘇維濃（Cabernet Saivignon）、夏多內（Chardonnay）。當我在土耳其喝著埃米爾（Emir）配著乳酪和核果、在阿根廷門多薩喝著迪莫拉索（Timorasso）配著阿根廷餃子（Empanada）、在亞美尼亞的葉綠凡喝著阿雷尼（Areni）紅酒看著亞拉拉山配著胡桃木烤肉，那相映的趣味與奔放的酒體，都不輸在巴黎米其林三星餐廳小心翼翼喝著1982年的拉菲堡（Château Lafite Rothschild）。世界那麼大，無論是葡萄酒還是乳酪，都浩瀚燦爛的如同星河，品味不該被那幾款主流葡萄所控制。

讀《叛逆的葡萄》其實就是幫非主流的釀酒葡萄加油吶喊，世界上釀酒的葡萄有一千三百六十八種，但僅其中的二十種就供應市面上八成的葡萄酒，我們在超市或酒鋪貨架上看到的酒標，往往就是二十種葡萄排列組合，再不斷重複出現在法國、智利、西班牙、義大利、澳洲、紐西蘭、阿根廷等地的酒瓶子上。那其他一千三百多種葡萄去了哪裡？莫非都得了失語症！

其實它們都在，只是我們喝酒的視野不夠寬、品酒的舌頭不敢去闖、固執的概念讓我們錯過了許多在地佳釀。有時候，因為不會讀酒標

上葡萄的名字（德文或葡萄牙文）；有時候，因為產區太過陌生；有時候，擔心挑個不知名的酒被同儕取笑，便放棄了嘗鮮的勇氣。而這個放棄一旦頻繁出現，很有可能會導致某種葡萄因為不被需要而被棄耕，澈底在地球滅絕。

人類釀製葡萄酒的歷史有數千年，在地球的許多角落都有和當地人一起走過數百年的葡萄園。因為想要見識各地的葡萄酒風味，我近幾年的旅程刻意走進每個喝酒國度的葡萄園。在玻利維亞拜訪自然酒的釀酒師時，他語重心長地說：「如果整個南美洲都追隨歐洲或美國的口味，把原來的葡萄樹砍掉，改種梅洛、希哈，那這塊土地的特色就完全消失了。」葡萄酒關乎的不只是口感，還連繫著歷史與文化，當全球的葡萄酒為了迎合主流的口味，而只用二十種葡萄來釀酒、只去討好幫葡萄酒打分數的酒評家口味，這個世界將會多麼枯燥乏味！

威爾森（Wilson）的珍稀葡萄考察旅程，不只是喝在地的葡萄酒、去感受自然酒的風味、看清楚葡萄園本來的面目，在一趟又一趟的酒途中，他也重新整理了自己的人生，第一次在義大利寄宿家庭喝到的那口酒滋味、在歐洲漫長轉機的那杯瑞士葡萄酒、在歐洲爆發難民潮時的葡萄園風景……一個又一個與酒與人相遇的故事，勾勒出葡萄酒是生活裡不可或缺的元素。它既重要又尋常，既獨特又能安撫人心，在不同的國度裡，葡萄酒照映出人生的模樣。

如同威爾森所說，葡萄酒的追尋不是爬梯子，而是走迷宮。這是一個每拐一個彎、每做一個選擇都會有驚喜的遼闊迷宮，我樂於沉迷在此，不斷地探索、追尋，啜飲真實的味道。閱讀這本書的同時，我突然好想喝瑞士的葡萄酒，為了珍稀葡萄，我願意重返美到無聊的國家，有形形色色原生種的葡萄在，酒杯一點都不會無聊。

去體驗吧！
品嚐稀有葡萄帶來的驚豔

　　葡萄酒太常被加上威望和品牌的偏見，被視為奢侈品，和所謂「對的」汽車、家具、精品包一樣。關於葡萄酒的話題，總脫離不了老生常談的那一批品牌地名——波爾多一級酒莊（First Growth Bordeaux）、特級園布根地（Premier Cru Burgundy）、納帕谷（Napa Valley）。而且，話題總不可避免地都強調相同的老葡萄品種：卡本內蘇維濃（Cabernet Sauvignon）、黑皮諾（Pinot Noir）、夏多內（Chardonnay）。

　　然而，在過去十年間，美國與歐洲的葡萄酒愛好者開始注意到葡萄酒單上，除了如雷貫耳的名字以外，多了不常見的名稱。在許多時髦餐廳和酒吧裡，細讀酒單很可能會發現怪異、佶屈聱牙的葡萄品種，它們來自於很多即使時至近期，大家甚至不知道種植葡萄的地方。對來自鮮為人知地區的鮮為人知葡萄趨之若鶩，逐漸興起於二十一世紀，大家對智利的卡門內爾（Carménère）、西班牙的阿爾巴利諾（Albariño）、奧地利的綠菲特麗娜（Grüner Veltliner），大肆吹捧。即使深受歡迎的阿根廷馬爾貝克（Malbec），十二年前無人知曉。但時至今日，這些葡

萄，還有許多和它們類似的葡萄，都是高級葡萄酒狂熱分子的心頭好。

多年來，葡萄酒產業一直都在朝向單一文化現象演變，本地葡萄品種遭到淘汰，以種植更能立刻獲利、更符合大眾市場需求的釀酒葡萄，諸如黑皮諾、夏多內或灰皮諾（Pinot Grigio）。我常感到震驚，很多人大啖豪華大餐，非常在意他們吃進身體裡的食物，可是開的葡萄酒要不是最便宜、充滿各種添加物的廉價酒，就是炒作過頭定價過高──兩者都是單調乏味的葡萄品種，隨處可得。

然而，在一些狹小的地帶，有一些英勇的葡萄農始終致力於堅持種植本地品種，而不是剷除它們。種植稀有品種葡萄的這類農人，往往也矢志採用有機種植、手工採摘和天然釀酒技術，不含大量添加劑，這或許並不奇怪。因為在這些有機物裡，可能隱藏著解決氣候變遷和疾病難題的線索。也或許，這些罕見卻有形能被觸摸的葡萄品種，在葡萄酒商店裡往往能帶來某些最好的價值。

葡萄酒總是和權力和金錢綁在一起。數百年來，一直都有守門人在決定哪些葡萄是「好的」，哪些是「壞的」。舉例來說，白高維斯（Gouais Blanc）是一款白葡萄，但自中世紀以來曾經在整個歐洲遭到不同的皇室律法禁止栽種。君王們認為它是一種太過淫亂、沒教養的葡萄，只能釀造劣酒──亦即中世紀法文的「gou」。諷刺的是，透過DNA檢測卻發現，白高維斯是八十餘種葡萄的母株，其中有好幾種的父株是黑皮諾，包括夏多內，說不定還有麗絲琳（Riesling）。

幾個世紀以來，一個又一個帝王接而連三做類似裁決，規定可以栽種哪些貴族葡萄，而其他的則加以禁止。在神聖羅馬帝國時期，大家偏愛法蘭克王國的葡萄酒更甚於「來自匈人」（Heunisch）的產品；「來自匈人」是帶有貶意的字眼，用來形容所有來自東斯拉夫領土的東西。西元1395年，布根地公爵（Duke of Burgundy）禁絕嘉美葡萄（Gamay，

謂之是「非常壞且不忠貞的品種」），堅持只能栽種黑皮諾。數百年以來，哈布斯堡（Habsburg）的葡萄酒都是舉世最重要的產物，然而一旦帝王衰亡，這些葡萄酒很多竟被遺忘了將近百年之久。

今天，雖非帝王，但守門人要不是有權有勢的葡萄酒評論家，用100分為滿分的計算方式打分數；要不就是大都會裡時髦餐館裡，引人矚目無所不知的侍酒師。說什麼最貴的葡萄酒，或是顯赫產區名牌葡萄酒，或是贏得90分以上的酒才值得一嚐，我們有些人對這類觀點根本不以為然。

我們這些喜歡晦澀或「怪異」葡萄的人，喜歡喝阿提斯（Altesse）和藍佛朗克（Blaufränkish）、內格芮特（Négrette）、白羽（Rkatsiteli）、茲瓦卡（Žilavka），還有數十種其他所謂的「天殺」的葡萄（Godforsaken Grapes）。我們努力保護它們，原因就如同我們要拯救傳家寶番茄、蘋果和傳統牛隻，還有建立龐大的種子銀行一樣。前所未曾品嚐過的每一顆新葡萄，都讓我們有機會嘗試新口味。在這個日益全球化、同質化的世界，這不僅僅只是件虛榮的事。

嘗試不一樣的東西吧。試試怪異的東西。讓自己接觸你從未考慮過的滋味。品嚐能讓你暫停一瞬間，集中注意力去體驗的某些東西，並感受任何事物。希望我的葡萄酒探險之旅能對你有所啟發。

傑森‧威爾遜
Jason Wilson

Part 1
天空之藤

Part 2
旅行在消失的葡萄酒帝國——昔日的奧匈帝國

Part 3
以稀有為賣點

附錄

某位愛酒人餐後甜點上了一些葡萄。「多謝，」他說，將餐盤推到一旁。「我不習慣吃膠囊狀的葡萄酒。」

A man who was fond of wine was offered some grapes at dessert after dinner. "Much obliged" said he, pushing the plate aside. "I am not accustomed to take my wine in pills."

——吉恩‧薩瓦蘭（Jean Anthelme Brillat-Savarin）*

---

* 十八世紀法國作家薩瓦蘭的名言，「人如其食（You are what you eat）」，一如品酩的風格取向，某種程度也反映出飲者的性格與態度。

Part. 1

天空之藤

THE VINES IN THE SKY

發現葡萄酒，比發現星座時，更為輝煌；宇宙星星太多了。

The discovery of a wine is of greater moment than the discovery of a constellation. The universe is too full of stars.

——富蘭克林（Benjamin Franklin）*

---

* 富蘭克林是美國獨立戰爭的領袖，是十八世紀美國最偉大的科學家和發明家，也是著名的政治家、外交家、哲學家、文學家和航海家。摯愛葡萄酒，曾說過很多關於葡萄酒的見解，並反映了他關於人生的哲學思考。

Chapter 1

危機重重的
葡萄

Dangerous
Grapes

在瑞士的瓦萊州[1]，融化乳酪是樁隆重的事。十六世紀的「別墅城堡」（Château de Villa）位於小城謝爾（Sierre），其帳單名稱喚作「瑞克雷神殿」（Le Temple de la Raclette），在晚餐菜單上的「瑞克雷乳酪」（Raclette）一語道破。「刮刀師」（Racleur）從一大輪瑞克雷乳酪上，將冒著泡泡滾燙黏稠的乳酪刮下，放入溫熱的餐盤內，並迅速端上我們的餐桌，然後我們加入了木籃裡煮熟的小馬鈴薯，佐以酸黃瓜、醃洋蔥、雞油菌和黑麥麵包。緊接在那道瑞克雷乳酪後，繼之而來更多款的瑞克雷乳酪。兩小時期間，瑞克雷輪番上陣；每個餐盤裡，一窪又一窪有來自左鄰右村的各色不同生奶乳酪。我點冰開水時，服務生微帶斥責，「不可以冰水佐食瑞克雷。乳酪會在你的胃裡凍成一小團。」

沒水喝無所謂。我到別墅城堡來的目的，是為了喝葡萄酒配融化乳酪的。而且，不是尋常葡萄酒，而是一些舉世珍稀的葡萄所釀造的酒。下一輪瑞克雷乳酪上桌時，我那不修邊幅衣著色彩柔和的法國酒肉朋友尚盧克・埃蒂芬（Jean-Luc Etievent）倒了一杯白玉曼（Humagne

Blanche）。這酒喝來陌生、粗獷、迷人，充滿異國水果成熟風味，又洋溢著細緻的花香氣息。恍若身著緊身闊擺連衣裙的名媛金卡戴珊所採集的山間野花。

倘若你聞所未聞白玉曼其名，不怪你。身為多年的稀有葡萄酒與烈酒迷，我也從未聽過這款白酒的大名。白玉曼（Humagne Blanche）起碼源於十四世紀，到了十九世紀末期，已是瓦萊州最常見的栽種葡萄。但如今，全世界的白玉曼卻只剩下七十五英畝的種植面積。相比之下，卡本內蘇維濃（Cabernet Sauvignon）和梅洛（Merlot）在全球的生產面積各高達七十餘萬英畝，而夏多內（Chardonnay）也超過四十多萬。埃蒂芬擺了個「不干我事」的法式聳肩，說「老喝同樣一款酒真是夠乏味的。」

我的白玉曼將飲盡之際，同桌的另一名葡萄酒「雪巴人」喬斯・維拉莫茲（José Vouillamoz）又為我添上另一杯；他是瑞士生物學家，四眼田雞的小個頭，戴著鴨舌帽，年約四十，愛騎著兒童滑板車在鄰村他的家鄉夕昂（Sion）四處蹓躂。「我們現在所品嚐的是一款全世界最稀有的葡萄酒。」他說，眉飛色舞。

他倒了一杯由希貝恰（Himbertscha）葡萄所釀成的酒給我。他在阿爾卑斯高山上荒廢的葡萄園裡發現該葡萄品種，並搶救成功。全世界，僅存這兩英畝地的希貝恰葡萄了，每年只能產製不到八百瓶酒。希貝恰是我所喝過滋味最怪異的葡萄酒之一 ——像滿布苔蘚與蒲公英的林地，微微噴發著檸檬和榛果可可醬的氣味。維拉莫茲大飲一口說，「品酒家們認為，稀有品種永難媲美波爾多（Bordeaux）或布根地（Burgundy），嗯，或許目前不能。但五十年後、百年後，誰知曉？」

我們大可稱埃蒂芬（Etievent）和維拉莫茲（Vouillamoz）是葡萄樹植物學界——正是研究葡萄藤如何辨識與分類的一門學問——的大冒險家。兩人皆痴迷於尋找全球最稀有的釀酒葡萄。維拉莫茲是世界知名的遺傳學與生物學家，也是百科全書巨著《釀酒葡萄：1368種葡萄全覽，

---

1. 瓦萊州（Canton of Valais），瑞士西南部與義大利交界的一個州，居民以使用法語為主。

包括來源和口味》一書的共同作者（Wine Grapes: A Complete Guide to 1368 Vine Varieties, Including Their Origins and Flavours）[2]。他的畢生志業，就是研究廣為用來釀製全球絕大多數葡萄酒的歐洲釀酒葡萄品種。而埃蒂芬則是總部位於巴黎的「葡萄酒馬賽克」（Wine Mosaic）共同創辦人，那是個小型非營利機構，致力於搶救瀕臨滅絕的原生種釀酒葡萄。埃蒂芬和他的同好酒迷在遍及整個地中海區域，上從葡萄牙下至黎巴嫩，搜尋種植稀有品種的葡萄農，協助農家辨識所種的葡萄品種，最重要的是扮演贊助團體的角色——組織品嚐會，協助與進口商、大學專家、飲酒人建立關係。

我之所以會來到瓦萊州是因為，我對不受青睞的稀有葡萄越來越發痴迷，而埃蒂芬邀我來一趟採收之旅，參觀「葡萄酒馬賽克」在阿爾卑斯山最成功的幾處計畫。此處，葡萄園偏僻，微氣候詭譎，傳統葡萄世界的資訊數十年如一日，保存了在地葡萄品種與栽種古法。短短不到十年間，「葡萄酒馬賽克」已經成功搶救二十種瀕危葡萄品種免於滅絕。

那日稍早，在距離別墅城堡四十公里處的崎嶇山巔，埃蒂芬與我造訪了我所見過最極端的葡萄園，貝登莊園（Domaine de Beudon）。堪稱法國版印第安那·瓊斯的埃蒂芬帶著十字鎬，穿上厚重的皮靴、藍色工人褲，繫著白腰帶，還圍上一條粉紅色領巾。同行者還有另一名稀有葡萄專家尚·羅森（Jean Rosen），他是總部位於第戎（Dijon）的機構「適度葡萄」（Cépages Modestes）的副會長。羅森童山濯濯短小精悍，本身就是個中等體型的傢伙。他的綽號叫「小綠」（Petit Verdot[3]），意謂波爾多混釀中最鮮為人知又最難搞的葡萄品種——非常晚熟，以至於某些年分甚至澈底絕了種。在浸淫於深奧的釀酒葡萄之前，小綠先生是名英文老師，後來還成了古董陶瓷專家。

登上貝登莊園的唯一途徑是搭乘吱吱嘎嘎的木頭空中纜車，活脫像是美國鬼才導演魏斯·安德森（Wes Anderson）的電影場景。到了山頂，我們用該處一只老式話機打了電話，然後，一邊看著纜車搖搖晃晃下山來卸下滿載的葡萄，一邊等著。同行的一位攝影師害怕極了，不肯上纜車，埃蒂芬、小綠先生和我便擠了上去，很快地，我們被往上拉，

吊在東晃西晃的纜車裡。從纜車的地板和門板縫隙間，可以看到地面，我離它數百英尺高。半途之際，纜車陡然踉蹌了一下，幾乎是垂直地爬升在一塊突出的懸崖上（貝登的法文意謂肚子），莊園名稱正是拜這塊懸崖所賜。我們睜大眼面面相覷，小綠先生說，「不要往下看！」

　　登頂到了一大片舉目馬鞭草、百里香且百花齊放的原野，放山雞自在悠遊。這座葡萄園拔地而起，幾乎高達三千英尺海拔。貝登莊園，一如它的座右銘所示，「天空之藤」（Les vignes dans le ciel），是舉世第一座也是最重要的生機互動農法（Biodynamic）葡萄園。我們在纜車月台上，見到了貝登莊園的主人雅克·格蘭奇（Jacques Grange），一臉濃密的大鬍子，還戴著──沒開玩笑──一頂貝雷帽。我們握手寒暄。格蘭奇缺了食指。我們彷彿是為了某位熱愛遁世獨居山頂的神祕智者而來。我們坐在桌前，望著底下陽光燦亮的葡萄園，這時格蘭奇端出一打葡萄酒，放上兩只水壺，「這只用來吐，那只用來倒掉，」他說，「我釀醋。」

　　「他今天沒釀太多醋，」小綠先生低聲對我說。

　　格蘭奇在倒酒時一語不發。我們看他倒第一支酒，由夏斯拉（Chasselas）葡萄釀成的白酒色澤金黃琥珀又泛著粉白，驚呼連連，他卻只道，「這支酒是由科學、良知和很多的愛釀成的。」

　　第二支是慕勒-圖高（Müller-Thurgau）白葡萄酒，恰似飲著飄著雪絨花（Edelweiss）的雪水。小綠先生說，「簡直像魔法之水。」接著是有瓦萊州約翰山堡[4]美譽，小有名氣的希瓦那（Sylvaner）。再來是相當珍稀的瑞士品種小奧酩（Petite Arvine），全球種植面積僅不到五百英畝。 之後全數是紅葡萄酒，紅玉曼（Humagne Rouge）和黛奧琳諾（Diolinoir），兩者在全球的栽種面積各不到三百英畝。

---

2. 該書另兩名作者是珍西絲·蘿賓遜（Jancis Robinson），以及茱莉亞·哈定（Julia Harding）。
3. Petit Verdot是波爾多葡萄的一個亞種，晚熟，用於波爾多混釀。
4. 約翰山堡（Schloss Johannisburg）位於德國萊茵高（Rheingau），是此區最具代表性的酒莊，也是喝德國白酒一定要朝拜的酒廠。

最後一支酒是不尋常的雜交品種香寶馨（Chambourcin），源自十九世紀，由法國品種的葡萄和一個北美野生種雜交而成。這樣的雜交葡萄品種一般不配擁有歐洲名字，但格蘭奇在數年前獲准栽種香寶馨。「它種在一塊險象環生的陡峭土地上，」他說。「我老婆要我在那裡種一些毋須太多照料和看顧的東西，因為那個地方太危險了。」

我知道有很多美國酒莊用香寶馨釀製甜滋滋、果味豐富但口感平順的紅酒。可是這種香寶馨全然不是那麼一回事，而且對與我同行的法國佬而言，這款葡萄是當天最非比尋常的異國品種。「十分乖僻，」小綠先生小啜一口說道。

我們從淺嚐轉而為暢飲，果蠅嗡嗡作響縈繞在果園鮮採的水果木箱邊。小綠先生遙指遠方大聖伯納山口（Great St. Bernard Pass）[5]。「那是穿越阿爾卑斯山最久遠的歷史古道之一，」他說。「這整個地區被分隔成多個山谷，各自孤懸一方。在歷史上，沒有什麼通訊往來或互動。這樣你就能明白，為什麼每一處都發展出各自的葡萄品種。」

縱然這些空中的葡萄藤看來生氣盎然，涼意襲人，但瓦萊州整日均陽光普照。終於，日頭西斜，我們又見纜車升上來。稍早，格蘭奇的妻子瑪麗昂（Marion）告訴我們，他們的第一座纜車曾在多年前載著格蘭奇時，跌落山巔。格蘭奇身負重傷昏迷好長一段時間。我們在下山途中全都緘默不語。

數小時後，在享用瑞克雷起司時，我迫切想知道：白玉曼和紅玉曼，還有黛奧琳諾、希貝恰，這些葡萄為什麼會幾乎消失殆盡。

「大家覺得古時候的葡萄讓他們沒面子，那是老掉牙的葡萄。」維拉莫茲說。「他們開始種植所謂『貴族葡萄』，對其他的不屑一顧。」貴族，是指夏多內、白蘇維濃（Sauvignon Blanc）、卡本內蘇維濃、梅洛和黑皮諾（Pinot Noir）這些葡萄在歷史上的稱號——它們是國際知名的葡萄品種，遍植於加州到澳洲、南非到中國。「貴族葡

---

5. 瑞士境內海拔第三高的高山古道，是穿越西阿爾卑斯山最古老的山口，有青銅時代人類遺蹟。

萄，」維拉莫茲鄙夷地重複說著這個字。「我痛恨這個名詞。」維拉莫茲和埃蒂芬——還有我——這樣的人之所以討厭它，是因為世上還有一千三百六十八種釀酒葡萄品種，可悲的是，全球八成的葡萄酒竟只由二十種葡萄製造而成。其餘的一千三百六十八種葡萄瀕臨滅絕。

又上了另一款瑞克雷乳酪，味道強烈怪異。整頓晚餐，形形色色的每一坨乳酪讓我驚訝萬分。有幾種溫和濃郁，有一種強烈辛辣，有兩款則是又臭又香。和釀酒葡萄一樣，我總是對世上有如此之多乳酪驚訝不已。一如前法國總統戴高樂所言，「你要如何統治一個擁有兩百四十六種不同乳酪的國家？」不過即使是戴高樂也低估了一件事：法國擁有四百種不同的乳酪，若將延伸種計算在內說不定超過一千種。那還只是法國而已：在歐洲其餘地區，還有成百上千種乳酪，每一種都依照當地傳統製成。我們這些追尋稀有葡萄者流，希望葡萄酒的世界也能同樣熱鬧喧騰又放肆。可惜，葡萄酒的多樣性始終備受威脅，而未經品嚐，默默無聞又不受青睞的每一種釀酒葡萄都面臨滅絕。

只停頓片刻吃了一些乳酪之後，維拉莫茲便又倒了另一款罕見品種，名之為高維斯（Gwäss）。「高維斯？」埃蒂芬開口道，揚了揚眉。高維斯，在法國稱為白高維斯（Gouais Blanc），自中世紀以來就遭到各種皇家法令禁絕。原因是，君王認為它是一款製造劣酒的農民葡萄——「gou」在中古法文裡是個貶抑詞，用來形容低劣的東西。這種葡萄植株豐饒多產，會侵占整座葡萄園，皇親貴冑不願意他們的尊貴葡萄品種和一個凡胎俗種交配。

那是我學習葡萄品種時令人感到有趣的事：一如我們在高中生物所學的那樣，每一個品種都是由兩個親株，一個母親和一個父親，透過異體交配所創造出來的。數百年來，我們本來對某個葡萄品種的親株只能做假設，但自從有了像維拉莫茲這樣的科學家做DNA檢測之後，如今我們得以清楚了解許多葡萄的家族樹。比方說，透過DNA檢測我們已經發現，高維斯是將近八十種葡萄的遠古母親，也是黑皮諾等一些貴族葡萄品種的父親，包括夏多內、嘉美（Gamay），說不定還有麗絲琳（Riesling）。

「沒錯，高維斯是像個蕩婦，」維拉莫茲說。他的女友，就坐在我旁邊，惱怒地瞪了瞪維拉莫茲。「好啦好啦，我們太跟不上時代潮流了，」他說。「那個說法很性別歧視，我很抱歉。其實，我們不也把生了一大堆小孩的父親葡萄稱之為『好色之徒』。」

我說，細想葡萄的性生活真是件怪事，尤其將它們擬人化到淫蕩這種地步。我告訴維拉莫茲，我不認為很多人會願意在吐葡萄籽的時候去想繁殖的事。

「對，可是他們應該要想的！」維拉莫茲說。「種子就是生命！」

顯然，我掉進了兔子洞，進到了一個葡萄酒極客族[6]的浩瀚宇宙裡。

●●●

我不知道自己是否已經真正爬出了兔子洞。那日貝登莊園的罕見葡萄酒，還有謝爾小城的晚餐，往後數年猶鮮明地縈繞心頭。尤其，那個人人失心瘋抓寶可夢的溽暑星期裡，某個星期六格外明顯。

整整一週，我一直在費城拿著手機到處流浪抓寶，沒有工作。並不是和我的兒子們在玩這個遊戲。男孩們其實去探視他們住在加州的祖父母了，而我獨自一人，無所事事，在自己的手機下載了遊戲應用程式。我在寶可夢的世界裡得到立即的滿足感，渾然忘卻一個四十多歲的男子徘徊於城內鄰里公園，兩眼死盯著螢幕手指滑動捕捉虛構怪物時，實際上得多費力才能遮掩舉步維艱。我的寶物庫裡滿滿都是稀有品種，比方說跳躍在草坪、椅凳和廢棄鐵罐上的化石翼龍（Aerodactyl）、小火馬（Ponyta）、妙蛙花（Venusaur）、獨角犀牛（Rhyhorn）、快拳郎（Hitmonchan）。短短數日間我很快就躍升到十八級。不用說，星期六早晨當我醒來時，思及如何虛擲這個禮拜的光陰，我深覺羞愧不堪。

但我不得不去想，寶可夢為我這個品酒作家的個人生活提示了某種隱喻。過去兩年，我披「星」戴「月」奔波於歐洲尋歡作樂，在鮮為人知的地區裡搜尋以罕見品種釀製的葡萄酒：奧地利

溫泉區（Thermenregion）[7]釀製的紅基夫娜（Rotgipfler）和金粉黛
（Zierfandler）[8]，葡萄牙的巴加（Baga）和安桃娃（Antao Vaz），義大
利波扎諾（Südtirol）的斯奇亞瓦（Schiava）或拉格蘭（Lagrein），以及
法國山區伊澤爾省（Isère）的阿提斯（Altesse）或維黛絲（Verdesse）。
我會小啜試酒飲用那些葡萄酒，將印象寫在黑色的魔力斯奇那
（Moleskine）筆記本上。每當想到自己這樣過日子，也難怪親朋好友都
把我的品酒寫作，看作和抓寶一樣不正經。

　　不論如何，我決定一整天不抓寶，去參觀紐澤西州位於外沿海平原
（Outer Coastal Plain）一帶的酒鄉──說好聽一點是自命不凡的酪酊之
旅，實則是要開車三十五分鐘到紐澤西州南部的半農業區，那個靠近我
成長的所在。近日，大家蜂擁生產我們南澤西（South Jersey）砂質土壤
所釀製的高品質葡萄酒，這款酒一向都招來趾高氣揚或充其量假惺惺
的評語：「外沿海平原可能是美洲產製佳釀的最完美所在，」《紐約時
報》在2013年報導。「外沿海平原真正的難題只有一個。它位於紐澤西
州南部，該州會讓人聯想到許多事物──搖滾歌手布魯斯・史普林斯汀
（Bruce Springsteen）、美國真人秀名媛史努姬（Snooki）、工業汙染、
黑幫──但絕非傑出的葡萄酒。」

　　每次我告訴大家紐澤西州的農莊大小事，人們都愛開玩笑。不過，
格洛斯特郡（Gloucester County）是少數不負「花園州」美譽的地區，
儘管當地農田被假豪宅死胡同掠奪一空。我的家族在這裡經營蔬果攤生
意數十載，我和我的表親們都是從鄉下農夫手裡買進夏季水果。當年，
記憶中僅有的一支紐澤西州南部酒，就是大家在夏季市集買的甜膩膩藍
莓酒或桃子酒。

　　越過沃爾特・惠特曼大橋（Walt Whitman Bridge），在通往德普特
福德購物中心（Deptford Mall）的出口匝道前駛進五十五號公路；青

---

6. Geekdom意指沉溺網路世界擁有自己想法的人。

7. 溫泉區（Thermenregion）是奧地利的下奧地利州的葡萄酒產區，一直延伸至維也納郊區。

8. Zierfandler是Zinfendal的德文拼法。

春期頭頂小狼尾髮型的我常在那個購物中心閒晃，在哥兒們的大黃蜂跑車裡聽邦喬飛（Bon Jovi）和灰姑娘樂團（Cinderella）⁹。開著車，有些愧疚感浮上心頭。雖然，格洛斯特郡距離我居住和工作處一點都不遠，但我幾乎不曾回來過。一下高速公路，我選了一條有點繞路的觀景道，越過曾是全國最優良桃子產區的麋鹿鎮（Elk Township）¹⁰和奧拉（Aura）。青春年少時，我就是在這樣的鄉間道路學開車的，坐在身穿聚酯纖維教練短褲、戴著口哨，負責駕駛課的健身教練皮肯斯先生（Mr. Pickens）旁邊，捏著冷汗握著方向盤。那裡有一處大型的住宅開發案，稱為「果園」（Orchards）。很快地，一轉進輝格巷（Whig Lane）景物越來越田園風，然後接上麋鹿路（Elk Road），途經哈丁維爾聖經教堂（Hardingville Bible Church）和老頭溪露營地（Old Man's Creek Campground）。我還經過了一處聖誕樹農場，前院有一部待售的二手牽引車，最後又經過幾棵蘋果樹和桃子樹。原本想在一個叫做「心情農場」（Mood's Farm）的自助農場摘一籃子的莓果或桃子，就像多年來我家族所做的事那樣。可惜當天心情農場恰逢藍莓節，人潮洶湧搶吃藍莓派和藍莓冰淇淋，暢飲藍莓汁。所以我只買了一個蘋果西打甜甜圈就繼續上路。

心情農場就位於通往穆利卡山（Mullica Hill）腳下「遺產酒莊」（Heritage Vineyards）的那條路上，那裡正是我計畫品酒的地方。在遺產酒莊停好車，剛好有人在外面的庭院裡演奏民謠吉他唱歌。外觀看起來，這裡有點像我們去採南瓜或搭乘乾草敞篷車遊園的場所。進到裡面，品酒室看似農特產店，販賣著葡萄酒小飾品和小擺設，包括永遠充斥在澤西海岸（Jersey Shore）棧道的一些裝飾標語：「沒有葡萄酒，那一餐只配叫做早飯」（A Meal Without Wine Is Called Breakfast）、「今日預報飲酒機率百分之百」（Today's Forecast 100% Chance of Wine）、「我剛剛搶救了一些葡萄酒，它被囚禁在酒瓶裡」（I Just Rescued Some

---

9. 1982年成立於賓州費城郊區的美國搖滾樂團。
10. 紐澤西州格洛斯特郡的一個鄉鎮。

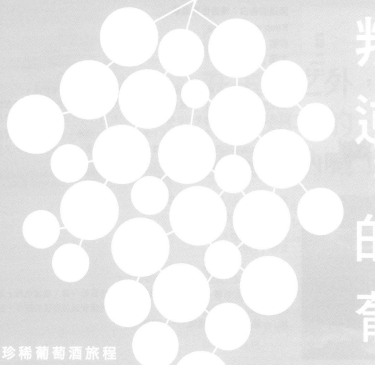

叛逆的葡萄

踏上珍稀葡萄酒旅程

Godforsaken
Grapes

A Slightly Tipsy Journey through
the World of Strange,
Obscure,
and Underappreciated
Wine

Jason Wilson

傑森‧威爾遜
著

傅士玲
譯

微醺推薦

楊子葆｜葡萄酒作家、現任駐愛爾蘭代表

韓良憶｜美食旅遊作家

黃麗如｜《酒途的告白》作者、專欄作家

陳上智｜台灣侍酒師協會總編輯

劉文雯｜阿爾薩斯家釀酒莊民宿主人、旅遊作家

Célia｜法國酒商、專欄作者、葡萄酒部落客

Jean-François Gallon & Yola｜布根地有機自然酒

專賣店主、曾任LV全球書店經理

大辣

大辣夏日微醺講堂

歡迎一起沉迷在葡萄酒浩瀚的迷宮

Lesson 1 大辣×興華拓展

旅行在消失的葡萄酒帝國

主講｜傅士玲·本書譯者

7/18｜六｜16:00-17:30｜Something ALES｜台北市師大路135巷8號，巷口50嵐

Lesson 2 大辣×興華拓展

侍酒師的新寵──珍稀葡萄

主講｜陳上智·台灣侍酒師協會總編輯×黃健和·大辣總編輯

8/1｜六｜16:00-17:30｜Something ALES

Lesson 3 大辣×興華拓展

體驗稀有葡萄帶來的驚豔

主講｜韓良憶·美食旅遊作家

8/15｜六｜16:00-17:30｜Something ALES

＊未成年請勿飲酒

Lesson 4 大辣×興華拓展

在世界的盡頭喝葡萄酒

主講｜黃麗如·《酒途的告白》作者

8/29｜六｜16:00-17:30｜Something ALES

Lesson 5 大辣×誠品酒窖

邊騎邊喝的法國葡萄酒之路

主講｜黃健和·大辣總編輯

8/30｜日｜19:00-21:00｜誠品生活園道店｜台中市西區公益路68號

每場講堂皆有試飲，一起踏上珍稀葡萄酒之路！

參加辦法｜詳情見FB大辣粉絲團公告或 service@dalapub.com詢問

活動主辦贊助｜大辣出版、誠品書店、誠品酒窖、興華拓展、智利洋行、Something ALES

誠品書店 eslite bookstore　誠品酒窖 eslite wine cellar　SCHMIDT VINOTHEK

誠品酒窖

創立於1994年，率先引進歐洲著名產區的優質酒款，為台灣葡萄酒市場開創一番嶄新氣象。

信義店：台北市信義區松高路11號B2｜02-6639-9907

台中店：台中市公益路68號3F｜04-3609-5755

興華拓展

2014年成立葡萄酒部門，嚴選一系列來自德語區的優質葡萄酒，包括德國、奧地利和瑞士；以及歐洲其他酒區，義大利、西班牙、葡萄酒等。為客人提供一流的服務和專業的選酒建議。

台北市中山區中山北路二段45巷23號4樓之2｜02-2581-8959

Wine. It Was Trapped in a Bottle.）。

數年前，由「美國葡萄酒經濟學家協會」（American Association of Wine Economists）年會在普林斯頓大學舉辦的一場盲測中，遺產酒莊小露了一些鋒芒。這場所謂的「普林斯頓評比」（Judgment of Princeton）拔擢了紐澤西州的葡萄酒，剔除了波爾多和布根地包括頂級古堡如木桐酒莊（Mouton-Rothschild）、約瑟夫·杜亨酒莊（Maison Joseph Drouhin）等強敵。幾乎重現1976年「巴黎評比」（Judgment of Paris）品酒會；當年頂尖的評審們在不知情下挑選出加州葡萄酒而非法國酒；那個時候有旁門左道傳言，這個事件為納帕山谷（Napa Valley）躋身世界葡萄酒地圖出了一臂之力。曾為《時代雜誌》撰寫「巴黎審判」報導的媒體人喬治·塔伯（George Taber），也正是「普林斯頓評比」的主持人，在那場品酒會中，九位評審分別來自美國、法國和比利時。

為了延續這類盲測活動如今儼然眾望所歸的「嚇你一跳」特性，品酒專家們本來給紐澤西州和法國酒打了平分，隨後引發爭議。當各支酒的身分揭露之後，評審之一，也是《法國葡萄酒評論》（La Revue du Vin de France）的編輯奧黛特·卡恩（Odette Kahn）要求收回她的評分卡，因為她所選的第一名和兩支特選酒都是紐澤西州的葡萄酒。同時，當地新聞媒體大肆以民粹主義式的訕笑嘲諷了法國葡萄酒的勢利眼。普林斯頓評比對遺產酒莊不啻天賜鴻福。它所產製的2010年波爾多混釀風格（BDX）混酒，贏得紅酒類的第三名，只比名聞遐邇的波爾多「紅顏容酒莊」（Haut-Brion Château，也譯作侯伯王酒莊、歐布里雍堡）小輸了半分。遺產酒莊的2010年夏多內最後也贏得白酒類第三名，領先布根地最高級別白酒蒙哈榭（Montrachet）的好幾支產品。我嚐過遺產酒莊這幾支酒，都非常圓熟美味——而且每支美金50元，和紅顏容酒莊的波爾多風格混釀紅酒相比，起碼便宜500到1000美元。不過，我常常在想，何以新興酒廠仍將波爾多和布根地視為標竿。不僅僅是在紐澤西南部如此。不論你參觀那個酒區——智利、澳洲、奧勒岡州（Oregon）——有如此之多的酒廠依舊用卡本內蘇維濃、梅洛、夏多內和黑皮諾葡萄釀酒，而且有如此之多的愛酒人士都希望喝到這些葡萄酒。

當然，努力複製卡本內蘇維濃、夏多內和黑皮諾的威望，本質上一點錯也沒有。除非你也同意埃蒂芬「一直喝同一種酒很乏味」的主張。或者你可能像我這樣，覺得嘗鮮和學習新東西很刺激。畢竟，每一種你從未嚐過的新品種葡萄，都會帶來新的風味。身處全球化的世界，我們有越來越多人反而想尋找在地特產。這些葡萄帶有地方與文化的味道。我們殫精竭力保育這些葡萄，而基於同樣的理由，我們也搶救祖傳的番茄與蘋果，還有原產牛隻，建立龐大的種子銀行。因為在這些生物當中，可能蘊藏著解決氣候與災難難題的線索，並承載著人類味覺的歷史紀錄。

我知道吾道不孤。近幾年來，人們對知名度較低的罕見葡萄的興趣漸濃。舉例來說，智利的卡門內爾（Carménère），或奧地利的綠菲特麗娜（Grüner Veltliner），或西班牙加利西亞自治區（Galicia）的阿爾巴利諾（Albariño），這類葡萄酒在二十年前根本乏人問津，如今對許多葡萄酒狂熱分子而言，卻已經不稀奇了。因此，對於更罕見的葡萄，追求之心更加激烈。大都會高級酒吧裡的新一輩侍酒師往往趨之若鶩，對被視為主流的所有葡萄酒嗤之以鼻。我們該感謝他們創造了對稀有葡萄的需求性，不論多小或多獨一無二。通常，侍酒師對珍稀葡萄酒的愛好，可能出於為了物以稀為貴而擁抱稀有性。不過有時候，那也會帶有更崇高的目的。

抵達遺產酒莊，好整以暇準備品飲世界級的酒單，這時倒酒的女士問道，「甜的還是不甜的？」我環視酒吧，看到很多人在喝澤西藍酒（Jersey Blue）或澤西糖梅酒（Jersey Sugar Plum）等水果酒時，大吃一驚。聽到我說「不甜的」，倒酒的女士鬆了一口氣，為我選了經典（Classic）和珍藏（Reserve）款品酒單。

當我望穿秋水得以品飲遺產酒莊名震酒國的波爾多風味葡萄酒時，很快就迷戀上它所使用的較默默無聞的波爾多葡萄。比方說，我所品嚐的2014年白蘇維濃，有著非典型的果園現採清新水果的元素。侍酒師告訴我，這支酒有四分之一是由榭密雍（Sémillon）葡萄釀成。這就說得通了，因為對不甜的波爾多葡萄酒和甜味的蘇玳（Sauternes）而言，榭

密雍是白蘇維濃的經典混釀調配酒（Blending Partner）。可是，接下來倒酒師轉而打開了一支百分之百的榭密雍酒。「我們原先栽種這種葡萄是為了混釀用，但是它實在太棒了，」她說。我同意。這是一支令人驚豔萬分，很不尋常的酒，十分罕見，即使是在波爾多亦然。榭密雍「並非時尚品種」，維拉莫茲和其《釀酒葡萄》的共同作者表示。放眼全球，白蘇維濃是榭密雍栽種數量的五倍，而夏多內則多了八倍。其原因可能是因為，榭密雍若種在世上大部分地區，會變得太肥厚過熟、蜜香過濃質感甜膩。事實上，世上另外一處能種出與此地相仿具百分之百酸澀風味的榭密雍，是澳洲的獵人谷（Hunter Valley）──套句英國品酒作家奧茲‧克拉克（Oz Clarke）的話，那裡是「葡萄酒世界的密碼機」（wine world's enigmas）。不管怎麼說，遺產酒莊對這款釀酒葡萄的澤西版詮釋是清新、輕盈且優雅。我體內那個執迷不悟的酒國極客（wine geek）開始興奮起來。

類似情況也發生在我試飲遺產酒莊另一支酒時，那是波爾多混釀風格的2011年莊園珍藏（Estate Reserve）紅酒；由40%的卡本內蘇維濃，32%的梅洛，16%的小維多（即小綠）、8%的卡本內弗朗（Cabernet Franc，也譯作「品麗珠」），以及4%的馬爾貝克（Malbec）釀成。也許我潛意識是在向小綠先生敬酒──他是那日我在貝登莊園的酒伴──可是，令我驚奇的是酒瓶裡高比例的真正「小綠」。不錯，這一切看似酒國極客嗨到最顛峰：能辨識出榭密雍或小維多這類珍稀釀酒葡萄。但，且聽我細說分明。由於小維多素以質樸個性、色黝黑、風味強烈還有濃厚單寧著稱，傳統上它的用途通常像是廚師使用的調味料。波爾多酒區裡幾乎沒有使用小維多超過3%的先例──用到16%已經破紀錄了。

也就是說，遺產酒莊的莊園珍藏紅酒誇張地用了四、五倍的量。為什麼？或許，比起波爾多酒區，小維多在紐澤西南部的土壤與氣候中長得更好，因為波爾多每採收四次，也才只完熟一次而已。或許，紐澤西南部的小維多成熟得更完全，因此果味更豐富、單寧更溫和，而且說不定粗糙的質樸野性被馴服了。我們敢不敢說，紐澤西的小維多可能比波爾多的小維多更為優雅？無論如何，小維多──從任何標準來看都是一

款怪胎葡萄——在這支極度非波爾多混釀酒裡，格外與眾不同。

多年前，我曾寫過關於那類暗帶嘲諷的典型外沿海平原新聞。（沒錯，我承認，我也提到過史努姬。）當時有位釀酒師告訴我，「你可以在任何地方釀出好酒，只要採對了葡萄。」當然，這是，世上每個酒區的每一位釀酒命中注定得全力以赴的事。假如你剛好是波爾多葡萄園區（Bordelais）釀酒師的子孫，而他在好幾百年前便領悟出卡本內蘇維濃釀酒葡萄在那片山區長得格外好，那麼你就萬事太平了。你只消照看高高高祖父種下的葡萄，別搞砸就行。根據文字記載，紅顏容酒莊遠在1423年便已栽種釀酒葡萄了。然而，遺產酒莊卻是在1999年才種植起葡萄，幾乎比波爾多酒區晚了六百年才弄明白何者行得通、何者否。

接著，在遺產酒莊試飲他們家2013年的卡本內弗朗，我很後悔自己疑心重重。現在我相信，卡本內弗朗絕對應該是南澤西的釀酒葡萄。我的想法可能有偏見，一部分原因是我剛好很愛卡本內弗朗。數年來我一直以為，倘若你要在飲酒方面更充滿冒險精神的話；倘若你有好奇心，想探索除了豐潤圓熟又富有橡木風味以外的葡萄酒的話；倘若你喜歡用餐時佐酒的話……嗯，你真的應該嘗試品嚐更多的卡本內弗朗。數十年來在巴黎的小酒館裡，羅亞爾河谷區（Loire Valley）以百分之百卡本內弗朗所釀製的紅酒，向來是傳統指定餐酒，強調它能和如此眾多的餐點搭配得天衣無縫。但是，卡本內弗朗在美國卻一直不受歡迎，原因為何始終令我不解。和卡本內蘇維濃、梅洛一樣，它也是波爾多產區混釀酒的法定釀酒葡萄[11]之一。事實上，卡本內弗朗還是卡本內蘇維濃的親株葡萄，因此，它的起源更古老。葡萄品種學家（Ampelographer）認為，它可能是所謂的「始祖」葡萄。如今說來雖然幾乎是馬後砲，但卡本內弗朗在排名上遠遠落在它子孫的後頭——它的全球栽種量只排行第二十三名，比起來，不到卡本內蘇維濃的五分之一。

有個問題是，來自卡本內弗朗精神原鄉——羅亞爾河谷區——的紅酒，很具挑戰性，而且，嗯，很法國。給大多數美國消費者一張酒標，上面寫著希農（Chinon）或布爾格伊（Bourgueil）或索米爾-香比尼（Saumur- Champigny），他們會兩眼發直目光呆滯。

「那是疾病名稱還是《權力遊戲》裡的角色名稱？」有人曾問我。

不是，我說，它們是出產卡本內弗朗的羅亞爾河谷區地名。

除了命名之外，這些酒比較知名之處是它們有更濃的青草風味，富辛辣味且香氣足，通常幾乎很少或沒有橡木桶味，果味也不明顯。羅亞爾河谷區的紅酒不張揚也不很嗆。當然，這支酒迥異於很多人仍偏愛的那種豐厚又果味明顯的酒款。酒評家邁克·史坦伯格（Michael Steinberger）曾經描述過卡本內弗朗：「習慣較為華美的加州酒的人往往會覺得，它太礙口……在多數美國消費者心目中，意思就是淡薄如水又平庸無奇。」可惜，那些消費者錯失了地表最堪一飲的酒款──在我的書中，「好喝」正是一支葡萄酒的最高美德。

年輕飲酒人士現在逐漸開始愛上「可口」[12]的葡萄酒。或許，卡本內弗朗不是那些把領帶甩上肩頭的金融哥兒們會在牛排館裡一擲千金的那款酒，但，假如你不曾注意過，現在跟你分享一則新聞快訊：近來大家越來越少攝食紅肉，因此，紅酒是要用來搭配五分熟肉食旁邊的小菜的。卡本內弗朗能襯托「青蔬」的滋味──橄欖、甜椒、菸葉──還具有豐富清新的莓果風味，而且輕爽又暗藏獨特的石墨、鐵礦，甚至是削鉛筆的風味。（再提一次，相信我，這可能是件好事。）可能令人吃驚的是，一支帶有削鉛筆和橄欖風味的葡萄酒，和我們近來真正在吃的食物，才是最佳拍檔。

無論如何，遺產酒莊的卡本內弗朗帶有黑色水果味和百里香、秋季辛香料的風味，已經夠特殊得不必再故作特殊。比起羅亞爾河谷酒區的卡本內弗朗，它稍微更溫順也較豐滿，卻依然迷人性感──是穿著法蘭絨格子襯衫、留鬍子大叔的卡本內弗朗。

---

11. 波爾多法定紅葡萄品種只有 6 種，分別是：梅洛（Merlot）、卡本內蘇維濃（Cabernet Sauvignon）、卡本內弗朗（Cabernet Franc）、小維多（Petit Verdot）、馬爾貝克（Malbec）和卡門內爾（Carménère）。法定白葡萄品種有榭密雍（Sémillon）、白蘇維濃（Sauvignon Blanc）、密斯卡岱（Muscadelle）、白玉霓（Ugni Blanc）、鴿籠白（Colombard）和白梅洛（Merlot Blanc）。

12. 通常葡萄酒可分為四大風格：優雅型（Elegant）、雄壯型（Bold）、可口型（Savory）和果味型（Fruity）。

在品酒室裡光是看到酒單上最後一支酒時，我就已渾身發熱醺醺然了。那是一支遺產酒莊2013年的香寶馨（Chambourcin），和格蘭奇種在貝登莊園陡峭險峻葡萄園是同一款。十年前，葡萄酒在紐澤西還是個新奇事物時，一些當地釀酒師看好香寶馨，因為這款雜交葡萄擁有歐洲與北美的DNA，猶如國家的門面葡萄。不過，由香寶馨釀製的酒很怪異，帶著北美葡萄品種才有的所謂「狐媚」味，也就是濕皮草味。遺產酒莊的紫黑色香寶馨沒有這股狐媚味，但確實有一股古怪的沙士味，揉合著烤腰果風味，以及葡萄麵包抹上桑椹果醬的味道。小綠先生曾這樣說貝登莊園的香寶馨：十分怪異，但怪得很舒服。

試酒結束後，我帶了卡本內弗朗和香寶馨各一瓶，每支酒付了25美元，並買了一小份塑膠袋裝的肉片和乳酪拼盤。帶著所有東西外加兩支酒杯走出去，到中年男彈吉他唱歌的院子。打開拼盤，小口啃著甘美的豬頭肉豬雜凍和義式香腸、帕馬火腿（Prosciutto，但南澤西人把發音在地化讀成pro-ZHOOT），還有一大塊的布馬多娜（Prima Donna）乳酪，它是由帕瑪乾酪（Parmigiano Reggiano）和荷蘭的高達乳酪（Dutch Gouda）混合製成。我把兩支酒都打開倒出來──隔壁桌一對老夫婦看見了，揚了揚眉毛。我沒辦法告訴他們我是專業品酒師，只好小啜幾口，把剩餘的酒帶回家。他們反正大概是不相信我的。我也就讓他們假定我就是個墮落的醉漢，想靠兩瓶酒度過孤獨的週六午後。

我搖著酒杯又多試飲了一些卡本內弗朗，然後還有香寶馨。就在這時候，吉他歌手忽然唱起了史普林斯汀的經典之作〈河流〉（The River）。身為在地的子弟，我打從心底懂得史普林斯汀的遣詞用字。曾幾何時，我在蘇格蘭愛丁堡一家威士忌酒吧，看到一名糊塗的歌手在演唱〈河流〉時不知所措忘了詞。我立刻大聲合音伴唱到結尾──彷彿我窮盡一生準備只為那一刻。

品飲著當地的卡本內弗朗和香寶馨，在格洛斯特郡中部聆聽著〈河流〉，我深刻感受到愛酒人士所謂的「風土條件」。以前我從未曾顧及南澤西的風土條件，如今我知道了，那個概念一點也沒有自命不凡的意思。紐澤西州為何不能是下一個波爾多或納帕山谷呢？但是，它甚至有

過之而無不及。喝著這些非比尋常的南澤西葡萄酒，我感覺和更大的葡萄酒世界產生了連結。特別是香寶馨，使我想起我的瓦萊州和貝登莊園之旅；一臉鬍子戴著貝雷帽的格蘭奇在那裡照料著山頂的葡萄園。

啜飲著我的酒，抓起我的iPhone。我沒打開寶可夢抓寶，而是在谷歌打了「貝登莊園格蘭奇」幾個字。突然之間，看到跳出來的標題嚇了一大跳：「雅各・格蘭奇，生機互動農法先驅（meurt dans un accident）」。我不懂法文但毋須翻譯也認得意外二字，而且我知道「meurt」表示人已經過世。這篇文章是三週前刊登在一份瑞士新聞上的。顯然，格蘭奇當時在一處陡峭的葡萄園工作，遇上牽引機翻覆，撞上了他一命嗚呼。

那一瞬間，我的思緒離開了紐澤西，漂浮在半空，恍若乘坐在纜車正要前往空中的葡萄園。格蘭奇不是正在照料瀕危的香寶馨？那現在誰來接手培育小奧酪和黛奧琳諾，還有紅玉曼？即使我和此人僅僅相處不過兩小時，根本談不上認識他，但是我心煩意亂不下於聽到我景仰的藝術家驟然辭世。我想起埃蒂芬。那日，在貝登莊園他繫著粉紅色圍巾、帶著十字鎬，說：「這些各式各樣的葡萄園都是珍寶。保護它們極其必要。但是最終仍是一門生意。而你很可能會因為這椿生意賠上性命。」

中年的史普林斯汀模仿者吹著口琴，哀號著走音的旋律，流暢地從〈河流〉唱到〈大西洋城〉，而突然之間我幾乎真正回到了南澤西。一輛白色的豪華大型休旅車停了下來，告別單身派對尖叫上場。我知道是時候該離開了。吃完最後幾片臘腸和乳酪，再痛飲幾口香寶馨，給格蘭奇敬上最後一杯無言的酒，用軟木塞蓋上我的酒，走回車裡，絕塵而去。

Chapter 2

族繁不及備載的
頂級酒莊

Château du
Blah Blah Blah

我心知肚明，倘若要竭盡所能體驗多達一千三百六十八種葡萄品種，就必須拓展我的品酒視野，大膽擺脫我的南澤西風土條件一陣子。因此，數週後，我整裝再訪歐洲。

9月的早晨，正待出發，我和當年還在念小學的小犬威斯一起早餐，吃著新鮮的美國康科特（Concord）葡萄。我們是在靠近遺產酒莊的心情農場採的葡萄，只有8月至9月初才吃得到它們。嚐著愉快親手採摘的夏末新鮮康科特葡萄，完全不同於吃那些智利進口大量生產的無籽葡萄。

威斯想當學校裡五年級生的糾察隊長，那天他要發表演講爭取隊友投票支持他。我要他重寫講稿，因為他把隊長，還有負責任兩個詞拼錯了，而且有幾個地方他連自己都看不懂自己的手寫字。所以，他惱怒離開廚房的餐檯。

突然之間，正在重寫講稿的威斯抬起頭來，「酒莊會用這些葡萄釀酒嗎？」他問。對小犬而言，他的提問其來有自。他從很小的年紀就接觸到葡萄酒，親眼看過為父的我在同樣這個餐檯上品酒，也與我同行造

訪過西班牙、義大利與奧地利的葡萄園和酒莊。

「不會，」我說。「通常不是這種葡萄。這種葡萄是用來榨果汁或做果凍用的。」

他看似失望透了。一邊氣嘟嘟用橡皮擦擦掉另一個拼錯的詞「負責任」。「為什麼不會？」他問。

「嗯，」我說，「有些人會用這種葡萄釀酒。但是，這種康科特葡萄釀的酒通常真的很糟糕。」

「可是它們吃起來這麼甜這麼棒，」他說，「為什麼會做出糟糕的葡萄酒？」

我的腦海開始搜尋海量的資訊：康科特葡萄在1840年時被發現，它們生長在麻省的康科特河（Concord River）沿岸。據信，康科特葡萄應該是北美原生種美洲葡萄（Vitis Labrusca）的後裔；這種美洲葡萄原生種和歐洲更適合釀酒的釀酒葡萄截然不同。美洲葡萄的學名字義是「狐葡萄」（Fox Grape），以這種葡萄釀造的酒，通常有一股令人不舒服的強烈狐騷味。康科特是一種「滑皮」葡萄品種，意謂果皮很容易脫落，使得壓榨困難。康科特葡萄通常酸度過高，以至於不可口，同時卻也糖分過低，難以轉換成釀酒所需的酒精濃度。

當然，這些事對威斯來說都很難懂。所以我便說：「它們就是這樣，只能做出糟糕的酒。」

「嗯，」他說，「你有沒有想過，說不定只是因為大家還沒有找出用它們做出好酒的辦法？」他放下鉛筆。威斯說不定也能當警方訊問時的警官。

「你是哪種等級的侍酒師？」他問我。

「什麼？」我說，「你是什麼意思？」

「我們看的那部電影，演一些人努力想成為優秀侍酒師，」他說。我知道他說的是《頂尖侍酒大師》（SOMM）——這部紀錄片突然使得葡萄酒服務生成為時髦差事，也驅使很多年輕人想成為認證的侍酒師。威斯最近和我一起坐在沙發看這部片。

「你到底是什麼等級？」

「我不是侍酒師，」我說，「我沒有任何等級的證書。」

「噢。」他聳聳肩說道，然後回頭去寫他的講稿。我默默無語又吃了一把康科特葡萄。我的兒子在不知不覺中敏銳地觸及了一個敏感的課題。我在宣稱康科特葡萄釀酒品質低劣時，是權威的，甚至是威權的。但我又算哪棵蔥，有資格對康科特葡萄酒，或任何以美洲葡萄後裔釀製的酒，或世上任何葡萄說東道西？

權威和履歷至上主義，在葡萄酒業界不斷甚囂塵上。葡萄酒充滿著糟透了的認證、教條、標示、會員制。我浸淫於這個世界——常常很笨拙——但沒有可掛上牆的裱框證書以資證明我是個專家。我也不是知名或有權勢的品酒作家，不像羅伯・派克（Robert Parker）那號人物，一直是全球最如雷貫耳也最具影響力的品酒家。我也不是「侍酒師大師公會」（Court of Master Sommeliers，簡稱CMS）出身，沒有那一枚徽章。而且我絕非財富過人足以成為蒐藏家，能在葡萄酒拍賣會上為傑出的年分佳釀一擲千金。

正當我終於開始能收費為葡萄酒撰稿的同時，我的滿腹知識全靠自己摸索而來，憑著我滿腔熱情，到處旅行品嚐負擔得起的酒——也常常去那些我負擔不起的地方。但這不是說，我腦中因此就沒有累積數千種葡萄酒的浩瀚經歷，沒有伴隨深度遊走眾多葡萄酒產區，也沒有拜訪許多釀酒人。然而這過程是缺少組織土法煉鋼的自學。我個人的口頭禪之一是福樓拜（Gustave Flaubert）《情感教育》（Sentimental Education）裡的一句話：「豐富勝於滋味。」

然而，任何人哪怕只喝過一杯酒，都能接觸到這樣一個想法，那就是，葡萄酒是一道要辛苦攀爬的螺旋梯，梯子頂端是所謂的絕美佳釀（Serious Wine），諸如波爾多和布根地之輩。

記得我生平第一次在波爾多面對這道梯子時，那已經是好幾年前的事了。那時我才剛剛發表一般的品酒文章，多半時間寫的都是即將上市的義大利和西班牙產區的酒，而我決心要來一趟結結實實的波爾多朝聖之旅。在寫稿報導烈酒和雞尾酒六年多，也終於出了書[1]之後，我便已開始認真留意葡萄酒這個課題。可是，我厭倦討論「桶陳年」（Barrelaged）義大利經典調酒內格羅尼（Negroni），還有自製苦味，匠人梅茲卡爾（Mezcal），精雕細琢的冰塊之類的話題。我估摸著，自己的飲酒知識比較容易轉向葡萄酒。當時並不知曉自己錯得多離譜。

波爾多的酒莊如今仍以分類制度區分出等級，而分類制度是1855年應法皇拿破崙三世（Emperor Napoleon III，1808-1873）要求，為巴黎世界博覽會（Exposition Universelle de Paris）所制訂的。今天市面上威名遠播價格最高昂的「一級園」（Premier Cru）酒莊，和一百六十年前法國第二帝國期間的威望與高價，幾無二致。在那之前，波爾多一直都是名聞遐邇的葡萄酒區，在十七世紀的荷蘭黃金年代（Dutch Golden Age）時，外銷到荷蘭。在那之前，波爾多起碼自十二世紀亨利二世（Henry II）[2] 和阿基坦的埃莉諾（Eleanor of Aquitaine）皇室婚禮開始，就外銷到大不列顛。長話短說，也就是，波爾多始終離不開權勢和金錢。

當我由酒莊集團總經理盧森堡王子羅伯（Le Prince Robert de Luxembourg）作陪，侷促不安坐在紅顏容酒莊（Château La Mission Haut-Brion）客廳裡時，波爾多始終離不開權勢和金錢這一點令我深有所感。羅伯王子告訴我，重要的品酒家如羅伯‧派克等人，上週才剛訪問此處。閒談間，我提及這是我第一次到波爾多，王子難以置信地大笑不已。「從沒來過波爾多？但你寫品酒文章？」

「嗯，噢……是呀？！」我說，但立刻改弦易轍。「我想是因為我花了大部分時間旅遊義大利、西班牙和葡萄牙。法國其他地方？我不知道。義大利，我想，我的葡萄酒知識多半從那裡得來。」

「噢，」王子用一種高貴的皇室氣度說，「所以你是義大利葡萄酒專家？哈，很好，我們這裡有一位義大利葡萄酒專家！」初中時忘了穿短褲，只好在大庭廣眾下把運動褲脫掉穿著白色緊身小褲褲參加籃球賽，打那次起，這是頭一回感覺自己可笑至極。羅伯王子言下之意彷彿

---

1. 《Boozehound: On the Trail of the Rare, the Obscure, and the Overrated in Spirits》，作者將雞尾酒的世界，融合幽默的遊記、烈酒歷史和各式酒譜，用輕鬆的故事娓娓道來。
2. 亨利二世不僅是英格蘭國王，也是法國的諾曼第公爵、安茹伯爵和阿基坦公爵，創立金雀花王朝，是英格蘭中世紀最強大的封建王朝。

是：你到底是怎麼預約到跟我一起品酒的？

我在皇室試酒室環顧四周，這裡有沉甸甸的木製家具，某些應該是名人的半身肖像，還有重要品酒家們坐著搖杯、吐酒、大發議論各款價值上千美元葡萄酒的高腳椅。我決定轉移焦點切入一個或許不太禮貌的問題：「在美國，有很多葡萄酒品酒作家和侍酒師說，波爾多再也無足輕重了。你對那些人有何高見？」

「事實上，」羅伯王子說，「大家必須寫點什麼東西。而波爾多顯然舉足輕重，因為他們必須寫點波爾多的什麼。那不過是棒打出頭鳥症候群（It's the tall poppy syndrome）罷了。」

不用說，羅伯王子過去曾回答過這個問題很多次了。「我會問世上其他的釀酒師，他們會告訴你，波爾多是用來評鑑其他所有葡萄酒的基準，」他說，「世上沒有別的葡萄酒比它更令人興奮。」

「等等，」我說，「你不擔心年輕一輩不喝波爾多？它甚至不在他們的興趣名單內？你不怕，當這個世代終有一日負擔得起你的葡萄酒時，他們根本不在乎它？」

「是，年輕一輩喝酒人口喜歡新世界葡萄酒的單純，那種容易詮釋的葡萄酒，」他說，而我不確定我能否正確傳達出王子聲音中帶著多少輕蔑，似乎蔑視了整整一代年輕的葡萄酒飲用者，他們根本買不起他的葡萄酒。

「無論如何，」他說，「我有信心，大家會回到波爾多傑出葡萄酒的懷抱裡。對高端葡萄酒的需求從未像現在這麼多。」這句話或許沒錯，但市場對波爾多葡萄酒的需求，絕大部分是受到亞洲新近崛起的蒐藏家所帶動的。你大可合理假設，在中國和印度，品味最終也將會有所改變，一如1980年代以來數十年間美國的情況，當時美國人「發現」波爾多（透過羅伯・派克）。現在肯定有中國的羅伯・派克了？在不久的將來，身上刺青的時髦年輕侍酒師們，還會對波爾多產生興奮反應嗎？

我沒想問他這幾個問題，因為，很明顯的，王子對於我們的對話毫無興致。他從椅子上站起來，向我道別，祝福我第一趟波爾多之旅愉快。「好好享用那些義大利葡萄酒。」他說，面帶微笑外加擠眉弄眼。

接著獨留我和公關試飲2011年的九支年分酒。這些酒如何？令人驚豔。無庸置疑。最優等的一軍（Flagship First Label）葡萄酒，複雜又濃郁且豐富，無異於當年我的葡萄酒知識曾經品嚐過的好酒。可是，價錢呢？紅顏容酒莊（Château Haut-Brion）通常牌價超過千元美金一瓶。我大概僅試飲了一盎司2011年分酒，可能比絕大多數我的好友與讀者們嚐過的都多。我的描述會不會刺激你想要一飲波爾多？我的意思是，我有個開法拉利的朋友，另一個曾經和維多利亞祕密內衣模特兒約會過，可是他們倆的經驗並不曾讓我也想試一試。

有什麼葡萄酒比波爾多更令人膽怯？即使我的一干朋友當中有些是高級葡萄酒愛用人士，但感覺上，有點像是校園霸凌事件中無人敢挺身而出。「我完完全全受到波爾多的恫嚇，」一位剛拿到初階侍酒師證書的知名美食作家怯懦坦承不諱。「我經過店裡那排貨架，全部都是波爾多酒瓶，看起一模一樣。同樣顏色，同樣的書法體文字，同樣的金葉子，同樣畫著可恨的城堡（Château）。永遠都是什麼什麼堡之類的。巴拉巴拉酒莊之類、法國的什麼什麼堡，我哪知道從何著手？」

當我第一次跟另一位朋友提起波爾多的問題時，身為高級餐廳館經理的友人十分震怒。「呃，我幹嘛要在意波爾多？」他幾乎吼了出來、「誰買得起？他們幹嘛不全部都賣給中國億萬富翁？」

我感受得到他們的惱怒。每一年，我們都會聽到讓人倒抽一口氣的波爾多訊息，從天文數字的拍賣價錢，到金科玉律般的波爾多春釀「期酒」（en primeur）預購起跑，乃至於算命師對未來的預言（也就是富豪買下未裝瓶的葡萄酒）。2009年分酒尤其被誇飾過火。舉例來說，派克曾寫道，「以某些梅多克（Médocs）和格拉夫（Graves）酒區而言，2009年可能是我三十二年來遍飲波爾多以來，最佳年分酒。」但我怎麼覺得起碼每隔一年就會聽到一兩個大咖品酒家做這樣的宣布。事實上，就在隔年，2010年，數不清幾個品酒家說出「百年一遇年分酒」的類似聲明。

在波爾多之旅前，業界聖經《葡萄酒觀察家》（Wine Spectator）的2012年封面刊登的是波爾多2009年分酒，該雜誌譽之為「經典」。封面

文案宣稱「價值不菲二軍酒」，底下圖片──想來是為了彰顯這個所謂的「價值不菲」──是拉圖二軍酒（Les Forts de Latour）、拉菲堡珍寶（Carruades de Lafite，拉菲堡副牌），兩者皆有著穩重的波爾多莊園的標準筆墨插圖。酒標一旁，編輯在封面右方羅列了價錢和品酒家的給分：拉圖堡93分，345美元；拉菲堡珍寶92分，400美元。

現在，我很確定這不是在嘲諷，因為我懷疑世上還有哪個雜誌比《葡萄酒觀察家》更正經的；因此，我假設編輯真心相信，花400美元買一瓶葡萄酒代表著「價值不菲」。或許這些編輯會說，「價值」一詞是相對的。最傑出的葡萄酒，特等「一軍」，也出現在雜誌封面上，作為一旁二軍的比對之用──拉圖酒莊（Château Latour）99分，1600美元；拉菲・羅斯柴爾德酒莊（Château Lafite Rothschild）98分，1800美元。然而很清楚的是，以400美元，你買不到酒廠最棒的葡萄汁。400元，只能買到雜誌自己給分的一瓶A-（減）的葡萄酒。

波爾多之旅讓我獲益良多。畢竟那裡是擁有五十四個名號、八千五百個廠商的廣大葡萄酒區，釀製各種價錢的產品，有半數以上每瓶酒的售價低於7美元。可是，令人憂慮的是，太過強調特等一軍葡萄酒了。而且對我所遇到的一些年輕釀酒師而言，有點讓人憂心忡忡。

在1252年就開始收成葡萄的克萊蒙教皇堡（Château Pape Clément），我見到二十七歲的助理釀酒師阿諾德・瓦西斯（Arnaud Lasisz），他告訴我，「在波爾多，人人總是說我們必須成為典範。我們不能做出不上不下的葡萄酒。」

我們漫步於酒窖，瓦西斯告訴我，「我的老闆，紅酒得了95分，立刻召開會議，震怒萬分。他告訴我們，『跟我說你們需要什麼，我會提供你金錢支援去做』。他氣壞了。縱使他的白酒那一年拿到滿分一百。」

「所以錢不是問題，對嗎？」我說。「你沒有資源可以去做你想做的嗎？」

「事情沒有那麼簡單。」

瓦西斯在回到家鄉波爾多之前，在紐西蘭和澳洲工作。「在波爾

多，有時候規矩太多。在紐西蘭和澳洲時，我很驚訝什麼實驗都可以嘗試。根本沒有任何成規。」

我們試飲1988年分酒，獨特濃郁，充滿雪茄煙味和焦油味，還揉合著皮革與枯葉的氣味；我問瓦西斯——他年方二十郎當歲——他在晚上和哥兒們出去時會不會喝很多波爾多的酒。「我和不在這個產業的朋友在一起時，他們會想要不一樣的東西。」他說。

他們不是唯一想要不一樣東西的人。自從一親波爾多芳澤之後，我已經讀到相當多品酒作家自白，說世上的模範葡萄酒其實再也不怎麼令他們驚豔。數年前，《葡萄酒觀察家》的頂尖專欄作家馬特‧克萊默（Matt Kramer）首次發難在文章裡公開自白。「今日，更甚於以往，我發現自己迫切渴望充滿驚喜的味覺感受。」克萊默的文章標題是〈我為何不再買昂貴葡萄酒〉。他稱價格不菲的葡萄酒是「完全在意料之中」且「幾乎不再為我帶來驚奇」。

這股情緒隨著酒價飆漲火上加油。2016年8月，德高望重的英國品酒家安德魯‧傑佛德（Andrew Jefford）在《醒酒器》（Decanter）雜誌上寫道，「在過往的一年裡，有時候我了解到，我與葡萄酒的關係有某些部分有所轉變。我不再想要最好的……它或許精緻，但未必有意思。」

就在數週之後，喬恩‧博尼（Jon Bonné）在《華盛頓郵報》上表示他個人對波爾多與布根地感到幻滅——一如對納帕谷、托斯卡尼等等其他酒區亦如是。「我得到一個怪異的結論，」博尼寫道，「是的，那些葡萄酒很棒。可是沒有它們不會活不下去。」他補充，「套句伏爾泰的話，傑出儼然成了優良的勁敵。」

●●●

葡萄酒指南幾乎都以作者經由某瓶廉價酒進入葡萄酒世界的輕鬆故事著手。你通常會在這裡面讀到一些被誤導的青年趣聞，譬如雷鳥（Thunderbird）、蘇特家園（Sutter Home）的金粉黛（White

Zinfandel）粉紅酒、布恩農場（Boones Farm）、粉紅騎兵（Lancers）、蜜桃紅（Mateus）、科貝爾（Korbel）、巴特爾斯和杰姆斯（Bartles ＆ Jaymes）果汁酒，或者——一代葡萄酒指南仍有待年輕千禧世代編寫——成箱成箱的風時亞（Franzia，樂利包裝）。這有點像是一個不變的法則，我何德何能敢違抗它？

我自己的葡萄酒故事始於高四那年，當時熱衷於摩根大衛（Mogen David）強化葡萄酒MD 20/20，它的另一個名字叫「瘋狗」（Mad Dog）。MD 20/20的柳橙盛宴（Orange Jubilee）是我特別喜歡的一款，而理由是因為它比一手啤酒更容易藏在樹林裡。我隱約記得，它喝起來味道混合著白堊感礦石氣（Chalky）、攙水的柳橙汁Sunny D，和穀物發酵的酒，但我曾經努力想洗刷掉腦中的記憶，連同郊區公立學校的成年儀式。

我的MD 20/20鑑賞期很快就在我到波士頓念大學後告終。新鮮人的頭一個禮拜，我在宿舍地板和新朋友分享瘋狗和一些柳橙盛宴。新朋友作嘔吐出MD 20/20之後，給我起了個「瘋狗」綽號，從此形影相隨跟著我，直到大一結束後轉學到佛蒙特大學（University of Vermont）為止。這是堂入門課，教導我表達飲酒偏好是令人憂慮的，也讓我學到，口味不受認同是什麼樣的感受。

事實上，我的葡萄酒初體驗實在沒有理由非得是MD 20/20的柳橙盛宴。家父的世代是1970晚期至1980年代的人，一躍成為納帕谷酒區和索諾瑪（Sonoma）酒區，以及卡本內蘇維濃和夏多內的一代——無一不鬥志高昂盼能與波爾多和布根地一爭高下。晚餐和派對時，常常開的酒不是康爵酒莊（Kendall-Jackson），就是羅伯·蒙岱維酒莊（Robert Mondavi）或葛吉克酒莊（Grgich Hills）、貝林格酒莊（Beringer）。偶爾我會小酌一番，可是當時我對父母喝的酒興趣缺缺。

因此，直到十九歲大二結束後的暑假，我才頭一回真正品嚐了葡萄酒。我在義大利遊學，住在克雷莫納省（Cremona），波河（Po River）附近一個叫做皮耶韋聖賈科莫（Pieve San Giacomo）的小鎮上的一個寄宿家庭。每天晚上，那個家的父親保羅都會切滿滿一盤帕馬火腿片，並

從一大輪格拉娜‧帕達諾乳酪（Grana Padano）上切一大塊下來。然後開一瓶葡萄酒；從穀倉陰暗的角落裡撈出沒有貼標籤的一公升瓶子，倒出嘶嘶冒泡的冰透紅酒──就是有一天早晨我閒逛進去看見他宰了一頭乳牛的同一個穀倉。保羅不作興花稍的酒杯，用的是我們在紐澤西家鄉謂之為「果汁杯」的玻璃杯。除了準備肉片、乳酪和葡萄酒之外，男人們是不准進太太廚房的，因此，安娜忙著張羅我們的晚餐，保羅和我就是啜飲著裝在果汁杯裡那沁涼冒泡的紅酒，坐在電視機前，在那些個悶熱的夜晚觀看吵死人的足球賽。

我從來不曾品嚐或見過像這樣的葡萄酒。酒液呈鮮紫色，倒酒時會形成一層厚厚的粉紅色泡沫。我很清楚家鄉父母餐桌上的納帕谷卡本內不會冒泡泡。保羅的葡萄酒必然帶有水果味，雖然比較辛辣沒那麼甜，但令人感到陌生的是芳香。我父親的葡萄酒氣味像那些可以辨識的水果──李子、櫻桃、莓果──和這款嘶嘶冒泡作響的酒截然不同。這支酒有一點點怪味，說真的。好像我在佛蒙特州念大學時煞到的漂亮嬉皮妹。當時我無以名狀，不過記憶中，那股芳香聞起來有泥土味、鐵鏽味、動物體味、生氣勃勃味，幾乎像極了小村莊裡農場和蒙塵的街道。在當時，聞起來和嚐起來就像我夢寐以求的古老歐洲。

不消說，少不更事的我，從沒纏著保羅問他葡萄酒的任何事──關於葡萄，酒是哪裡釀的，誰釀的之類。我和保羅一家始終有聯繫，但1990年代晚期保羅過世以來，加上安娜和他女兒丹妮耶拉都不喝酒，冒泡紅酒的來歷從此成謎。經過數年，我的葡萄酒知識日益增長，我猜想自己在很久以前夏夜所喝的酒是藍布魯斯科（Lambrusco），主要原因是，皮耶韋聖賈科莫距離藍布魯斯科產區摩典那（Modena）只要一小時車程。

隨著我越來越浸淫於飲酒世界，學習再學習，最後開始撰寫品酒文章，我時常告訴那些我在試酒會和商展活動上遇見的酒徒們，自己在十九歲享用冒泡紅酒的故事，總會引來暗笑，屢試不爽。「藍布魯斯科！」（Lambrusco）他們會說。「優尼特（Riunite）！」已經有好幾年了，便宜甜美的優尼特、藍布魯斯科都是美國銷路最好的葡萄酒。它

的全盛期在1980年代初，猶記得小時候裸母讓我們熬夜看連續劇《愛之船》（The Love Boat）和《神祕島》（Fantasy Island）時，看到那些「優尼特加冰塊，讚喔！」的俗氣廣告詞。不過，隨著美國人的飲酒知識在1990年代與日俱增，初露頭角的品酒家都不想再聽到紅葡萄酒。

因此，即使我在皮耶韋聖賈科莫喝到的酒既不甜也不低劣，我都不會再談到它，甚至想都不會想起它。正如與我同世代的滿腔抱負的酒徒一樣，我深感有責任要懂得欣賞絕佳美酒。在二十世紀末至二十一世界初，那仍意味著是來自各式各樣索價不菲的裝瓶公司所生產的卡本內蘇維濃和黑皮諾、夏多內。我從義大利鄉村葡萄酒，移情到高級的巴羅洛（Barolo）、蒙塔奇諾（Montalcino）的布魯內羅（Brunello）超級托斯卡納（Super Tuscan）。對於何謂絕佳美酒（Serious Wine），似乎是有普世共識的。「誠然，世上最傑出的葡萄酒，其品種起源和生產方式根本沒有祕密，」羅伯・派克在《終極葡萄酒指南》（The Ultimate Wine Companion）書中〈偉大的葡萄酒由什麼構成？〉一文中寫道。派克認為，絕佳美酒取悅大腦同時也取悅味覺，具有濃烈的風味與香氣，並會隨著長時間的熟成，更入佳境。我在其他品酒家文章裡讀過類似的評語。只要提到絕佳美酒，幾乎沒有人討論酒勁或心曠神怡。

於是我便將昔日的「非正經」冒泡紅酒歸檔到我少不更事時的柳橙盛宴一處去。我曾跟著葡萄酒老師和侍酒師，以及品酒家學習：身為一名細膩的酒徒，一名葡萄酒人，我被教導成應該遠離冒泡的紅酒之類的東西；我應該攀上梯子，不斷向上探求，將所謂的微不足道的葡萄酒拋諸腦後，並且努力追求卓越，追求深度，並追求——無可避免地——昂貴的絕佳美酒。

●●●●

皮耶韋聖賈科莫的夏日時光過後二十年，我造訪義大利的朗格（Langhe）酒區，它位於皮埃蒙特（Piedmont），拜會了多位釀造巴羅洛的酒商；那是一款由內比奧羅（Nebbiolo）葡萄所生產的葡萄酒，複

雜而細緻——絕佳美酒的典型，是杜林（Turin）薩伏依王朝（House of Savoy）的宮廷御用酒，有「眾王之酒，眾酒之王」稱號。我品飲了幾十支驚人的巴羅洛，多半深沉強烈又好得不同尋常——有些已經熟成了數十年——再一次，這令我深信不疑，生長在義大利西北部的內比奧羅，能釀出舉世無雙最偉大的葡萄酒。

某個陽光明媚的週日下午，我參加了一個稱之為「巴羅洛之星」（Asta del Barolo）的拍賣會，是參訪行程最精采的高潮。拍賣會當天，我沿著巴羅洛蜿蜒狹窄的鵝卵石街道，爬上一座城堡，俯瞰世上最有價值的葡萄園，一望無際。得獎的年分酒賣給蒐藏家——其中有些人從上海、莫斯科和杜拜遠道而來。有群人透過直播現場競標，他們身在新加坡某家餐館裡。有位熟人，是住在香港的奧地利銀行家，他花了3千歐元標下三大瓶1980年代中葉的一公升裝葡萄酒。我鄰座是一位迷人的酒商，其家族所釀造的巴羅洛細緻絲滑，年年勇奪品酒家最高分；品酒家稱他們是「天才」、「令人屏息」。在午餐席間，我們大概試飲了十五款2009年的年分酒。後來，年輕一輩的釀酒師聊起爵士樂和碧昂絲（Beyoncé）最近某個週末造訪巴羅洛，據推測，他們一行人豪砸5萬美元在葡萄酒和松露上。

我沒騙人。像這樣和一群人在午後聚聚，煞是令人迷醉。我難以清楚說明我有多喜歡巴羅洛。這樣說或許很蠢，但那感受宛若美妙音樂，或站在宏偉儡人的藝術品前。我深愛它，以至於大家問我最喜歡什麼酒，我通常會說，「呃，對，當然是巴羅洛。」

然而那日城堡午後簡直如夢似幻。返家後，我還喝很多巴羅洛嗎？不了，沒那麼多。說「巴羅洛」是我的最愛，實在是錯誤傳達我的日常飲酒習慣。我多常喝它？除卻專業的試酒，每當要買酒在家飲用或者在餐廳點酒，我一年喝巴羅洛大概兩、三次，或許四次，要是手頭闊綽。因為一公升裝的巴羅洛一瓶索價60美金，而在酒窖的話可能很快就漲價到百元美金。在餐廳的酒單上兩、三倍跑不掉。不了，即使我深愛巴羅洛，它始終都屬於特殊場合。

經過巴羅洛的洗禮之後，我一直在思索著葡萄酒的卓越性。因而決

定增加一趟小旅行，拜訪我在皮耶韋聖賈科莫的昔日寄宿家庭。我突發奇想，問了丹妮耶拉——保羅的女兒——研究一下她父親常去何處買他那款冒泡紅酒，經過一番努力，我們找到了釀酒師。出乎我意料，釀酒師並不在摩典那，而是相反方向兩小時車程外的另一處，在皮亞琴察（Colli Piacentini）丘陵——一個我聞所未聞的地方。

迷了路，再拿丹妮耶拉和安娜之間的爭論當參考——坐後座的兩姝大暈車——我們終於順當來到釀酒師的車庫；他是八十高齡的安東尼奧，還見到了他四十多歲的女兒。安娜情緒很激動，上回她和保羅一同拜訪這位釀酒師是1990年初期。「我還記得你有一頭山羊，牠很喜歡吃葡萄！」她說。這頭山羊，不用說，早已駕鶴西歸很久了。

我們從不鏽鋼貯酒桶汲出釀酒師做的麗絲琳，清新爽脆（Crisp）；還有一種令人難以捉摸的暗黃色白葡萄酒，是以當地一種神祕的奧圖戈（Ortrugo）葡萄釀成。安東尼奧告訴我，他的客戶多半是帶大罈子來買酒的，因為他們喜歡自己裝瓶，像保羅那樣。

「那個冒泡泡的紅酒呢？」我問道，「你還釀它嗎？」

他咧開嘴笑了，從車庫一角撈出一支瓶子，拿了一個白色寬口碗；當他倒出深紫色紅酒時，粉紅泡泡堆起了一圈又一圈。「我的客戶堅持要用白色的碗喝這款紅酒。」安東尼奧說，「這樣才能襯托出顏色和香氣。」

我閉上雙眼，深深吸了一口氣，才小啜一口；艱澀（Sharp）、清新、味道濃烈、泥土味（Earthy）。哇！碗裡的紅酒宛如時光機器。我再次重回十九歲，穿著勃肯鞋和美國的前衛搖滾樂團Phish的T恤，生平頭一回體驗到這款紅酒的香氣與風味。捧著這個寬口碗湊進臉差一點叫我在漆黑的車庫裡涕泗縱橫。

「呃，藍布魯斯科？不，不，不。這是古圖尼奧（Gutturnio）。」我猜我一定說錯了什麼。說不定我一直都聽不懂方言。「那是藍布魯斯科的當地名稱嗎？」我問。

他又笑了。「不！它是古圖尼奧。是巴貝拉（Barbera）和伯納達（Bonarda）。」而伯納達則是科羅蒂娜（Croatina）的當地名稱。

等等……什麼跟什麼？二十多年來，我一直告訴我自己，開啟我葡萄酒經歷的是藍布魯斯科。現在我才知道，它是一款叫做古圖尼奧的酒？我怎麼會從來沒聽過這支酒？它不像是新品種。後來我才曉得，羅馬人用一種稱為「Gutturnium」（意謂法螺）的圓壺喝這款酒，因而得名。凱撒大帝的岳父擅長以這個葡萄產區釀酒，名聞遐邇。

　　我們坐在桌前，以乳酪和肉佐酒，安娜和安東尼奧緬懷著往日時光。安東尼奧說，他如今每年賣掉大約四千瓶酒，比二十年前少了一半。「噢，」他說，「很多客戶都垂垂老矣。」同時，年輕一代不如他的同輩那般喜歡當地的葡萄酒。「如今，大家想要不一樣的口味。他們可能想要雞尾酒和啤酒。」安東尼奧聳聳肩。「凡事終有時。凡事終將盡。」

　　霎時，被我用白碗搖晃著的卑微紫色古圖尼奧，把我帶到了我自己的過往，也帶古羅馬時代，可也同時又把我連結到完全嶄新的知識——甚至似乎更甚於最傑出的巴羅洛。在皮亞琴察丘陵這座農場裡的這次奇特經歷，於我而言似是葡萄酒的本質，是人們以身相許迷戀於葡萄酒的理由，是葡萄酒如何成為我們生活一員的典範。

●●●

　　葡萄酒不是一道要去攀爬的梯子，並非如我們一直以來被教導的那樣。一點也不是。葡萄酒是一座迷宮，一座我們滿懷歡欣走進去的迷宮，我們無視於它將帶我們往何處去，而且我們可能永遠找不到出路。當我步步深陷於迷宮之中，我轉而棄守所謂的絕佳美酒，越來越背離習以為常的路徑。一個更廣大、更刺激的葡萄酒世界於焉為我敞開。我開始花越來越多時間研究這些釀酒葡萄，諸如西班牙加利西亞（Galicia）的戈德羅（Godello），或義大利多羅米提山（Dolomites）的特洛迪歌（Teroldego），還有，北馬其頓（Macedonia）的威爾娜（Vranac），法國朱羅（Jura）的特盧梭（Trousseau），或是義大利佛里烏利-威尼斯朱利亞（Friuli-Venezia Giulia）的斯奇派蒂諾（Schioppettino），甚至不計

其數其他品種。

我在寫的葡萄酒文章裡，開始推薦鮮為人知的葡萄酒，譬如希臘原生種葡萄釀製的性感紅酒，比方說北馬其頓地區納烏薩（Naousa）的希諾瑪洛（Xinomavro）。沒錯，雖然，比起梅洛、白蘇維濃或田帕尼優（Tempranillo），希諾瑪洛發音很拗口。但是希諾瑪洛——字意就是「酸黑色」——可是一款天后級的葡萄，極度挑剔難種植，大家將她比作內比奧羅（Nebbiolo），好像它可比大家競相逐標的巴羅洛城堡酒。原因是，希諾瑪洛有泥土味，口感複雜，顏色淺，單寧厚重而且酸度宜人，散發著莓果與玫瑰甚至焦油的氣味，和巴羅洛很類似。事實上，很難從納烏薩的希諾瑪洛葡萄酒中分辨出比較年輕的內比奧洛酒——如果你能辦到，那是因為你感覺到納烏薩酒比它那穩重的皮埃蒙特表親色澤金黃。

怪的是，希諾瑪洛只要大約15至20美元，只有巴羅洛價格的三分之一到四分之一。你大可在週二晚上開一瓶希諾瑪洛，配著烤豬肉剩菜做成的墨西哥捲餅，爽歪歪看電視喜劇《大城小妞》（Broad City），喝完一瓶舒服得很。畢竟這才是關鍵之一。用離經叛道的葡萄釀成的酒迷人、非主流，但它們也最實際：它們回饋冒險犯難的酒徒絕佳的價值感。

每每想及有趣但負擔得起的葡萄酒，就想到法國西南區，例如多爾多涅省（Dordogne）、加隆（Garonne）和加斯科涅（Gascony）。這些地區距離波爾多車程很近，可是這裡釀酒不用卡本內蘇維濃或梅洛，這裡最出色的佳釀是以內格芮特（Négrette）、塔那（Tannat）、莫札克（Mauzac）、費爾莎伐多（Fer Servadou）和小蒙仙（Petit Manseng）製成。不，我可沒胡言亂語，真的。那些釀酒葡萄出自弗龍東（Fronton）、馬迪朗（Madiran）、馬西亞克（Marcillac）和加亞克（Gaillac）產區。那些都是真實的名稱，是這些葡萄酒的產區所在地。雖然法國西南地區是該國第四大葡萄酒產區，但在美國卻非常罕見。這並不是因為多爾多涅（Dordogne）、加隆（Garonne）或加斯科涅（Gascony）是新興酒區。它們其實很古老。事實上，遠在波爾多之

前，釀酒業便已隨著羅馬人的存在而在此地蓬勃發展了。

在馬迪朗的加斯科村一帶，數百年以來，大家一直都在用平易近人、鏽紅色的碩大葡萄釀造成紅酒，在這裡，塔那（Tannat）葡萄獨霸一方。2000年代中葉時，因為科學家發現塔那葡萄的多酚含量最高也最有效，而名噪一時；這些抗氧化劑可以預防癌症、心臟病和糖尿病等一系列疾病。縱然如此，它依然默默無聞。馬迪朗釀製的葡萄酒口感壯實，色深多汁，帶有黑櫻桃、黑橄欖和黑咖啡的基調；當天氣轉寒，樹葉開始飄零之際，這款葡萄酒喝來恰到好處。一瓶瓶馬迪朗葡萄酒恰能沖刷掉在加斯科涅吃下肚的滯膩餐食，那些招待我的主人大概想把我養成肥鵝的豐厚鵝肝、法式血鴨。每瓶馬迪朗售價平均大約都不超出25美元，大多數不到20元。

另一款相反的酒是口感較輕盈的紫紅色葡萄酒，用的是費爾莎伐多（Fer Servadou）葡萄製成，在它的兩大產區裡，加亞克（Gaillac）當地稱之為布洛可（Braucol），而在馬西亞克（Marcillac）則稱作芒索（Mansois）。費爾莎伐多和我喜愛的羅亞爾河谷卡本內弗朗類似，都有百搭食物的特點，但是它的芳香成分，譬如尤加利和乾燥迷迭香氣味，稍微更濃郁些，還有給人一種剛剛沖了澡的清新舒暢感，有點像那些古老愛爾蘭春天的廣告，廣告裡穿著高領毛衣溫文儒雅的傢伙贏得塞爾特姑娘芳心。我開過了每一瓶瑪西亞克都很快就喝光：這是測試葡萄酒易飲性最可靠的方式。加亞克和瑪西亞克零售價大多在25美元以下。

我最喜歡的法國西南區葡萄酒，大概是弗龍東（Fronton）葡萄酒產區，以內格芮特（Négrette）葡萄所釀製的酒；它是一款細緻的紅酒，香氣馥郁彷若異國風情乾燥香草與野莓滿庭的地中海花園。感覺像是會在拜占庭王朝飲用的一款葡萄酒──這麼說很合理，因為內格芮特和希諾瑪洛頗有淵源；據傳說，是十字軍東征時從賽浦路斯把它帶回法國的。我所見的弗龍東葡萄酒差不多都不超過20元。

要舉出更多釀酒葡萄的例子，簡直難以勝數，但只會更深陷迷宮罷了。不過在這裡，你可能會問：為什麼沒辦法在更多商店貨架和酒單上，找到類似這些價格負擔得起的葡萄酒？為什麼沒有更多人論及這類

有趣又有好價值的葡萄酒？為什麼諸如釀酒葡萄費爾莎伐多和塔那、內格芮特，不像高貴葡萄那樣，沒有出現在全球更多產區？

或許是因為，塔那是一種單寧含量很高的葡萄，使得它比梅洛，比方說，更難駕馭。也說不定農人不再種植費爾莎伐多，是因為這種葡萄藤質地堅硬（fer在法文的意思正是鐵），不如卡本內蘇維濃容易對付。說不定內格芮特很難討好又嬌貴。說不定，釀酒葡萄如費爾莎伐多和塔那、內格芮特者流之所以稀有，理由其實很簡單：有權勢的人總是想要那樣。

回溯到十三至十四世紀時，波爾多的商人開始認為法國西南區的葡萄酒，會威脅到他們的經濟利益。因此，為了確保能在與英國的葡萄酒貿易競爭上的優勢，波爾多祭出一招政策，制訂了稱之為「葡萄酒警察」（Police des Vins）的嚴格法規，規定除非絕大多數的中產階級葡萄酒都販售一空，否則波爾多的葡萄酒不得在該區以外販售。這個政策重擊了法國西南區釀酒商廠。品酒家修·強生（Hugh Johnson）在《年分：葡萄酒的故事》（Vintage: The Story of Wine）一書裡，引用了路易十四手下的財政大臣安內-羅貝爾-雅克·杜爾哥（Anne Robert Jacques Turgo）的話，這般形容葡萄酒警察制度造成的影響：「這套規則最巧妙的設計是為了保障波爾多的資產階級、當地葡萄莊園東家、自己葡萄酒的最高價格，以及所有其他南方省分種植者的最大利益。」

一旦西南區的釀酒廠再也不能將葡萄酒賣出好價錢，那些地區便會沒落。有些農家拔光他們的葡萄園，改種高貴的葡萄品種，力圖攀附權貴。而那些繼續種植當地葡萄品種者，就釀起了廉價的日常「農人」葡萄酒。世上其他地方的人多數都將費爾莎伐多和塔那、內格芮特拋諸腦後。有鑑於波爾多的權勢與影響力，葡萄酒極客耗盡五百餘年，才使得法國西南省分的原生種葡萄重見天日。

即使到了今天，葡萄酒世界裡仍有無數有力人士，想維持高貴葡萄的既有優勢，他們抨擊對新穎葡萄的嘗試，也對重新挖掘古代被遺忘殆盡的酒區大加抨擊。人稱「葡萄酒皇帝」的羅伯·派克便是這派人士的一員。他靠著推薦波爾多與納帕谷的葡萄酒給1980至1990年代誕生的嬰

兒潮，贏得無數美名也賺到可觀財富。不久前，他還一直都是舉世在各類主題上最有影響力的評論家。如今他已年過七十，雖然對更年輕的狂熱酒徒而言影響力漸走下坡，卻也仍是不容小覷的一股勢力——活躍、好鬥，對任何與他意見相左的觀點頑抗不屈。

派克對非高貴葡萄品種的偏見，最明顯且惡名昭彰的例子發生在2014年初時，當時我剛剛在早期的品酒文章裡分享我的葡萄新發現，比方說希諾瑪洛和費爾莎伐多。派克發表了如今聲名狼籍、精神錯亂的怒吼，痛罵像我這樣擁戴產地偏僻葡萄的人。他把我們這種人稱之為「歐洲菁英主義者流」和「異想天開者流」、「極端主義者」，說我們的推薦是「網路集體鵝步的縮影」和「金正恩主義」。沒錯，他真的這麼說，很嚴厲。簡直就是老大哥對著龐克青年揮舞拳頭。

他的怒吼大標題——「毫無理由，真相顯而易見」——引用的是英國前衛搖滾樂手普洛柯哈倫（Procol Harum）所作〈蒼白的淺影〉（A Whiter Shade of Pale）的歌詞。在開頭短短七百字裡，派克就提了四次他在品酒界「三十五年」的資歷。他洋洋灑灑一大篇，好比1950年代的反共產主義宣言一般，充斥著「惡徒」、「新知識分子」，主張那些提出與他的觀點相反意見的人，就好比「專制政權的宣傳機器」。他還指稱，我們撰寫品酒的方式應該被「譴責」與「駁斥」。

派克最惱火的似乎是，越來越多的年輕品酒作家和侍酒師不贊同他的觀點。我們有些人比較喜愛所謂的自然葡萄酒，有些人是受夠了高酒精濃度、過度橡木桶貯放，果味厚重；還有些人——比方說——只不過是碰巧推薦了比較少有人知道的葡萄酒給讀者罷了。我們多半都已經厭倦了昂貴又聲望很高的絕佳美酒。最令我震撼的是這幾段話：

　　我們也從這群絕對主義者當中得到的是，幾乎完全拒絕一些最好的葡萄品種，以及由它們釀製的葡萄酒。而他們卻反而用巨大的熱情和聲浪，支持那些幾乎無人知曉的葡萄和葡萄酒。他們的頭號標準——不是它有多好，而是它是多麼的晦澀、默默無聞……

　　當然，他們會說服你相信有些遭天譴的葡萄（Godforsaken

Grapes），在數百年來的葡萄栽種與消費方面，從來未得到拉抬，因為它們幾乎無利可圖，例如特盧梭（Trousseau）、莎瓦涅（Savagnin）、黑格蘭（Grand Noir）、內格芮特（Négrette）、白木脂（Lignan Blanc）、佩盧爾辛（Peloursin）、歐賓（Aubin）、佳萊（Calet）、芙貢紐（Fongoneu），以及藍佛朗克（Blaufränkisch），可以釀酒（事實上，少有可口的，除非大量混釀減弱其口味）但消費者得費一番勁才能買到喝到。

我對派克怒氣滔天有點驚訝。自十五歲以來就不曾遭遇那般怒斥；當時我那穿著背心的鄰居罵我和我那幫玩滑板車的哥兒們「長毛惡棍」，怒斥我們滾出他的車道。但那是事關黑白種族議題。那是威權。葡萄酒界的最大守門員如此責難像我這樣的人，認為我們「幾乎完全排斥」夏多內和卡本內蘇維濃、黑皮諾這類葡萄。他咒罵我們推薦他所謂的「天殺的葡萄品種」。他甚至在這些天殺的葡萄當中，特別指出了我最近才寫過的好幾種葡萄，包括內格芮特，而這些都是波爾多在好幾百年前就已經除之而後快的葡萄品種。

◖◗◖◗◖◗

不用說，我可憐的兒子小威在早餐檯上給糾察隊演講詞做最後修飾時，他並不知道他的疑問觸動了所有這一切問題。他也不知道他的父親——一位「天殺的葡萄」愛好者——曾經因為一些非法定的葡萄，飽受全球影響力最大的評論家指責。

那日早晨，小威知道的是——比拼錯字更令他沮喪——等我陪他走路去上學之後，我就要遠行。再一次。那日午後我將飛往歐洲，去試飲發掘一些更「天殺」的葡萄——某些正是派克的怒罵特別針對的葡萄。隔日，我會回到瑞士，品飲莎瓦涅。之後很快的，我會去奧地利，試飲藍佛朗克。旋即，會去法國西南省分品嚐內格芮特。還有很多其他的葡萄品種，甚至更多稀有的釀酒葡萄。我為何要這麼做？在當下，我難以

解釋。我早已沉迷於葡萄酒的迷宮裡了。可是我無法告訴你們，為什麼迷戀奇特、發音拗口的葡萄使我離開了有保障的工作，使我的家庭生活失去安定感，使我追求這股狂熱。我只能說我覺得這麼做很重要。

「把拔，你什麼時候回來？」小威問；他背起書包，又塞了更多康科特葡萄到嘴裡。

「幾個星期後，」我說。他緊緊抱著我，把頭埋進我胸前，不讓我看見他流淚。「沒關係。我會在你開始想念我之前就回家。」當他終於放開我，我的襯衫上印了一個小小的葡萄漬。

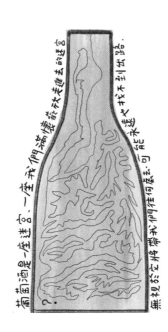

Chapter 3

葡萄酒與
街頭潮流

Wine and
Dada

瑞士有許多樣東西名聞遐邇：瑞士巧克力、瑞士手錶、瑞士乳酪、瑞士祕密銀行帳戶。但瑞士葡萄酒呢？大多數人甚至不了解有瑞士葡萄酒這麼一樣東西。瑞士人當然沒有釀造很多葡萄酒，大概每年只有一億公升，相較於法國的四十二億公升或義大利的四十八億公升，簡直滄海一粟。而且，瑞士只出口2%的葡萄酒，比起來，義大利和西班牙各外銷半數所產的葡萄酒。因此，無論用哪一種標準來看，瑞士葡萄酒都是稀有產物。然而，確有將近四十種原生葡萄產自瑞士。所以說，有哪個地方比瑞士更能滿足我對神祕罕見葡萄的痴迷？

很快的，我便愛上了瑞士最普遍的葡萄品種夏斯拉（Chasselas）。有人說，夏斯拉是最適合早晨十點飲用的葡萄酒。也有人說，它是口渴時最完美的飲用酒。到了蘇黎世的離日早晨，我就發現兩種說法都對；在中世紀老城區裡，坐在陽光燦亮的桌前，吃過牛角酥麵包和咖啡之後，我點了一杯夏斯拉。可以這麼說，夏斯拉太適合接續在雙份濃縮義大利咖啡的後頭，太順口了。到了上午十點十五分之前，我又點了一杯。

瑞士人很愛他們的夏斯拉，雖然全球其他地方的人只懂吃這款葡萄，或是現榨果汁喝，而不是釀酒喝。非瑞士人常形容夏斯拉葡萄酒平淡無味、不帶勁，或是不酸不甜沒個性，而夏斯拉葡萄酒確實酸度很低。「我第一次喝一大口時，很驚訝它酸度竟然這麼低，」權威的英國葡萄酒品酒家珍西絲・蘿賓遜（Jancis Mary Robinson）如是道。絕佳的夏斯拉給酒徒絕無僅有的飲酒體驗——不甜、細緻，帶有一絲礦石氣、有一點鹹味，甚至往往還有奶香味或煙燻味。瑞士葡萄酒品酒家錢德拉・庫特（Chandra Kurt）描述高級夏斯拉的酸度是「恰恰好的份量——合適的，我的意思是不引人矚目，」她並補充道，夏斯拉是一款「允執厥中不張揚的」葡萄酒，一如瑞士這個國家本身。

　　「很難描繪夏斯拉對瑞士文化有多麼重要，」一年前，在謝爾城（Sierre）的瑞克雷乳酪晚宴上，維拉莫茲博士（José Vouillamoz）曾告訴我。「婚宴上喝夏斯拉、喪禮也喝、談成一筆生意喝、完成政治協商也喝。」他眨眨眼帶著笑補充說，「但，就是不佐餐喝。」

　　我的第二杯夏斯拉產自瓦萊州（Valais），我在一年前跟隨「葡萄酒馬賽克」成員同行當地。在瓦萊州，這款葡萄被稱為芬迪特（Fendant），在夕昂（Sion）一帶長得特別好。百年前，夕昂的芬迪特是歐洲最熱門的葡萄酒。曾住過蘇黎世熱愛芬迪特的愛爾蘭文豪詹姆士・喬伊斯（James Joyce）深情款款（而且有點變態）稱它為「公爵夫人之溺」（the Archduchess's Urine）。

　　海明威總在作品裡特別仔細提到飲酒一事，他曾寫過發生在阿爾卑斯山裡的多篇故事，裡面的角色常來一瓶「夕昂之酒」。在《流動的饗宴》一書中，他曾寫著，在傷感追悔第一任前妻哈德莉（Hadley）之際品著夕昂葡萄酒。在《越野滑雪》（Cross Country Snow）故事中年輕的角色尼克・亞當斯（Nick Adams，有著海明威自傳色彩）在滑雪終了時，與有人喬治點了一支「夕昂酒」；德裔瑞士籍女侍在打開軟木塞時不太順利，（尼克說：「軟木塞的那些個斑點無關緊要……」），此處夕昂葡萄酒扮演著情緒從幼稚戲謔轉變為較陰鬱的催化劑，暗喻從年少進入肩負成年責任的世界。

「葡萄酒總是給我這種感受，」他說。

「感覺不愉快？」尼克問。

「不。我覺得很棒，但怪怪的。」

我也覺得怪怪的。可能是因為這是早晨的第二杯夏斯拉。也可能是因為我剛點了一枝瘦瘦但嗆辣的小雪茄，正在吞吐雲霧；小雪茄是在一家古樸的老菸草店瓦格納菸草店（WagnerTabak - Lädeli）買的，就在市政大廳的對岸河邊，靠近蘇黎世聖彼得教堂。也或許，是因為我正用平板在重讀——字字艱辛，真的——德國詩人萊納・瑪利亞・里爾克（Rainer Maria Rilke）怪異艱澀的小說《布里格的筆記本》（The Notebooks of Malte Laurids Brigge）。或許，只是因為這裡是蘇黎世。自十九歲之後，我已經二十五年不曾到這裡來；當年我和來自佛蒙特州一個朋友莎拉結伴旅行，背包裡放了一本里爾克寫的《致年輕詩人的信》（Letters to a Young Poet）。我平常並不吞雲吐霧，所以今天在瓦格納菸草店買小雪茄，是因為那是我在1990年做過的事。一位小有知名度的詩人曾造訪我大學時的創意寫作課——滿臉鬍碴，戴著貝雷帽，穿著燈芯絨夾克，袖上有幾處補丁，抽著一枝小雪茄，令我難忘，也努力過起那種懶洋洋的詩人生活。我記得，在破爛旅館二樓，和莎拉倚著窗，俯瞰尼德道爾夫老街（Niederdorfstrasse），抽著菸，喝著廉價的瑞士葡萄酒，有一搭沒一搭讀著里爾克，假裝都市人。

怪怪的，我猜，把凡此種種和蘇黎世搭在一起；很多人認為蘇黎世安靜得不得了，又乾淨穩重，又中產階級，彷若銀行家腕上靜悄悄的一只手錶。國民哲學家艾倫・狄波頓（Alain de Botton）筆下的這座城市「給世人獨特的教誨是，它能提醒著我們，一座城市除了百無聊賴和中產階級，還可以多麼饒富想像力與人道精神。」狄波頓堅信，蘇黎世最大的異國情調是它有多麼「輝煌的百無聊賴」。「我們通常會用異國情調這個字眼，形容駱駝和金字塔。但是，也許任何異樣且令人渴望之物，都配得上這個字眼。」

不論是哪一種，我要說的是，在豔陽高照的蘇黎世，夏斯拉葡萄酒

太適合邊抽菸邊喝。咖啡廳裡坐在我鄰座的瑞士佬，正抽著菸斗，同時正享用著一杯夏斯拉，看似很認同我的說法。我實在離題太遠扯到《布里格的筆記本》去。「我正學著去看，」里爾克寫著。「我不知道為何如此，但進入我的一切都更為深刻，而且不會停滯在習以為常之處。」我覺得我終於學會了品酒，而且類似的某些事也發生在我的內在。我的鑑賞力引領著我來到瑞士，前所未見地深入葡萄酒迷宮。

◦◦◦

　　實際上，我之所以感覺怪怪的，很可能要歸咎於我前一晚所喝的發酵葡萄汁。我和一名愛交際的高大男子菲利普‧施萬德（Philipp Schwander）試酒；他是進口商，也是瑞士唯一經過認證的葡萄酒大師。我在數月前透過友人史蒂凡諾‧卡伐（Stefano Gava）引薦會晤了施萬德。施萬德進口史蒂凡諾的葡萄酒到瑞士，因此也來到十七世紀的別墅，跟我們擠進一輛很小很昂貴的敞篷跑車。

　　在參觀別墅時，施萬德說，「史蒂凡諾，我現在也是有頭有臉的城堡主人了。在德國巴伐利亞林道村（Lindau），波登湖畔（Bodensee）。」我們計畫要在貝里奇山丘（Berici Hills）的一家飯店裡的小酒館吃午餐，試飲史蒂凡諾的葡萄酒。然而，施萬德卻臉色蒼白盜汗，坦言他身體很不舒服。他認為是前一晚維洛那米其林星級晚餐惹的禍。「我相信是舒肥肉食的問題，」他說，事關時髦的食物烹飪技術，用塑膠袋真空包裝後放入溫水慢慢烹煮食物。「我從來不怎麼信任這種烹飪食物的新方法。用密封塑膠袋在溫水裡煮肉？！」他堅持午餐前來一杯義大利經典藥草酒金巴力（Campari）可以治好他。但喝了無效後，他在飯店開了個房間小睡一下。

　　如今，相隔六個月，在位於蘇黎世的辦公室裡，施萬德看來神清氣爽很健康。他熱烈迎接我，倒了六瓶瑞士白葡萄酒和六瓶瑞士紅葡萄酒。這些都是極其珍稀的葡萄酒。事實上，瑞士葡萄酒的年供應量，只夠滿足瑞士本土對葡萄酒需求量的40%，也因此，全球其他地區的人能

品嚐到簡直是走運。我興奮莫名，也對施萬德的慷慨感激涕零。

他從一款來自蘇黎世湖濱區的慕勒-圖高（Müller-Thurgau）品種開喝。「他們為我們特製了這款酒，用一種在一支1895年酒瓶裡發現的酵母釀造而成。」施萬德說。接著，我們改喝兩款夏斯拉。「現在流行說，一支酒易飲性很高，並不能把它變成好品質的高級酒。」他說。「不過這是不對的。」我最愛的一款酒是瓦萊州的芬迪特，產自環繞小鎮韋特羅（Vétroz）的山區頂級葡萄園（Grand Cru）[1]。它強勁有力口感豐富又濃稠──是一種很像阿爾卑斯山彎道滑雪障礙賽冠軍的夏斯拉。

接下來施萬德倒了一款稱為海達（Heida）品種葡萄釀成的酒──飽滿溫柔帶有一絲辛辣味，還有一點點堅果香。海達是瓦萊州當地人對德語世界人稱「塔明娜」（Traminer）葡萄的稱呼。多年來，人們堅信這款葡萄源自於塔明村（Tramin），因而得名。這款葡萄同時也普遍栽種於靠近瑞士邊境的法國朱羅（Jura）一帶，當地稱之為莎瓦涅（Savagnin，可別與很受歡迎的蘇維濃混為一談，沒錯，解說葡萄名稱真令人偏頭痛發作）。朱羅的莎瓦涅已然是新一輩侍酒師的最愛，躋身新浪潮的葡萄酒單上，因而招致羅伯·派克（Robert Parker）鄙視，詆毀它也是「天地不容的品種」（Godforsaken）。

海達──亦或莎瓦涅或塔明娜──基因很不穩定，很容易發生突變。任何植物在細胞分裂時，都有可能產生自發突變。但若發生在葡萄上，這些突變（產量更高、顏色變異、結果更大或更小）往往是釀酒師所樂見的，他們會將野生突變拿來複製選殖（clone）。在阿爾卑斯山區，起碼自十世紀開始，就選殖了無數的海達、莎瓦涅和塔明娜，其中有一些選殖品種堅信是白蘇維濃、白肖楠、綠菲特麗娜（Gruner Veltliner）在遺傳上的親株。但沒有人知道這款葡萄品種真正的起源。

碰巧，施萬德招待我的夏斯拉和海達來自讓-雷內·日耳曼酒莊（Domaine Jean-René Germanier），一年前與葡萄酒馬賽克成員同遊阿爾卑斯山時，曾拜訪過的一個酒廠。讓-雷內·日耳曼酒莊就在夕昂區區數英里遠，設計現代風的試酒室裡，我見到了釀酒師吉勒·貝斯（Gilles Besse）；在和叔父攜手經營家族酒廠之前，他曾擔任樂團團長

與爵士薩克斯風手長達十五年。和我一樣，貝斯也是四十幾歲的人，但他比我更高大、精壯，晒得更黑，身穿背心戴著眼鏡，看起來一副阿爾卑斯山工人模樣。他開著豪華休旅車載著我們去山上的葡萄園。位於海拔兩千五百英尺的高處，我們下車漫步於限額級（Clos de la Cuota）葡萄園。日照驚人。瓦萊州是瑞士最晴朗的地方，每年日照時間超過兩千五百個小時，比布根地、波爾多和許多歐洲地區都要厲害。陽光如此明媚，赤裸裸地解放了一切。我們是可以在葡萄樹當中做日光浴的。

　　瓦萊州是個有著許多小型酒廠的地方——總計面積一萬兩千英畝地，大約有兩萬兩千名農人，每人工作面積不到半英畝，有些只有區區數畦葡萄藤。最小的酒廠位於薩永村（Saillon），僅有三株葡萄藤，據說主人是達賴喇嘛。「瓦萊州每個家族都擁有葡萄園，所以即使葡萄滯銷，也只不過是個家庭副業。因此大家都只是保留著古老葡萄品種。」讓-雷內・日耳曼酒莊仍種植著十四種不同的葡萄品種，包括稀有品種如小奧酩（Petite Arvine）、紅玉曼（Humagne Rouge）、艾米尼（Amigne）。「在1980年代時，我的這一輩人說，『我們必須種植當地的品種』。不過這可不是什麼懷舊精神。我們仍會栽種黑皮諾和希哈（Syrah）。但我們卻要問：我們的歷史是什麼，我們能把什麼帶向未來？」

　　我依舊深深記得，貝斯倒給我們喝的稀有瑞士葡萄酒。這款紅玉曼帶有鐵鏽氣息，散發蜂蜜與迷人的胡椒和煙燻的好滋味——有點像黑皮諾加上抽煙斗的氣息。世上僅存一百英畝種植面積的艾米尼，十分古老以至於有些人相信它是羅馬人引進的。倘若不是羅馬人引進的，那麼艾米尼可能是在此地野生野長的品種。「我不知道它的確切親株是什麼，」貝斯說。「它的果實小小的，葡萄長長的。但它沒有籽也不開花。它有……怎麼講……繁殖的問題，」他說，帶著笑。（是啊，葡萄酒徒喜歡一語雙關和性暗示。）

1.　法國AOC葡萄酒分級：一級園（Premier Cru／1er Cru）、特級園（Grand Cru）、列級園（Grand Cru Classe）。

縱然如此，雖然有繁殖問題，但艾米尼是怪異又挑剔的品種，銷售主流葡萄酒獲利至上的公司想都不用想就會把它剔除掉。

最後，我們試飲了貝斯的海達，它來自韋克斯（Vex）小村，因此商標上寫著「韋克斯的海達」。或許一點也不意外，喝著海達（也就是塔明娜，也稱莎瓦涅）時，派克的名字浮上心頭。貝斯對派克的咆哮之舉感到不解，因為派克在《葡萄酒倡導家》（Wine Advocate）上給了貝斯的希哈很高評價。過了一年，貝斯依然耿耿於懷他所鍾愛的莎瓦涅受到批評。「他完全違背了潮流所趨。」貝斯說。「他喜歡將珍稀形容成無趣。可是我認為他只是單純想捍衛他的商業利益罷了。」

如今站在施羅德的蘇黎世辦公室裡，我的酒杯裡搖晃的韋克斯海達葡萄酒，喚起了群山間的豔陽，宛如我記憶中佛蒙特州大學時期，地面猶有殘雪，卻陽光普照大家換穿T恤滑雪的春日時光。我還不想結束海達改喝其他酒，可是施萬德有兩個朋友也到了，一個是保險公司高層，另一位是能源公司的執行長。他們都建議我接著喝紅酒。施萬德開了好幾支迷人的瑞士黑皮諾，以及來自義大利語區德欣州（Ticino）的兩支梅洛紅酒。每一款紅酒都非常棒，尤其是來自蘇黎世湖附近，奇異而簡樸的黑皮諾。只不過我已嚐過太多，也夠多其他優異的黑皮諾。我的理智與心靈仍牽掛著鮮為人知的葡萄。

保險公司高層克利斯汀告訴我，他在瓦萊州謝爾城擁有一座釀酒廠，就是我曾享用瑞克雷乳酪處。我們交換了彼此對「瑞克雷乳酪神殿」的讚賞，接著克利斯汀告訴我，他的酒廠離「里爾克基金會」（Foundation Rilke）不太遠。他說，戰後從1919年起至1926過世為止，里爾克都定居在謝爾城，住在一名富裕的贊助人所擁有的古堡裡。如今他的文件都被保存在那裡，周邊環繞著瓦萊州的葡萄園。在謝爾城，在一場「野蠻的創意風暴」之中，里爾克完成了他的傑作《杜伊諾哀歌》合輯（Duino Elegies）、《致奧爾佛士十四行詩》（Sonnets to Orpheus）。

「里爾克！」我說。「這個禮拜我真的一直在拜讀他的作品。」

「你讀的是英文版的里爾克？」克利斯汀問。「抒情詩是很難翻譯

的。」

「很像葡萄酒，不是嗎？」施萬德說。「也很難轉譯。」

里爾克若能聽到這段對話必感欣慰。他終身是個白吃白喝的花花公子，享盡優渥生活，富裕的友人和贊助人幫他埋單一切。而這個「不可說」之事想來早被書寫過。在我那破破爛爛的舊版《致年輕詩人的信》裡，我早已用稚嫩的雙手畫線註記了這段文字，「事情並非如人們常常說服我們相信的那麼脆弱且不可說；但絕大多數的體驗是不可說的，因為它們發生在一個沒有文字曾經進入過的空間裡。」試飲不尋常的葡萄酒，並且加以解釋它們，似乎正屬於此類。

隨著辦公室試飲告一段落，我們鑽進施萬德的賓士邁巴赫（Mercedes-Maybach）頂級房車。後座非常寬敞，我幾乎可以完全斜躺下來。頭枕上有軟綿綿的枕頭，駕駛座和副駕駛座背後有電視機。我們開車駛離蘇黎世，直下湖畔，去到丘陵起伏的郊區加提孔（Gattikon），去到米其林星級餐廳「斯莫林斯基的希爾達德」（Smolinsky's Sihlhalde）。我問施萬德是否仍提防著舒肥烹飪方式。「嗯，我喜歡這個地方是因為他們還在做傳統烹飪。這裡沒有舒肥。」我們享用了小牛臉頰肉，松露餡義大利餃，而施萬德開了幾瓶真的很昂貴的布根地紅酒和年分香檳。席間比較了50歐元和250歐元香檳酒之間的差異和它們的價值。後來我告訴我的朋友史蒂凡諾關於我和施萬德在蘇黎世共度的夜晚，他搖搖頭說，「瑞士人！就是錢太多。可是好無聊。嘿，咱們來吃昂貴的館子，喝昂貴的葡萄酒，開著昂貴的車子！」

晚餐結束，施萬德在餐桌上展開一份建築藍圖，是要翻修他在林道村古堡用的；林道村位於波登湖，也稱康士坦茲湖（Lake Constance）。我去過一次林道村，好幾年前，是大學時期和莎拉的背包客之旅。當時我們沒有住古堡，而是住在一家臭氣燻天的青年旅社。其實，在某種很酷、複雜難言的嬉皮士柏拉圖阿爾卑斯田園詩裡分得一席臥榻住了一個禮拜之後，林道村成了宿醉頭疼，感情表白卻受傷的所在。

●●●

回到陽光明媚的蘇黎世咖啡館，我終於放下里爾克的書。一飲而盡早晨的夏斯拉並抽完小雪茄，再買了一杯濃縮義大利咖啡，付完錢，然後漫步在老城狹窄的鵝卵石街道上。我探頭進去伏爾泰酒館（Cabaret Voltaire），在一個世紀以前，那裡是達達主義的精神堡壘，也是最初達達主義宣揚主張的地方。今年巧逢達達主義創立一百週年，而蘇黎世靜靜慶祝著這個紀念日。伏爾泰酒館如今已是一間快餐店、書店兼藝術空間，地下室有影片展，解說著達達主義藝術家與詩人如何抗拒啟蒙運動想當然耳的思想，質疑著邏輯與理性，並且想要「將非理性、魔法與偶然性帶進人生」。達達主義藝術帶著傻氣和幼稚，這是它故意為之。畢竟，達達這個名稱源自嬰兒發出的第一個字音，也或許代表著法文「木馬」（hobbyhorse）一字，或者說不定只是隨意選擇下的產物。沒有人知道。在伏爾泰酒館裡，達達主義人士大聲吼著荒謬的詩句，身穿滑稽的戲服，隨著刺耳音樂瘋狂跳舞，還把廢棄停車場奉為「渾然天成的」藝術品。數年後，達達運動就內訌崩潰銷聲匿跡。在藝術史導論課堂上，老師說達達主義非常重要。在人的學習過程中，它是一座橋梁，連接著從現代主義運動，例如立體主義和未來主義，過渡到超現實主義與抽象的象徵主義和普普藝術，以及其他後現代主義運動的思潮。可是，對大部分人而言，包括達達主義人士在內，達達主義本身難以理解。它的殞落無可避免。一週裡達達人士激怒大家的作為到了下週就過時了，因此總是要有新花樣再掀波瀾：好吧，上週二我們告訴大家說小便池是「基礎」藝術品……那今天我們要怎樣才能再延伸這個話題。我常常擔心追逐更稀有更鮮為人知的葡萄酒，有一點類似達達者流。今朝原本新潮又難以捉摸的東西——來自德國的托林格（Trollinger）或葡萄牙的依克加多（Encruzado），或者是來自希臘的馬拉戈茲亞（Malagousia）——明朝很可能就變得索然無味。就我所知，夕昂的芬迪特，「公爵夫人之溺」（the Archduchess's Urine），有可能在本書付梓之際，成了每一家潮人酒吧的新歡。

不過，你會經常聽到酒徒胸懷高尚情操談論葡萄酒有若探討「藝術」，而釀酒師等同於「藝術家」。假如果真如此——但我不相信真是

如此——「葡萄酒是一門藝術」基本上仍停留在十九世紀。若論葡萄酒是一門文化的專業，那是啟蒙運動時期的概念，品酒家和經過認證的侍酒師，以及其他守門人等，依舊在扮演著老派學者角色，他們憑著充滿批評的假象確定性、打分數和謬誤的邏輯，來為所謂「絕美佳釀」分級歸類。有時候，葡萄酒文化甚至未曾遭逢現代主義，更遑論後現代主義。或許葡萄酒需要達達主義。

噢，凡此種種思緒在我腦袋裡翻騰，我明瞭自己需要再來一杯葡萄酒，要快。時值午餐，因此我走向牛肉市場（Rindermarkt），前往瑞士最古老的餐廳「奧普費爾查默」（Oepfelchammer），那是1810年開張的一家古老的葡萄酒小酒館。餐廳裡，黑色的木梁，牆面釘著鑲嵌飾板，還有著長長的木桌，配著條凳，上頭刻著兩個世紀以來好幾百個名字。服務生鮑里斯（Boris）蓄著很炫耀的尖鬍子和鬍鬚，看起像是托洛斯基（Leon Trotsky）。他端來令我驚奇的佐餐白葡萄酒，以羅詩靈（Räuschling）葡萄釀成。「這是非常古老的品種，生長在蘇黎世湖周圍。」鮑里斯說。

事實上，羅詩靈最初是在中世紀時種植於德國萊茵河谷地，應該是高維斯（或稱白高維斯）和莎瓦涅（或稱海達、塔明娜）的子系；十六世紀重要的德國生物學家希羅尼穆斯・博克（Hieronymus Bock）是第一個提到它的人。世上僅存不到六十英畝的羅詩靈葡萄了。它的名字應該是得自於風吹動這種葡萄藤特有的濃密樹葉，所產生的沙沙響聲（rauschen）。因風聲而得名很合理：品飲羅詩靈更多時候是一種感覺，更勝於特有的風味。這是一支奇特的葡萄酒，帶著超級鮮明的酸，一點點若有似無可辨識的香氣，還有一丁點的鹹味。我懷疑沒有酒堪與匹敵。我在敞開的窗邊落坐，窗外俯瞰著牛肉市場，鄰座又是一個呼著菸斗的瑞士佬。有三名花稍的年輕男子——操德語的哥兒們——在鄰桌喧囂地吃吃喝喝。我點了奶油蘑菇湯（chanterelle soup）和經典菜蘇黎世薄肉片（Zürcher Geschnetzeltes），小牛肉切片佐蘑菇奶油醬，配菜是瑞士薯餅（Rösti）——是知名的德瑞版馬鈴薯煎餅。

鮑里斯推薦兩款不同的紅葡萄酒，一款叫做科娜琳（Cornalin），

另一款叫做「瓦萊州的科娜琳」（Cornalin du Valais）。這葡萄酒命名簡直到了精神錯亂的顛峰，鮑里斯解釋道，這兩種科娜琳根本是完全不同的葡萄品種。他說，瓦萊州的科娜琳其實是瓦萊州當地俚語，用來稱呼一種名為帕伊紅（Rouge du Pays，意謂故鄉紅）的葡萄品種。鮑里斯說另一種科娜琳——他簡稱為科娜琳——則是紅玉曼的別稱，紅玉曼是瓦萊州的一種鄉村葡萄酒，味道類似黑皮諾，堪稱黑皮諾的土包子表親。事實上，絕大多數的科娜琳都生長在阿爾卑斯山的另一面，義大利的法語區阿歐斯塔谷（Vallée d'Aoste）。我選了瓦萊州的科娜琳，或稱帕伊紅，顏色深紫味帶胡椒味，聞起來有一點焚香氣息。

　　就在我正開始吃蘇黎世薄肉片時，三名花稍青年當中有一人從喧譁的那桌起身。在同伴的鼓譟下，他跳起來去抓天花板上巨大的橫梁，努力想把自己拉起來。在菜單上，我曾看到一張圖片畫著同一幅景象：這是奧普費爾查默餐廳的傳統——「梁測遊戲」（Balkenprobe），一種古怪的遊戲，意謂「拿下橫梁」。挑戰者必須先撐上一根橫梁，頭朝上，待上一秒鐘，再以雙腳腳勾住橫梁，倒頭栽喝下一杯酒。

　　年輕人拚了命把自己往上拉起，翻過橫梁，酒館裡每個人——兩對情侶，吹薩克斯風的傢伙，還有我——都用拳頭捶著桌面加油打氣。鮑里斯站在他底下，監視著。「完全靠技巧。」他對我說，用英語。終於，紅著臉，年輕人舉起自己翻過第二根橫梁，倒頭栽，然後鮑里斯給他倒了一杯羅詩靈葡萄酒，年輕人三兩口就喝光。接著他盪回地面，回到在桌邊歡呼的同伴那兒。

　　觀賞這場奇觀，的確起碼回答了那一天縈繞我腦海的一個問題：羅詩靈真的和倒頭栽掛在兩百年歷史的木橫梁太匹配了。當然，仍有很多其他的葡萄祕辛等著解謎。

在蘇黎世夏斯拉（Chasselas）太通台邊抽菸邊喝

Chapter 4

阿爾卑斯
葡萄酒

Alpine
Wines

小的時候，我對運動冷知識、統計數字，特別是有關棒球和籃球的，記憶力特別強。如果有家人想知道什麼數字，都會來問我，譬如麥克‧舒密特（Mike Schmidt）在1980年費城人隊爭奪冠軍賽中得了多少次最佳球員（121次），或摩斯‧馬龍（Moses Malone）領軍NBA中有幾次出手不進（6次），或費城人隊伍有多少個球員在1982年被拿去交易了馮‧海耶斯（Von Francis Hayes）──答案是五個：胡立歐‧法蘭柯（Julio Franco）、喬治‧沃科維奇（George Stephen Vukovich）、傑‧巴勒爾（Jay Baller）、傑里‧威拉德（Jerry Willard）和曼尼‧特里略（Manny Trillo）──簡直史無前例。不過，我真的還記得，花好幾個小時讀《比爾‧詹姆斯棒球摘要》（The Bill James Baseball Abstract），還有其他早期談論深奧、先進棒球紀錄統計分析的書籍，如今稱之為「賽伯計量學」（Sabermetrics）──因為小說與電影《魔球》（Moneyball）聲名大噪。

隨著越來越深入珍稀深奧的釀酒葡萄領域，不斷追尋著這些詭澀難懂的命名法和資訊，我開始將之比諸我的運動冷知識舊愛。這件事似乎

也往往能滿足我腦袋裡同樣的區塊。我同時也開始將葡萄品種學家視為新英雄，他們潛在地改變葡萄酒如何被體驗和享受，就像賽伯計量學改變了棒球一樣。一如以往研讀比爾·詹姆斯那樣，我閱遍維拉莫茲、朱麗亞·哈定和珍西絲·蘿賓遜合著，長達一千兩百四十二頁的《釀酒葡萄》（Wine Grapes）。《釀酒葡萄》裡有二十世紀早期的葡萄藤彩色插圖，該書恐怕已經變成一部更重要，升格為某種《聖經》的書籍。

我常想起埃蒂芬和小綠先生，還有與他們同遊阿爾卑斯山之旅。這兩個人徹頭徹尾是葡萄酒極客，而且已經到達一種我無法想像的極客程度。還記得，和埃蒂芬和小綠先生站在十一世紀的修道院裡，在法國東南部靠近格勒諾勃（Grenoble），伊澤爾省的中世紀小鎮聖舍（Saint-Chef）裡。和我們一起的是頗有名望的伊澤爾省年輕釀酒師尼古拉·葛寧（Nicolas Gonin）。大多數訪客都只關注修道院知名的十二世紀羅馬式濕壁畫。但我們四人卻盯著天花板看。埃蒂芬指著簷壁飾帶，上頭是一株藤蔓結著一串又一串葡萄。「這是你的第一個葡萄品種學問題，」他說。「看到這些葡萄和葉子嗎？它們是什麼品種？」

我肯定認不出來。埃蒂芬接著問葛寧它們是什麼品種。「我不知道，」他說，傻笑著。「但我已經查了很久它們是什麼。」

埃蒂芬在修道院的小測驗是個刁鑽的問題——濕壁畫上描繪的葡萄藤在該地區已經幾乎消失一世紀之久，說不定更久。環繞聖舍鎮的葡萄園已有千年歷史，第一則關於葡萄的記載始見於西元993年。「我們不知道在羅馬人之前，這裡是否已經有葡萄園，或者，這些葡萄是否是當地品種與羅馬品種雜交而成。」葛寧說。

「可是再也沒有人知道這裡所產的葡萄酒了。」埃蒂芬說，「根瘤蚜（Phylloxera）毀掉了一切。」他說根瘤蚜是指以葡萄樹的根為食，吸吮樹汁殺死葡萄樹的微小昆蟲，是毀滅性瘟疫。這些微小的黃色蚜蟲是當地葡萄品種滅絕的主因。從十九世紀中葉開始，根瘤蚜肆虐於整個法國和其餘的歐洲諸國。1850年末至1870年中葉，法國幾乎半數葡萄園都遭到毀滅。

當葡萄乾枯時，葡萄農嘗試了數百種補救措施，對著樹葉和土壤，

噴灑數加侖化學藥劑和殺蟲劑、硫磺，試圖阻止根瘤蚜。法國政府提供了三十萬法朗賞金，要獎賞給能找到解決枯萎的人。絕望的農人甚至還用海水淹沒他們的葡萄園，或將雞隻放養葡萄田裡，寄望雞隻能吃掉細菌。當地的傳教士也在土壤上灑聖水。羅亞爾河的一名傳教士告訴農人，要在每株葡萄藤四周放四個特殊的十字架——該名傳教士剛好在販售的——消災解厄。大家發現他的伎倆根本行不通時，他早已賣出了超過一萬個十字架。最惡名昭彰的解救之道還包括，在每株葡萄藤底下活埋癩蝦蟆以釋放毒素。統統枉然。

從一開始，法國人就聲稱枯萎病是經由美洲傳染到歐洲的，而那個說法如今是成立的。根瘤蚜始終都存在於北美洲，不過我們那個有著狐媚味的原生種葡萄完全不受其害。跟著更快速的橫渡大西洋蒸氣船興起，病菌便能到大海彼岸欣欣向榮。因此，醜陋的美洲禍害上岸殺光了歐洲的釀酒葡萄。

1870年之前，顯然束手無策。唯一不敗的預防之道是，將歐洲葡萄藤嫁接到北美種的砧木上，因為北美的葡萄樹對根瘤蚜免疫。怎麼做呢，就是拿一枝粗的北美葡萄藤老枝，把它和一支歐洲釀酒葡萄新枝結合在一起，亦即接穗（Scion）。兩種葡萄藤的組織結合一體，癒合，不久便開始一起生長茁壯。

雖然這個嫁接的過程——至今猶然——不可思議地有效遏止了根瘤蚜，但卻不怎麼得到法國葡萄農的歡心。很多人拒絕這麼做，不願意讓他們的葡萄藤和比較低級的北美砧木接在一起。因此他們持續不斷對葡萄園做一些事：化學藥劑、癩蝦蟆或十字架。他們對那些接受嫁接做法的農人叫囂，罵對方是「美洲佬」。一直到今天，還有很多人相信自發嫩芽的葡萄藤品質較好，並且將遭受根瘤蚜禍害之前的葡萄酒視為神話。自然而然，這種頑固沙文主義的態度，是根瘤蚜持續在十九世紀末仍肆虐葡萄園的原因之一。到了1900年，法國葡萄園差不多有三分之一都毀了。

伊澤爾省尤其受害慘重，而且復原緩慢。事實上，在根瘤蚜大流行之後超過百年，在伊澤爾省一直都沒有正式的法定產區制度，這裡

的葡萄酒裝瓶就只是簡單地標示為地區餐酒（Vin de Pays）[1]，或「本地酒」。

「釀造葡萄酒彷彿在這個地區銷聲匿跡，所以，倖存的葡萄泰半無人聞問，也沒有栽種其他替代物。」埃蒂芬說，我們還沒解開修道院天花板的謎底。今天，那股漠視卻使得伊澤爾省成了珍稀原生種葡萄的搖籃。

等我們都看夠了濕壁畫，便開車去葛寧的儉樸試酒室，在靠近聖舍鎮的一幢黃色平房裡。2003年，葛寧二十好幾，接手家族的土地，他的祖父沿著葡萄園種植蔬菜和菸草。一開始，葛寧栽種意料中的夏多尼和黑皮諾。「倘若我更勇敢些，我會種更多在地葡萄。」在過去十五年來，他鼓起勇氣，栽種了傳統在地葡萄：白酒如阿提斯（Altesse）、維黛絲（Verdesse），紅酒如裴桑（Persan）、蒙德斯（Mondeuse）。如今他的葡萄酒出現在大都會知名侍酒師的酒單上。

葛寧最受一眾侍酒師歡迎的葡萄酒是稱為裴桑葡萄所釀造的酒。十八世紀時，裴桑葡萄有法國最佳紅酒的美譽，可是如今僅存二十五英畝的栽種面積。葛寧的裴桑葡萄酒酒精含量很低，通常不到11%，貯放在鐵製或塑膠製桶內，而不是放在橡木桶裡，風味古怪。其實，去查字典說不定就會看到這款酒的樣貌。對葛寧而言真是走運，因為，古怪、低酒精、未經橡木桶貯放的葡萄酒，恰是當今新世代侍酒師最風靡的葡萄酒。「在法國，如果不是知名產區釀造的葡萄酒，老一代的侍酒師是不懂得怎麼賣的，」他說，「我幸運得多，認識紐約的年輕侍酒師。他們未必想要有威望的酒，或有名的酒區，因為他們好奇心很重。」

我問他，對於在紐約賣葡萄酒多過在他的家鄉伊澤爾省，有什麼感

---

1. 法國葡萄酒分級：餐酒（法Vin de Table／英Wine of the table）用來做日常飲用，不能在酒標上標示產區、品種、年分以及酒莊名稱；地區餐酒（法Vin de Pays／英Wine of Country），較優良的餐酒等級，酒標上會標示Vin de Pays ＋產區名；優良餐酒（Vin Délimité de Qualité Supérieure）是葡萄酒升級成AOC等級前的一個過渡期等級，酒標上標示為Appellation+產區名+Vin Délimité de Qualité Superieure；法定產區（AOC）是法國的最高級別，「原產地控制命名」，AOC等級只代表符合生產規定，並不確保其表現優於其他等級。

覺。「有很長一段時間，這一點令我困擾得很，」他說。「幾年前，我不斷質問自己很多很多這類的問題。現在，不再問了。」

我們試飲了葛寧的2014年的阿提斯，十分細緻，帶有蜂蜜味和一點點堅果味。阿提斯（意謂「高」）在鄰近薩瓦省一帶別稱胡塞特（Roussette），直到最近，大家仍相信這款葡萄是由薩瓦省一名公爵在十八世紀時從賽浦路斯帶到法國的；這段傳說和內格芮特流傳到法國西南地區雷同。雖然傳說言之鑿鑿煞有介事，不過如今已經證實阿提斯是阿爾卑斯原生品種。

接著我們又試飲了葛寧更稀有的2014年維黛絲——現存僅不到十二英畝種植地。嚐起來有點像是山地草原的雪落在挖空的甜瓜裡融化了。世上只剩下十二英畝左右的種植面積。「這款葡萄只生長在伊澤爾省，而且我們希望就保持這樣。」他說。

「你是說，不想要看到維黛絲被種植在加州？」我問。

葛寧看著我詭祕笑著，好像在說我瘋了。「不想，」他說。對他而言，原生種葡萄和地方與文化是密不可分的。加州維黛絲就好比堪薩斯州出產的緬因龍蝦。

坐在葛寧的試酒室裡，我禮貌性地點頭贊同這個想法。可是我並不完全同意。事實上，我最鍾愛的一款葡萄杜理夫（Durif），就產自葛寧附近的伊澤爾省。杜理夫在1860年代時被發現，恰恰在根瘤蚜爆發前；是植物學家兼葡萄育種專家法蘭西·杜理夫（François Durif）在他的實驗用葡萄園裡發現的。杜理夫的知名親株就是希哈葡萄，它和另一種稱為佩盧爾辛（Peloursin）的葡萄配種；而佩盧爾辛是派克所謂天殺的葡萄一種。杜理夫和維黛絲一樣，從未廣泛種植過，在二十世紀初年之前，隨著根瘤蚜疫情肆虐，它幾乎澈底從伊澤爾省消失，即使沒有銷聲匿跡於整個歐洲。

然而，十九世紀末，加州聖荷西（San Jose）有一名釀酒師引進了杜理夫葡萄藤，把它的名字改為多數美國酒徒會記得的：小希哈（Petite Sirah）。「他們決定要給它一個全新的命字，其中包含一個法國字代表聲望，還有個比Syrah好發音的字，」美食家羅伊·格魯特男爵（Roon

Andries de Groot）在1982年出版的《加州、太平洋西北岸與紐約州的葡萄酒》（The Wines of California, the Pacific Northwest and New York）一書寫道。伊澤爾省的杜理夫葡萄在陽光明媚的加州，以嶄新的身分欣欣向榮。如今，加州有將近六千五百英畝地種植杜理夫，而1999年還僅有兩千兩百英畝地。2002年時，小希哈葡萄農成立了一個宣傳團體稱為「P.S. 我愛你」來促銷這款葡萄。

最詭異之處是，小希哈這款葡萄既不是希哈也不小。小希哈通常是會將牙齒都染紅的深紫色，有著黏稠飽滿的藍莓、巧克力和尤加利樹味道——有位帕索‧羅布爾斯（Paso Robles）葡萄農薇拉‧桑朱麗葉（Villa San-Juliette）形容為「藍莓機油」（blueberry motor oil）。你絕對不會想要灑了小希哈在襯衫上。馬克‧歐德曼（Mark Oldman）在他的《歐德曼葡萄酒美麗新世界》（Oldman's Brave New World of Wine）書中，把小希哈稱為「黑暗激烈的母夜叉」（呃哼，沒錯，又是性暗示）。

不論如何，在絕美佳釀派人士當中，要坦言你喜歡喝小希哈，會有一點難為情。曾有一次，在一則新聞專欄裡，我推薦了一支平價的加州小希哈，作為千禧一代在風時亞盒裝葡萄酒（Franzia box樂利包裝）以外的入門酒。有位侍酒師朋友立刻在社群媒體上斥責我：「小子，你開什麼玩笑，小希哈？」

我始終不明白為何葡萄酒精品店泰半忽視小希哈。它確實擁有他們所喜愛的特質：相當稀有且出人意表，通常有豐厚的單寧和酸味，在含糖量很低的時候就成熟，而且很適合搭配一些很難配酒的菜餚（譬如墨西哥巧克力醬或咖哩之類）。上等的小希哈喝起來很像義大利皮埃蒙特的多切托（Dolcetto），或奧地利的茨威格（Zweigelt），或葡萄牙的巴加（Baga）——換言之，很是獨特。熱心的加州釀酒師往往在橡木桶內過度陳放它，但這非關葡萄本身之過。或許，是「小」這個字眼嚇跑對它有過度幻想的葡萄酒徒？還是說，希哈改成美國發音的怪異拼法少了「Y」，嚇跑了那些親法派人士？無疑的，它的味道，完全迥異於美國的金粉黛（Zinfandel）與卡本內蘇維濃，並非人人都能接受。

在加州，超過一世紀之久，小希哈都種植在與金粉黛相同的葡萄園

內，而且一直都被用作混釀酒。如果有某個年分的金粉黛特別軟弱不帶勁，需要一點單寧撐起味道，或者太淡，需要加深顏色，或者太成熟太甜，需要亮澤度和酸度——你可以打包票，必加添小希哈。美國法律規定，單一品種的瓶裝酒，只需含酒標上具名葡萄品種的75%即可。因此，倘若你熱愛加州金粉黛，很可能其中有25%其實是小希哈。

「小希哈是金粉黛的絕佳混釀伙伴。它們是相同時節一起採收的，也一起發酵，」里奇葡萄園（Ridge Vineyards）的營運長與釀酒師約翰・奧爾尼（John Olney）告訴我，當時我去參觀索諾瑪酒區萊頓泉（Lytton Springs）葡萄園。里奇葡萄園是少數會在金粉黛酒標上標示混釀了多少比例小希哈的酒廠之一。自1971年以來，他們也單獨瓶裝小希哈作為單一品種葡萄酒出售。奧爾尼和我一起品嚐了他們館藏十五年的小希哈，深奧、活力四射，也試飲了色澤深紅、令人低迴沉思的2003年分酒，以及清新鮮豔的2006年分酒，令人大開眼界。奧爾尼告訴我，和現在相比，1970至1980年代間加州種植的小希哈更多。「真的大量普遍種植在納帕谷，」他說。「可是當卡本內蘇維濃一來，還有什麼統統不重要了。卡本內取代一切。沒人喜歡聽到這個，但唯有法國波爾多才是金科玉律。」

當然，如果杜理夫曾有機會回歸法國，其豐富的金屬味會使得法國酒商把這款葡萄酒標示為小希哈。

● ● ●

結束了和葛寧的試飲之後，我們一行人前往聖舍附近的一個小酒館吃午餐，餐間葛寧開了一瓶2012年和2010年的阿提斯。牆上黑板寫著今日特色菜是「田雞腿」（Cuisses de Grenouille）。小綠先生說，「這款酒應該很適合搭配田雞腿。」每個人似乎都對田雞腿佐阿提斯的搭配感到很興奮，沒想到女服務生告訴我們，田雞腿賣完了。

吃罷午餐，我們開車更深入稀有葡萄園地，如果還找得到的話。我們參觀了葛寧徒弟的葡萄園，他叫沙巴斯丁・伯納（Sébastien

Bénard），經營著一家農莊，位於聖舍南方的法國小鎮穆瓦朗（Moirans）附近。伯納是個年方三十七歲的酒商，是個徹頭徹尾時髦年輕葡萄酒農，蓄著邋遢落腮鬍，穿著破破爛爛的短褲，穀倉遍布他養的蜜蜂嗡嗡作響。我們開車去參觀他的葡萄園，座落在下一個山谷裡的格勒諾勃城（Grenoble），四周被冰封的雪山團團圍繞著。葛寧之所以領導他，理由不難得知：伯納曾經發現可能是當今世上碩果僅存的古老葡萄品種塞文尼（Servanin）。他一直都在耕種著他自己的裴桑葡萄園，附近還有一名高齡八十六也仍照料著葡萄園的老人。伯納注意到有一種形狀奇怪的葉子，這使他發現老人種植的東西。「尼古拉教我如何辨識古老的葡萄品種，」伯納說。「我盡力而為。」

「去年，老人自己幹所有的農活，可是收成季節之前兩週他過世了，」他說，如今，伯納照顧著老人的葡萄樹，一如對待自己的葡萄園一樣。

「明年，」葛寧說，「伯納將會釀造世上唯一百分之百的塞文尼葡萄酒。」葛寧開心地以門徒為傲。「那就是我們所做的事情，」他說，「我參觀過這樣的葡萄園超過三百座，尋找失落的葡萄品種。我耗費了四年光陰，研究學習如何從葉片的形狀來辨認葡萄品種。」

「如果用一到五打分數，」我問，「這座葡萄園有多麼珍稀？」

「六到七分。我可能會打更高的分數：塞文尼甚至沒有被列入任何葡萄科全書裡，包括《釀酒葡萄》一書都未見其蹤影。」

能搶救到塞文尼，他們真是很幸運。就在去年，葡萄酒馬賽克團體在附近發現了幾株極為罕見的葡萄，他們懇求農人善加保存。可是隔年採收季節回來時，農人已辭世，而農人的繼承人已經將土地出售給開發商了。那幾株葡萄不見了。

太陽開始沉入群山間，我們開著車穿行於尖峰時間的格勒諾勃城，東行前往貝爾南鎮（Bernin），要去參觀菲諾特酒莊（Domaine Finot）；該酒莊經營者是另一名年輕釀酒師多瑪斯·菲諾特（Thomas Finot），自2007年他就在此地種植當地葡萄。

我們在菲諾特的葡萄園裡散步，這裡海拔一千五百英尺，可以眺望

白朗峰，接著我們在車庫般的空間裡試飲了他的葡萄酒；裡頭擺滿了他的罐子、酒桶，而所謂試飲室像極了兄弟會的地下室，有個飛鏢靶，一張老舊的黃皮沙發。可是這些葡萄酒可非兄弟會喝的那些。除了維黛絲和裴桑，還有一種紅葡萄酒稱為伊特黑（Étraire de la Dhuy），全球僅存不到四十英畝種植面積，甚至早在1950年代時，也僅存一小部分而已。它的味道如邊吃著新鮮櫻桃，邊抽著丁香香菸，還一邊在後院焚燒樹葉。

接著是一款白葡萄酒雅克奎爾（Jacquère），嚐起來像是石水槽裡的酸檸檬。「噢，雅克奎爾沒那麼珍稀，」埃蒂芬說。當然，珍稀是相對的。在世上的栽種面積兩千五百英畝地裡，顯然雅克奎爾珍稀程度不如某座葡萄園裡單獨一株葡萄那樣。可是，如果一想到和夏多內相比──全世界超過四十萬英畝種植面積──你就會看到「稀有」和「珍奇」可能是模稜兩可的字眼。不用多說，你不可能看到你家當地酒窖裡，什麼時候會有一整貨架都是雅克奎爾葡萄酒。

一些附近的伊澤爾省釀酒師們紛紛帶著他們的葡萄酒抵達菲諾特酒莊，我們的試飲會變成了暢飲會，又變成了狂歡派對。在喧譁聲中，加入我們的一名釀酒師羅蘭·方第馬耶（Laurent Fondimare）告訴我，他在2010年才開始使用魯蒂森酒莊（Domaine des Rutissons）的標籤。在此之前他從未受過釀酒師的訓練。「我是行政人員，但我想要用雙手做點什麼東西。」他妻子的祖父種植維黛絲、雅克奎爾和伊特黑，可是年紀太大無法照料葡萄藤了。他告訴方第馬耶，「你來照顧這些葡萄，釀造你想要的葡萄酒。」

「十二年前，大家並不喝這類葡萄酒，」方第馬耶說。「這裡的老一輩人不喜歡本地的葡萄。我們開始做的時候，他們說，『呃，這些是壞葡萄』。如今，他們說，『喔，你用壞葡萄釀出了好酒！』我們大勝！」

「這是一場艱辛的過程，可是經歷很美好。」方第馬耶說，「感覺好像我們參與了一場運動。」

隔日清晨，我在薩瓦省的蒙梅良城（Montmélian）醒轉過來。宿醉真要命，到了十一點，我們又出發去試飲更多小圈圈的葡萄酒。蒙梅良本身並不小：雖然環繞著山頭終年積雪皚皚的雄偉阿爾卑斯山脈，但它是個平庸無奇的小鎮。在當地的葡萄酒博物館裡，我們在解說下參觀了古老葡萄園和酒窖。「在每一座葡萄酒博物館裡很多東西絕對大同小異，不過這個東西卻是大不相同的，」導覽的女性說，她指著阿爾卑斯山區採收葡萄用的皮革袋子。「還有這個，」她說，舉起一個奇怪的玩意兒，名叫「casse-con」，這種木箱可以扛在肩膀上，用來載運流失的土壤送回山上。她要埃蒂芬背起「casse-con」模仿一下。「這些是我們山區釀酒傳統的一部分。」

在那兩樣東西之外，整場參觀活動和我去過的每一家其他葡萄酒博物館沒兩樣：巨大的木製榨汁機、布滿灰塵的老舊酒桶、古董修枝剪和其他鏽跡斑斑的設備，發黃的十九世紀政府海報，上面宣導著「根瘤蚜」。可是埃蒂芬、小綠先生和我特別注意到的是有一系列古董葡萄藤嫁接工具，那是用來將兩種葡萄藤組織融合為一的簡單工具。嫁接無疑拯救了歐洲的葡萄園倖免於根瘤蚜之害，但同時它也把事情變得複雜。

在根瘤蚜為患之前，農人只消從現存的葡萄藤剪一段新芽，便能種植出新株。在瘟疫爆發之後，卻需要專業護理方式才能嫁接當地的葡萄藤到北美的砧木上。截至今日猶然如此。根瘤蚜——從未根除，只能控制住而已——一直都是全球的威脅。「護理方式是第一次以科技方式介入釀酒業，第一次的工業程序，」埃蒂芬說。「一旦有了工業程序，就喪失了選擇性。」葡萄很可能以護理方式出售，而由農人培植的葡萄，毫不意外，都是高級品種——夏多內、白蘇維濃、黑皮諾、卡本內蘇維濃或梅洛——它們雀屏中選是因為它們容易栽種並行銷。均質化持續直到二十一世紀不墜。唯獨到了最近，消費者才開始懷念起某些不一樣的滋味。

我們結束了博物館之旅,登上樓梯進入研究阿爾卑斯山葡萄品種學的「皮爾‧加利特中心」(Pierre Galet Center);它的名稱是為了紀念一位九十幾歲葡萄品種學家,他寫了一部法國葡萄百科字典。加利特先生被奉為現代葡萄品種學之父,他的終生研究就藏於圖書館裡。在這裡,周遭全是古老的書籍與檔案,我們試飲了好幾款葡萄酒,酒瓶上的標籤寫著「實驗釀酒」(Vinification Expérimentale)。每一張酒標上的葡萄名稱都是手寫字:薩爾瓦涅[2](Salvagnin,非常紫色且充滿白堊感礦石氣)、塞勒內拉(Serenelle,超級辛辣又充滿蔬菜味)、白色毛理安(Blanc de Maurienne,非常……嗯……好,又怪,苦杏仁加上一點明顯的松香味)。塞勒內拉非常珍貴,以至於尚且沒有列入加利特的葡萄字典內。事實上,這些葡萄酒在世上各只有五十公升而已。品嚐它們無異於見到巨大紅鶴,或目睹腔棘魚,或發現一個失落的銅器時代部落一樣難能可貴。

中心的研究員之一塔蘭‧利穆贊(Taran Limousin)說,和種植塞勒內拉的農人協商最是困難重重。種植它的農人打算一如往常在秋初收成這些葡萄。可是當加利特中心鑑定出這款葡萄是千載難逢的稀有品種,利穆贊和同僚懇求他等到葡萄成熟時再採收。斡旋大費周章。「你不能跑到他的葡萄園說,『哈囉先生,這是為了科學,』」埃蒂芬說,「不行。那不見得行得通。」

取而代之的,他們要提供交換條件,用十公斤高品質的嘉美葡萄換十公斤的晚熟塞勒內拉。「對葡萄農來說這是樁不錯的買賣,」利穆贊說,「嘉美價值更高。」

我父親自詡為絕美佳釀的粉絲,眼下在佛羅里達州這麼一大早應該醒了,我傳了一張空酒杯的照片給他,還附手寫酒標。「辛苦的差事,」他回覆,「這些葡萄酒好喝嗎?」我把手機收到一邊去。一如人父經常不知不覺中做的,他質疑的聲音在腦中開始竊竊私語起來。在這趟旅程裡所品嚐的葡萄酒毫無疑問是有意思的。許多葡萄酒非常傑出,有些令人驚訝。可是並非全部皆然。每次嚐到被搶救下來但我並不喜歡的原生種葡萄時,我都覺得滿懷愧疚,好像我的負面評價會讓這款葡萄

從此消失在地球上。彷彿我是挪亞，拒絕讓一些小型哺乳動物登上方舟，只因為牠們很古怪，聞起來有松香味。

同時，另一種想法也糾纏著我：難道這一切只是怪癖和猜謎遊戲的特權操練？我已經開始煩惱自己掉進了同一個兔子洞裡，陷入同樣令人困惑的處境，和那些比你新潮的葡萄酒勢利傢伙一樣，他們對點用夏多內的人冷嘲熱諷。加拿大布洛克大學（Brock University）最近做了一次好笑的消費研究。行銷研究人員給三組人同樣的一款葡萄酒——一款基本型的夏多內——可是他們用不同名字稱呼這款酒。他們給其中一組人這款葡萄酒，告訴對方這是來自子虛無有的釀酒廠提達奇斯（Titakis），這個名字據說對英語系的人很容易發音。第二組人拿到同一款葡萄酒，可是被告知那支酒來自某個發音拗口的子虛烏有釀酒廠瑟樂布（Tselepou）。第三組人拿到同一支酒，上面沒有標示名稱。很多組員，特別是那些有一些葡萄酒知識者，宣稱難以發音的葡萄酒嚐起來最美味，而且認為它比容易發音的葡萄酒貴上兩塊錢，比沒有標示名稱的酒貴三至四塊錢。我是不是就要變成這種討人厭的葡萄酒混蛋，愛珍稀葡萄酒僅僅只是為了珍稀之故？不顧一切，吵嚷著要拯救瘋狂的佶屈聱牙的，早被遺忘多時的葡萄？葡萄酒難道還不夠複雜嗎？

試飲過這些極度稀有的葡萄酒，我們開車從蒙梅良前往米奧蘭堡（Château de Miolans），一個有千年歷史的軍事堡壘，座落在海拔一千八百英尺高的山間，懸凸於義大利的阿爾卑斯山。米奧蘭堡在十八世紀時是一座監獄，有「阿爾卑斯山的巴士底獄」之稱，最惡名昭彰的罪犯剛好就是薩德侯爵（Marquis de Sade）。在逃離這座監獄之前，薩德在一封信中寫道，「要麼殺了我，要麼接受我，因為如果我改變了，我就該死。」或許，那些堅持種植天殺葡萄的人應該把這句話奉為座右銘。

那是一個溫暖晴朗的10月天——絕非我所預期的阿爾卑斯山氣候。

---

2. 薩爾瓦涅（Salvagnin，紅葡萄）就是黑皮諾（Pinot Noir），在法國朱羅（Jura）產區的叫法，其名字與區內的莎瓦涅（Savagnin，白葡萄）葡萄十分相似，常會讓人誤會。

我們在堡壘高聳的城牆上參加由「葡萄酒的激情」（Les Pétavins）舉辦的葡萄酒品酒會；那是一名由八名當地有機種植者組成的團體。有人端出了一盤加工肉製品和一種「蒂涅斑點乳酪」（Persille de Tignes），是八世紀時查里曼大帝的最愛。我們試飲了討喜的葡萄品種，諸如裴桑、阿提斯、維黛絲、雅克奎爾和一款稱之為貝傑龍（Chignin-Bergeron）的葡萄酒，它是由瑚珊（Roussanne）葡萄釀製而成。

我們的主人是米歇爾·格里薩德（Michel Grisard），一位高大、臉色紅潤笑容可掬的釀酒師，大概與我父親同齡，大家都稱他為「薩瓦省的教宗」。格里薩德一直都與我們同行參觀並試酒，他看起來像是個傻乎乎的搗蛋鬼，總是一杯接一杯很快乾光他的酒，催促我們趕緊去找下一款珍稀葡萄酒。現在輪到他分享他的品牌酒，聖克里斯多夫酒莊（Domaine Prieuré Saint Christophe）的產品——特別是黑蒙德斯（Mondeuse Noire）葡萄，那幾乎是他獨力從1980年代幾近滅絕下搶救得來的一種葡萄。試飲格里薩德的黑蒙德斯簡直如臨天啟：花香馥郁、果香濃烈、煙燻味、散發森林氣息，但卻又如此淡雅，要命得好喝。過去幾年裡，它被稱為大希哈（Grosse Syrah），因為這種葡萄類似希哈（它若非希哈的手足便是祖輩，詳情不明）。可是黑蒙德斯卻有一股勁道，一股野性，與希哈大異其趣。稍後在晚餐時，我們品飲了格里薩德的蒙德斯年分酒，分別是1990年代與1980年代的，我對此酒的喜愛更加一往情深。這些都是單純的佳釀。黑蒙德斯剛好是三種蒙德斯變種中最廣為人知的一種。我也試飲了柔軟、飽滿的白蒙德斯（Mondeuse Blanche），也就是希哈的親株。我們一邊吃著查里曼大帝的乳酪，格里薩德一邊指著山下大聲喊著，「看那個，在那裡有沒有？那就是世上僅存的灰蒙德斯（Mondeuse Grise）葡萄園！」

也許是因為還不到下午一點，而我已經喝了超過二十四種葡萄酒，以至於眺望著薩瓦谷，在這個違反季節的溫暖日子裡，一陣清新氣息將我澈底洗滌乾淨。我對未來有個願景。誰曉得會有什麼毀滅性的氣候變遷將會折損釀酒葡萄。但是，很可能釀酒業會被往北推移到山區裡，因此唯有天然的葡萄品種能倖免於難。說不定，在那個巨變的未來裡，人

們將會大加讚揚黑蒙德斯，就像他們今天稱頌黑皮諾那樣。假如那些未來的葡萄酒嚐起來和格里薩德的一樣美味，那麼我會覺得再好不過。我會深深感激這些葡萄酒極客曾經搶救下來的一切。

結束了「葡萄酒的激情」（Les Pétavins）品酒會，我們驅車往北，穿過這世上最知名的幾個滑雪勝地，路過阿爾貝維爾（Albertville，1992年冬季奧運會場），前往艾榭鎮（Ayse），距離白朗峰與出名的度假勝地霞慕尼（Chamonix）很近。艾榭鎮有五十四英畝的葡萄園，種植著世上僅存的格拉熱（Gringet）。那些種植面積有半數由貝縷雅酒莊（Domaine Belluard）管理經營，它是法國最頂尖的生機互動農業專家。貝縷雅實際上是葡萄酒前衛派，在葡萄酒極客圈裡小有名氣，也是新一輩美國侍酒師的新寵。

有些人相信，格拉熱在羅馬人到來之前就已經存在於這個山區裡。另一則傳說和伊澤爾省的阿提斯，還有法國西南地區內格芮特的故事如出一轍，說格拉熱是跟著十字軍東征，從賽浦路斯引進的──顯然，數百年前的法國葡萄酒徒很喜歡浪漫的故事，說他們的葡萄具有神祕莫測的地中海東岸血統。維拉莫茲和他的《釀酒葡萄》共同作者引述了一本十九世紀的書──《所有已知葡萄園的測繪學》（Topographie de tous les vignobles connus），該書含糊不清地主張格拉熱出自艾榭鎮，以及它對酒徒的影響：「這種酒有不引起醉酒的獨特性質，只要不離開桌子；不過一旦呼吸到新鮮空氣，就會雙腿無力，不得不坐下來。」

和葡萄酒馬賽克團體在一起，整日都對貝縷雅酒莊的格拉熱充滿期待與興奮。從來到蒙梅良的那日早晨，埃蒂芬、小綠先生和格里薩德就一直在討論它。不過在試飲了所有的葡萄酒之後，我們已經比預定行程落後了兩小時。夕陽西下，而我們必須盡快趕往霞慕尼吃晚餐。在一陣忙亂之中抵達貝縷雅酒莊。那一天的最後行程還算趕上時間，但有點緊迫，而另一組人馬似乎已經開喝狂歡了。香煙繚繞如濃雲罩頂於酒莊的品酒區。莊主貝縷雅和一干友人坐在桌前，桌上散落著空瓶；有一位是頗有名望的巴黎主廚，還有陪他一同度假的兩位巴黎女士。

一開始，氣氛有點緊張，很像是因為我們遲到太久，貝縷雅多半時

候根本不搭理我們，他的巴黎友人在批評一位雜誌攝影師，對方想要拍攝貝縷雅的肖像，即使天色幾乎一片漆黑了，他也不打算以某種自然採光方式來攝影。就在我們正等著時，小綠先生和我討論起另一名釀酒師的技術，這位釀酒師用葡萄皮浸漬白葡萄酒，而貝縷雅──突然摻和進來偷聽──從桌前站了起來，大聲對我們吼著，夾雜不清的說，「皮的接觸，不行，不能有皮的接觸！絕不！」貝縷雅人高馬大精瘦結實，滿臉凶惡的鬍碴，看起來絕非我想往來的那種傢伙。

最後，貝縷雅從一點五公升大瓶裡為我們倒了一杯他的阿提斯葡萄酒。「我覺得這款阿提斯再放著四、五年就會絕美無比，」他告訴我們。小綠先生恍若人在天堂。「我愛這些葡萄酒。」

貝縷雅現在正繞著酒莊閒晃，忙著開瓶──可能是十九世紀《所有已知葡萄園的測繪學》主張的喝了格拉熱就會雙腿無力的最佳佐證。他開了一瓶沒有氣泡的葡萄酒，是以最古老的格拉熱葡萄藤釀製而成，非常清新、脆爽、辛辣、圓潤，還可能帶著一點花生味。格拉熱是一款奇怪的葡萄酒──是個壞男生，也是個讓人心跳加速的男生──小綠先生像個女學生般一見傾心為它神魂顛倒，「我感覺這裡面有某種不知名的果核，」他說，「非常特別。」

對於貝縷雅的暴躁，埃蒂芬似乎覺得有點尷尬，他向對方提議帶我們去參觀酒莊。我們跟著貝縷雅進入一個擺滿半打水泥蛋的房裡。他開始解釋，和多數現代釀酒師一樣，他偏好這些水泥蛋釀酒桶更甚於橡木。水泥能夠軟化葡萄酒，可是它是中性的，不會吸收橡木的氣味，因為年輕一輩的葡萄酒狂熱分子討厭那個氣味。一如其他有類似心態的釀酒師，貝縷雅認為，蛋的橢圓形狀是天然的漩渦，能讓葡萄酒在殘渣或死去的酵母上熟成，但不會劇烈攪動。

花了數分鐘努力解說水泥蛋之後，貝縷雅看似有點意興闌珊，踱出了品酒區。他開了一瓶他的氣泡格拉熱，是以傳統方法釀成，與香檳雷同。「這簡直比最棒的特級香檳還要棒！」貝縷雅大聲嚷著。他的叫嚷聲和舉止令人驚恐，很難不表贊同。這款氣泡格拉熱──煙燻味、堅果味、白堊感礦石氣、如刀刃鋒利──著實令人驚訝。

幾日後，當我們停留在瑞士時，埃蒂芬、小綠先生和我開車去了一個義大利受法語影響的地區，名叫阿歐斯塔谷（Vallée d'Aoste）。我們穿越蜿蜒的道路，途經海拔八千英尺的大聖伯納山口（Great St. Bernard Pass），是阿爾卑斯山上歷史最悠久的古道之一。它得名自十一世紀的安養院，最知名的事蹟就是，僧侶在此用身形龐大的聖伯納狗從事阿爾卑斯山的救援工作。在大受歡迎的卡通片和電影裡，聖伯納狗脖子上掛著小木桶，裡面裝著白蘭地酒，據說可以讓遭逢雪崩的受難者保暖。我清晰地記得，小時候看過一齣兔巴哥（Bugs Bunny）卡通片，片中聖伯納狗將火爆山姆（Yosemite Sam）從雪崩中拖出來，然後從牠的酒桶裡調製了一杯馬丁尼，配上一小片果皮和一顆橄欖。這或許根本不必多說，好笑的故事裡掛著白蘭地酒桶的狗完全是虛構的。不管怎麼樣，我們路過無數俗氣的咖啡店和商店招牌，上面都畫著掛小酒桶的狗。

相較於晴朗的瓦萊州，義大利這面的山區10月氣候寒冷，灰濛濛一片，又潮濕不堪。山區的邊界製造出奇怪的文化衝突。在阿歐斯塔谷，兩側都講法語和義大利語，還夾雜著一種當地的叭呔語（Patois）。我參觀的最知名酒廠，比方說格羅斯讓（Grosjean），和迪迪埃·格貝爾（Didier Gerbelle），以及最大廠牌妥芮（Tourette）、安芙·迪阿維爾（Enfer d'Arvier）都有法文名稱。

在靠近夸特谷（Villair de Quart）的阿歐斯塔（Aosta），我們拜會了一位農人兼釀酒師，他的名字非常地義大利，叫做朱利奧·莫里尼多（Giulio Moriondo），他的葡萄酒品牌是維尼拉里（Vini Rari，稀有葡萄之意）。我們在車道上見到了莫里尼多，他很高大，年約五十七，銀髮鬈鬈。他在車庫外面等候我們，車庫也是葡萄壓碎發酵的所在地，裝桶的是剛剛採摘的科娜琳（也稱為紅玉曼，不要與瓦萊州的科娜琳混為一談，瓦萊州的是帕伊紅〔Rouge du Pays〕，是我在蘇黎世喝的那款酒）。莫里尼多從白天的工作請假來和我們會面：他是當地的全職中學

科學教師。穿著連帽上衣與運動鞋，外表柔和但嚴肅，他讓我想起我的高中徑賽教練。

村子外面，青山環繞，我們安靜地梭巡在莫里尼多的葡萄園裡，隨意採摘令人稱奇的各色稀有品種葡萄，比方說小胭脂紅（Petit Rouge）、薇安（Vien de Nus）、富美（Fumin）、白布里耶（Prie Blanc），還有梅渃蕾（Mayolet）。莫里尼多說他今年發現了一種新品種葡萄，是白葡萄，他稱之為「白平凡」（Blanc Common）。「它就是不斷出現在葡萄園裡，」他說，「沒有人知道嚐起來是什麼味道。今年是第一次用它釀酒。」

我們漫步期間，吐葡萄籽，莫里尼多告訴我們他不斷要應付的各種病蟲害：獾、老鼠、狐狸，還有一種會產卵在葡萄裡面毀掉葡萄的日本蒼蠅。他設下捕蟲網想保護葡萄藤，可是他的身體語言卻顯示他後繼無力。

他向我們展示成行的小胭脂紅，直到六年前，還一直和八十年歷史的黑皮諾葡萄藤，種植在一起。但他已經拔除了所有的黑皮諾。「我不喜歡法國葡萄，國際化葡萄，」他說。「我只想種植本地的葡萄。」

「過來這裡看看，」莫里尼多說，拿著從小胭脂紅葡萄樹上摘下的一串葡萄。「這是一種新的突變。」這串葡萄很明顯是白色的。小胭脂紅──「小紅葡萄」──應該是一種紅葡萄。那麼這是什麼？新的突變種，稱為……小胭脂白？

埃蒂芬和小綠先生感到興奮莫名，像孩童般跳上跳下。「一種新品種的葡萄！」埃蒂芬大叫，咧著嘴大笑。「真是太好了！你可以叫它朱利奧種！」稍後，埃蒂芬告訴我，「葡萄會一直突變。只是我們未必會發現，或知道如何辨識它們。不過我們始終在學習。」

在當地小餐館「流浪者」（Aux Routiers）午餐時，我們試飲了莫里尼多的驚奇葡萄酒。雖然他每年只釀製三千瓶，有超過兩成都外銷到美國去，但你可以在最時髦的葡萄酒單上發現它們的蹤影。最引起我注意的是標示「母株葡萄藤」（Souches Mères）的一瓶酒，它是由1906年種下的葡萄藤釀成。莫里尼多告訴我們，「這款混釀裡有六

成的小胭脂紅，三成的薇安，還有一成的科娜林、富美、普林美塔（Primetta）……」接著他聳聳肩。

　　我始終都認為，葡萄酒不是藝術。之所以如此，我的主要理由是，不論葡萄酒有多麼偉大，我幾乎從未遇到過有哪款酒能傳達複雜的情緒，比方在欣賞繪畫或音樂作品時的恐懼或失落或悲傷。可是在莫里尼多的母株葡萄藤，卻是我有生以來頭一次在葡萄酒裡感受到深沉的憂傷。那一天我只寫下非常少的筆記。當然，我可以告訴你那支酒裡有秋天與森林的氣息，還有一種辛辣、煙燻的特質。可是它不僅如此而已。數月後，我讀到葡萄酒作家和進口商泰瑞·泰斯（Terry Theise）描述同樣一款酒，「母株葡萄藤」：「我感覺到煙囪的煙味，伴隨著甜甜的腐葉味，夾雜著一種這個季節的森森然但令人寬慰的氣氛，在第一場雪落之前的瞬間，最後一縷嫣紅與金黃吐露的氣息。」他補充道，「終究，死亡與美麗往往比肩同行。」雖然比我想說的更巴洛克風格，但我不能同意他更多。

　　母株葡萄藤同時也具備所有絕品佳釀該有的一切：它能提升食物，這點已經夠好了，但它能讓食物變得令人難忘。在一整個禮拜吃遍法國、瑞士和法式菜餚，換上義大利菜實在不錯，嚐嚐薄片鹽漬肥豬肉（Lardo）、義大利扁麵條配野豬肉、豬肉與芳提娜乳酪餡的義大利餃，還有玉米糕配燉鹿肉。

　　主廚李奧出來到我們桌前，我們向他致意，為他倒了一杯葡萄酒。李奧告訴我們，他的女兒，就是一直在服務我們的那位，是莫里尼多在學校裡的學生。「怎麼會這樣？」

　　「哈，沒什麼。沒什麼！她仍在這裡，和我住在一起。我應該殺了這個傢伙。」他揮舞著手，做出你在開什麼玩笑的義大利手勢。「不不不，我是開玩笑的，」他說，我們全都笑開了。

　　可是過了一會兒，我替莫里尼多感到有點悲傷。縱然他是阿爾卑斯山原生種葡萄的偉大搶救者與照顧者——失落葡萄的聖伯納犬——但他仍必須每天花時間給十五至十九歲的學生上地質學和生物學。或許，假如他只是種植和釀製黑皮諾葡萄酒，而不是要種植當地葡萄，他現在就

可以辭掉白天的差事。

　　我問他，是否曾帶他的學生戶外教學去參觀他的葡萄園。那當然會是活生生的生物學令人讚嘆的經驗，不是嗎？他搖頭說不。他從未帶學生去葡萄園。「我知道會很棒，」他說，「可是在學校，一切都很正經八百。重點始終都在課堂和考試上面。」

　　吃罷午餐，回到車上，埃蒂芬跟我分享說，葡萄酒馬賽克擔心莫里尼多的葡萄園無以為繼。莫里尼多沒有徒子徒孫，也無子嗣能傳承知識。「他在做很棒的事情，保存這些葡萄品種，」埃蒂芬說。「可是他在這裡單打獨鬥。這份工作後繼無人。」

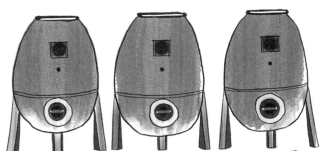

許多現代釀酒師偏好水泥蛋釀酒桶.因為年輕一輩的
葡萄酒狂熱份子討厭橡木的氣味.

Chapter 5

波歇可是地名，
還是一種葡萄？

Is Prosecco a Place
or a Grape?

抵達蘇黎世機場時，我發現班機會延遲好幾個小時。前面第一個半
小時我耗在快餐店裡喝了一杯夏斯拉。然後我漫無目的地瀏覽著
免稅商店，懶散閒逛一排排擺滿標價過高的干邑葡萄酒、特大號男士香
水，還有熟悉的瑞士三角巧克力（Toblerone）。那還是瑞士三角巧克力
爭議性改變它的巧克力形狀前的一年，它在經典的三角形尖峰之間增加
了更多的空格——一個決策，導致瑞士三角巧克力迷失去理智，甚至有
一名蘇格蘭議員訴諸政府行動，聲稱瑞士三角巧克力此舉是「英國脫歐
可能帶來的災難性後果的象徵」。我猜想，在逛免稅店奢侈品，例如魚
子醬、鮭魚排、肥鵝肝和昂貴的香檳時，我也有類似的過激反應。站在
一排昂貴的松露和松露油、松露義大利麵條前，我開始感到焦慮灼心。

不久前，我花了140元買了半磅的松露（Truffles），只因異想天開
企圖複製傳統的松露義大利麵，那是我在翁布里亞（Umbria）做採訪
時吃過的難忘佳餚。和我這個階段的所有旅行一樣，我是到翁布里亞
品嚐一款相當珍稀的葡萄酒，那是一種非常古老的葡萄，稱為薩格朗
蒂諾（Sagrantino），得名自拉丁文「稀有」之意，只種植在蒙泰法爾

科（Montefalco）山頂小村落裡，僅九百英畝面積。蒙泰法爾科的薩格朗蒂諾可能也可能沒有被第一世紀羅馬自然學家老普林尼（Pliny the Elder）描述過，他稱這種葡萄為艾特里奧拉（Itriola）。也或許，它是中古時代由拜占庭僧侶引進到蒙泰法爾科的。不論如何，到了1970年代，薩格朗蒂諾幾乎滅絕。然而——在一則二十世紀義大利變得廣為人知的傳說裡——有位思想前衛的釀酒葡萄農人阿納爾多·卡普萊（Arnaldo Caprai）見到薩格朗蒂諾的潛力，搶救了這種當地品種的葡萄。到了1992年，蒙泰法爾科的薩格朗蒂諾被奉為義大利最具威望的一塊葡萄酒品牌。

在蒙泰法爾科第二個晚上，我在旅館附近一家餐館吃飯，吃到了一道令人讚嘆的松露義大利麵（Strangozzi al Tartufo），搭配著墨黑色、豐滿、充滿大地風味的薩格朗蒂諾。薩格朗蒂諾可能是葡萄酒中的野獸，說不定是葡萄酒界裡單寧最強烈的一款酒。然而，如果是好喝的，通常要熟成讓它醇和，那麼薩格朗蒂諾也可以如巴羅洛（Barolo）或任何其他絕美佳釀一樣好喝。直到今天，我仍懷念著蒙泰法爾科的薩格朗蒂諾佐松露義大利麵的滋味。

隔日一大早，前往一家酒廠赴約，我告訴計程車駕駛我吃的晚餐。他告知我他很可能採到我吃的那種松露。實際上，他說他不眠不休，徹夜和連襟帶著他們的狗，摸著黑爬到神祕的地點去找價值不菲的薹子。這名駕駛名叫史蒂凡諾，他用了一個美妙的題外話，打斷了我當天的行程，帶我去參加了當地喧鬧的聚會，每個人都帶著他們自己的家中私釀葡萄酒，而我們用的是塑膠杯暢飲著。

等我回到家，我告訴我的哥兒們彼得有關品嚐松露義大利麵的經歷，他大受刺激。彼得是義大利麵職人第二代，他在「全食超市」（Whole Foods，被亞馬遜公司收購）販售他做的義大利麵條，他以手工漂亮切出「鞋帶義大利麵」（Strangozzi，也稱胖胖麵）。「你想不想要我叫計程車司機朋友來？」我問道。彼得告訴我，他認識一個傢伙，能重現松露之美。

我們從一開始就面臨兩難困境。我們是想買真正的翁布里亞黑松露，每磅350美元，還是可以將就布根地的黑松露，每磅280美元？ 我說：「要是我的味蕾有這麼精細能分辨法國黑松露和翁布里亞黑松露之間的差異，那麼我就有大麻煩了。」我們同意選用便宜的松露。

　　等到他們都到了，我立刻變得很緊張，擔心我的松露義大利麵不如我記憶中真正的道地滋味。原料很簡單：橄欖油、大蒜、鯷魚、黑松露、鹽巴、胡椒和義大利麵。然而，就像其他義大利菜餚一樣，總有上百種細微的差異。我該用鯷魚醬，還是用鯷魚肉以研缽搗成醬？我該用那些鯷魚醬和大蒜一起磨碎，還是不必？添加的順序該如何？削松露的方式又該如何？什麼時候該加進去？很快地，我焦慮叢生。

　　第一次為我的家人準備松露義大利麵時，瞬間命中，特別是幫我兒子小威和桑德做菜時，他們用燦爛笑容和讚許的口水包容一切。只不過，我十分不滿意。沒錯，食物嚐起來味道很棒，可是壞念頭縈繞不去：我的松露義大利麵不如記憶中蒙泰法爾科那般美好。沮喪下，我很快就又做了第二次嘗試，用了鯷魚醬而非搗碎的鯷魚肉。我磨碎另一顆大如高爾夫球、極其昂貴的黑松露，上桌。依然不是很對味，我又改用鯷魚肉，但這回磨了兩倍的松露到麵條上。我根本是把松露摩擦器擺在桌上，讓家人可以隨手拿到。到了第三盤，小威和桑德反抗道：「我們再也吃不下義大利麵了。拜託不要再做了。」

　　這道麵食，三種版本，都非常可口。可是我很挫折，也不滿意。到底怎麼了？在翁布里亞，猶記得搭配味道厚重鮮明的松露義大利麵的，是一款單寧很重的深色薩格朗蒂諾葡萄酒。而我的家庭版本，松露味道卻比較柔和。我哪裡做錯了嗎？我想，可能吧，是配錯了葡萄酒。因為找不到好的蒙泰法爾科薩格朗蒂諾，我喝的是相對平庸的托斯卡尼薩格朗蒂諾。蒙泰法爾科薩格朗蒂諾是一款始終都是中間分子的葡萄酒：大約每瓶價位在35美金以上，以日常餐酒來說有點貴，不過卻沒有絕美佳釀那種只有特殊場合才能開喝的禁忌。它不是一款時髦年輕侍酒師都愛

的葡萄酒，他們覺得這種酒太厚重，橡木味道太濃。

接著我又有了個更不祥的念頭：說不定，我能嚐出廉價松露的味道。一股意念上的寒意沿著我的背脊竄上來。我能分辨翁布里亞和布根地的松露嗎？我肯定能分辨出週二晚上淡然的托斯卡尼紅酒和蒙特法爾科薩格蘭蒂諾佳釀有所不同，這還不夠糟嗎？這一切品酒究竟所為何來？這一切對我的人生有何好處？我是一個永遠領先一步的作家，應該比平時更節儉地把錢存起來才對。不，在那片刻，我的水槽裡還躺著價值140美元的松露殘骸，看樣子這種知識只會讓我的人生更不愉快，也無疑地更難以維持下去。

最近我一直都被同樣的不祥念頭困擾著，始終對我的葡萄酒考察之旅感覺不對勁。經常有一些民粹主義研究顯示，大多數「正常」人（意思是：非超級酒徒）無法真正分辨9.99和100美元葡萄酒的區別。當然，我已經做了很多自我教育，嘗試夠多的錯誤，自以為是那些通常能分辨廉價大眾化葡萄酒和高品質佳釀的人。可是，我真的能一直都具有百分之百正確率嗎？在閱讀那些通俗的「原來如此」的盲測背後的研究時，我猜自己不是百分百正確。但除了「冒名頂替症候群」（Imposter Syndrome）之外，還有更深沉更令人不安的事情。品酒需要投入，也需要練習，就像做瑜伽或打高爾夫球或坦陀羅靈修（Tantric sex）。多年來，我一直在追求難以捉摸的品酒之樂。可是這種追求是否帶來某種啟發或快樂？或者，它只是成功地把我變成一個悽慘的人？

我常常煩惱這類事情。我很清楚那聽起來有多麼可笑或可悲，所謂終極的「第一世界問題」（ultimate First World Problem）。我的桌前貼著一張好幾年前已泛黃的《紐約人》卡通畫：一個時髦的男人和女人坐在桌前，凝視著彼此的葡萄酒；女人，她的手緊握在她懷裡，對男人說，「葡萄酒作家會受苦和承受這一切嗎？」在蘇黎世機場裡，在登機飛往義大利之前，我還有好幾個小時時間，因此我決定到航空公司的貴賓室裡花點錢，放輕鬆享受一下。平常我不是個會上貴賓室的人，而且身穿灰色連帽上衣和運動鞋，我很有自知之明，不便混跡這群修長的商業人士之間，他們個個西裝筆挺穿著尖頭鞋。電視上，唐納·川

普（Donald Trump）正在競選活動上大聲疾呼，我覺得貴賓室裡的人都盯著我看，透過他們時髦的歐風眼鏡，瞧著我這個邋遢的美國佬。我裝了滿滿一碗小熊軟糖，從冰桶裡的大酒瓶裡倒了一杯廉價的波歇可（Prosecco）氣泡葡萄酒。波歇可有點淡有點甜，但和小熊軟糖搭配起來天衣無縫，反正無所謂啦。《紐約時報》葡萄酒評論家埃里克·阿西莫夫（Eric Asimov）曾經這麼寫道，「你無法沉迷於波歇可。」

當然，波歇可已經變得如此無所不在了——慾望師奶連續劇、讀書會和女孩之夜的推波助瀾，加上為時尚開瓶雞尾酒提供氣泡成分，如義大利國民飲料阿佩羅·斯普利茨（Aperol Spritz）和貝利尼（Bellini）——我有時候幾乎忘記它也是葡萄酒。因為太便宜（通常每瓶至少12至15美元），又屬於一杯接一杯休閒大喝氣氛，因此波歇可幾乎被絕美佳釀的葡萄酒品酒家批評為「放鬆」或「輕快」，或適合夏季飲用。換言之：高級葡萄酒人士不會把這種酒當一回事。

現在或許很難相信，但才十年前，波歇可仍不受重視，不像其他氣泡酒那樣備受青睞。直到2000年代，才開始受到矚目。2007至2009年間，美國人對波歇可的總體消費量大增65%。當時正值金融危機，大可推測是因為大家在找更便宜更容易買到的廉價替代品，來取代昂貴高級的香檳。義大利種植的葡萄總數，在2000至2010年間攀升了60%，超過四萬八千英畝面積。波歇可供不應求，這種釀酒葡萄開始被種植在維內托（Veneto）以外的地區，遍布於義大利，甚至其他國家。有加州的波歇可，也有澳洲和巴西的波歇可。

在這段期間，芭黎絲·希爾頓（Paris Hilton）上了美國《深夜秀》節目，和大衛·賴特曼（David Letterman）一起促銷她新推出的氣泡酒，名叫「醇厚波歇可」（Rich Prosecco），鐵罐裝，上頭有賞味期限，每瓶大約三塊錢。「波歇可？」大衛·賴特曼問芭黎絲，「那是什麼意思？」

「義大利，」芭黎絲說，「就像是義大利的香檳。」

「義大利香檳？鐵罐裝？鐵罐裝香檳？」大衛問。

「很迷人啊，」芭黎絲說。「拿著鐵罐時看起來很棒。」

「迷人？」大衛咯咯笑。他接著開始搖晃鐵罐波歇可，想看看會不會爆炸。「噢，你說得沒錯，是很迷人。」

所以囉，美國大眾有很大一部分人認識了波歇可的魅力。可是芭黎絲的罐裝波歇可在波歇可的歷史故鄉維內托卻不受好評；維內托地區由瓦爾多比亞代內（Valdobbiadene）和科內利亞諾鎮（Conegliano）組成。事實上，芭黎絲・希爾頓的罐裝波歇可激怒了當地人——多半是因為這種葡萄甚至不是出產於義大利，而是奧地利啊，拜託！

2009年3月，義大利農業部長盧卡・扎亞（Luca Zaia）把外國波歇可的崛起稱之為「農業剽竊行為」（Agropiracy），會危害「波歇可的前途」，並「傷及義大利製品的概念」。對扎亞而言這無疑是一椿重大的政治議題（扎亞是右翼分子、民族主義派、反移民的北方聯盟黨），他最後獲選為維內托的總裁。

義大利對波歇可有何解決之道？推出新的「法定原產區」（Denominazione di Origine Controllata，簡稱DOC）制度，由歐盟強制實施。這種反應並不是什麼新鮮事。就在不久前，義大利人便曾公開試圖監管一切，從假的帕爾瑪火腿到國外不道地的義大利餐館，再到製作那不勒斯披薩的正確方法。而且不只是義大利，對於芭黎絲和賴特曼大談波歇可是「義大利香檳」時，法國人也同樣憎惡不已。「只要提到氣泡葡萄酒，政府資助的香檳部不遺餘力與資金要立法確保「香檳」指的是在法國北部香檳區所生產的氣泡葡萄酒。其實，幾乎每一個葡萄酒產區都有保護與監控措施：在法國，稱之為「原產地命名控制」（Appellation d'Origine Contrôlée，簡稱AOC），西班牙，是「原產地名稱保護」（Denominación de Origen，簡稱DO），葡萄牙是「受保護產地標記」（Denominação de Origem Controlada，簡稱DOC）。此刻，歐洲有數百個受保護的產地標記，而法國和義大利各有三百多個。

然而，終究還是有阻礙的。波歇可是一個葡萄品種，並非地理名詞。歐盟只能確保某個特定地理區域的產品。依法，波歇可葡萄可以種植在任何地方，就像你可以在布根地、南非或紐澤西州種植夏多內或黑皮諾一樣。這也是義大利人如此有創意的地方。他們在靠近的里雅斯

德（Trieste）的佛里烏利（Friuli）設立了一個名叫波歇可（Prosecco）的村子。然後他們簡單地重新給這款葡萄命名。他們稱這款葡萄為格萊拉（Glera）。不管佛里烏利的波歇可村根本不以氣泡葡萄酒聞名於世，也不管維內托裡沒有人真的稱這款葡萄是格萊拉，當局小心翼翼規劃DOC的疆界，好將波歇可村劃歸其中，然後生產波歇可的財團告訴每個人，說這款葡萄的「古老」──可能是羅馬時代──名稱就叫做格萊拉。萬歲！在2009年分酒上，波歇可如今是個地名而非一種葡萄。在這個新設立的地理區波歇可內所生產的氣泡葡萄酒，如今受到法律保障，除了義大利東北部，義大利其他地區皆不得合法稱氣泡酒是「波歇可」。

葡萄品種學家與葡萄專家如維拉莫茲者流，對這項決議並不以為然。在《釀酒葡萄》書中（書裡仍將這款葡萄稱為波歇可），作者群把更名一事謂之為「混亂誤導」，並指出，格萊拉實際上是一款較不常見的無性繁殖變種，稱為「長波歇可」（Prosecco Lungo）的俗名，這種葡萄果形橢圓而非圓形。這股葡萄酒極客的反對聲浪被置若罔聞。

猶有甚者，還有一個更加嚴格規範城鎮的制度，從科內利亞諾鎮，位於威尼斯北邊半小時車程，一直到瓦爾多比亞代內，經過威尼斯丘陵往西一個小時車程內。這個區域內的葡萄酒，就是眾所周知拗口的「科內利亞諾・瓦爾多比亞代內DOCG波歇可高級酒」（Conegliano Valdobbiadene DOCG Prosecco Superiore）──DOCG代表著監管與保證產地名稱，是義大利最至高無上的地理標誌。換句話說，只靠著政府區區幾個動作，波歇可就保障了它的商業利益，為自己贏得高級酒的地位。但並非人人都認為這麼做是好事。就像美食作家艾倫・里奇曼（Alan Richman）2011年在《GQ》專欄裡所寫的：「義大利人，由於他們是義大利人，已經把波歇可搞得沒必要地複雜。」以前卑微、廉價、不受重視的氣泡酒，如今搖身一變為歌劇紅伶。

義大利栽種的釀酒葡萄已知有三百七十七種，若說義大利的葡萄酒很複雜，這說法實在太輕描淡寫。即使是它最出名的葡萄酒也會叫人瘋狂。釀製義大利酒王巴羅洛和酒后的芭芭萊斯科（Barbaresco）的

葡萄奈比歐露（Nebbiolo），在阿爾卑斯山的阿歐斯塔谷，被稱為琵熇坦娜（Picoutener）；而在諾瓦拉（Novara）、距離米蘭不遠處的皮埃蒙特，稱為絲班娜（Spanna）；在倫巴底（Lombardia）北部，靠近瑞士邊界的瓦爾泰利納（Valtellina），稱為卡維納斯喀（Chiavennasca）。絕大多數葡萄酒徒都知道，托斯卡尼（Tuscan）最重要的葡萄是山吉歐維榭（Sangiovese），奇揚地酒（Chianti）就是以它釀成。可是，山吉歐維榭也有將近五十種不同名字。舉例來說，在蒙塔奇諾（Montepulciano），山吉歐維榭被稱為普魯諾陽提（Prugnolo Gentile）。很讓人滿頭霧水的是，還有一種葡萄品種就叫做蒙塔奇諾（Montalcino），但它和山吉歐維榭一點關係也沒有。同時，山吉歐維榭最廣為人知的別名是布魯內羅（Brunello），世上得獎常勝軍的一款葡萄酒，幽雅昂貴的蒙塔奇諾布魯內洛紅酒（Brunello di Montalcino），就是以這款葡萄釀製成。然而，越過山脈直達海岸，深入荒野，抵達最南端的托斯卡尼地區，在稱為馬雷瑪（Maremma）的地方，山吉歐維榭在這裡的名字叫做莫雷利諾（Morellino）。為什麼改稱莫雷利諾？有人認為，莫雷利諾這個字表示「棕色」，指的是馬雷瑪當地原生種馬匹的顏色。為什麼會有人將釀酒葡萄取這樣的名字？誰知道？說不定再追查下去，我們會一致認同剖析義大利釀酒葡萄的命名法，簡直把人搞瘋。

2009年，我在維內托為第一本書做研究，想寫一章義大利的開胃雞尾酒——比方阿佩羅．斯普利茨（Aperol Spritz）和內格羅尼亂調（Negroni Sbagliato），這兩款開胃酒都以波歇可為原料。在機緣巧合下，我受邀出席在波戈路策酒莊（Borgoluce）城堡舉行的一場午宴，慶祝新成立的DOCG制度。波戈路策既釀造波歇可，也釀製卡本內蘇維濃、梅洛和灰皮諾（Pinot Grigio），是一家龐大的酒廠，擁有超過三千英畝的葡萄園。午餐開始前，波戈路策的公關人員在我耳畔講悄悄話，「伯爵夫人想坐在你隔壁。」喔，大概是因為我不會讓伯爵夫人失望吧。伯爵夫人瑪麗亞．科拉爾托（Maria Trinidad di Collalto）當然是位看不出年齡的迷人女士。她看起來似乎比我年紀大一點點，卻又感覺比我年輕十歲。我們坐在同一桌，同桌的還有兩位年輕的作家，分別來自

重要的美國品酒雜誌，另外還有來自波戈路策的幾位伯爵夫人的友人。我們的鄰桌坐滿了來自韓國的記者，坐在記者隔壁的是東歐來的一位先生，還有幾個被介紹為「義大利最負盛名的侍酒師」，以及一名大受歡迎的葡萄酒電視節目的主持人。

「這是波歇可令人興奮的一刻，是一場革命，一場巨大的冒險。」伯爵夫人說。

其中一位年輕的美國葡萄酒記者對伯爵夫人施壓，「你不覺得我們必須重新教育大眾？」他說。

「可是大家都愛波歇可，」伯爵夫人說，「我也愛波歇可。」

「不過很多人以為波歇可不過就是波歇可。」記者說。

伯爵夫人笑著，以可愛、深謀遠慮的方式近距離俯身。「我們有時把自己看得太重了，」她說。

後來，我們又受邀參加在維內托一家名叫「大利諾」（Da Lino）餐廳的晚宴。美國葡萄酒雜誌的記者也在場。和我們在一起的還有好幾位波歇可酒商，以及科內利亞諾・瓦多比亞（Conegliano Valdobbiadene）財團總監、他們的公關賽維雅（Silvia）。現場還有來自愛沙尼亞和波蘭的記者，以及一位幫影響力很大的奧地利葡萄酒雜誌撰稿的人，名叫法斯塔夫（Falstaff），他長得像保羅・謝弗（Paul Shaffer）——大衛・賴特曼的音樂老搭檔。晚宴以非常怪異的方式開席——波蘭記者大聲抱怨前一晚公關人員帶他去吃壽司，「壽司！在義大利！」

上第一道菜之前，先上來的是芭黎絲・希爾頓的罐裝波歇可。長得像保羅・謝弗的澳大利亞記者堅持說，芭黎絲把波歇可操作得很好。「瞧瞧有多少報導在講這個矛盾之處，」他說，「瞧瞧還有更多人現在知道波歇可了。」

但是波歇可的大眾卻憂心忡忡。氣泡葡萄酒的市場侷限於美國，而那裡正是他們能看到外銷成長的去處。香檳（Champagne）已經是一個家喻戶曉的字眼，而來自加泰隆尼亞，較為平價的氣泡葡萄酒西班牙氣泡酒CAVA，例如菲思娜（Freixenet），已經使得市場達到飽和。「美國人真的知道，如果他們買了CAVA，是西班牙進口的嗎？」波戈路策的

釀酒師問。

「知道也不知道。」美國葡萄酒雜誌記者之一說。「截至目前為止，大多數葡萄酒買家都不甚清楚香檳來自法國，CAVA來自西班牙，波歇可來自義大利。」但他又補充道，「大多數人沒有得到比這個更具體的訊息。」

「美國人會對標示著科內利亞諾・瓦多比亞字眼的酒瓶意亂情迷嗎？」賽維雅問。「你是否認為，對美國人而言，這個標示意味不凡，代表品質？」

「我不認為如此。」我說。

「不，」美國葡萄酒記者說。

「要是我們稱它為高級波歇可呢？」賽維雅問。「高級。好比他們標示奇揚地和其他地區的酒那樣？」

「或許吧，」我說。長得像保羅・謝弗的奧地利記者一點也不喜歡高級波歇可這個名稱。「一派胡言。」

「欸，」年輕的美國葡萄酒記者說，「你必須了解某種特定的美國葡萄酒消費者心態。他或她嚇壞了。擔憂起因為不曉得帶去派對的葡萄酒是不是買錯了。貨架上所有這些外國酒名都佶屈聱牙。假如你有兩瓶波歇可，一瓶叫做波歇可，另一瓶比較貴一點而且叫做高級波歇可（Prosecco Superiore），那麼大家會買高級的那一瓶。動機是出於恐懼。」

此刻我點點頭表示同意。可是，現在我認為他有點嚴厲。我是說，你必須稍微表揚一下我們美國人。我們起碼知道，氣泡葡萄酒應該裝在瓶子裡。

●●●

距離我的班機起飛時間還有至少一個鐘頭，而我的波歇可和小熊軟糖都吃完了，所以我又回到貴賓室的自助餐檯和酒吧區。食物擺放的方式和全世界所有貴賓室和旅館的早餐如出一轍：蔬菜湯、午餐火腿、要

以工業用烤麵包機烘烤的麵包片、滑膩的義大利麵沙拉、枯萎的綠色青菜、綠番茄片、牛角麵包、洋芋片、M＆M巧克力、什錦果乾。我四處尋找以有趣的瑞士葡萄品種釀製的葡萄酒，但是只有尋常可見的幾款：黑皮諾、田帕尼優（Tempranillo）、馬爾貝克（Malbec）、夏多內。我又倒了一杯波歇可，比較冰一點但仍然有點甜。我看了看酒標，看到這款葡萄酒的分級是特別干（Extra Dry以英文標示），一如在義大利為葡萄命名一樣，標示葡萄酒甜度都是冗長費解的。義大利氣泡葡萄酒標示「干」（Dry又是以英文標示）實際上甜度含量都是最高的，一公升有二十到二十六克糖。其次是特別干（Extra Dry），通常表示一公升含十四到二十克糖。「天然干」（Brut）其實才是最不甜的，一公升只有六到十二克糖。特別干一向都是熱愛甜食的義大利最受歡迎的，同時也始終都是你會在餐前或餐後倒上一杯的酒。不過，幾乎每一位我見到的優良酒商愛的都是天然干。

　　我對特別干感到滿意萬分，搭配一些什錦果乾和洋芋片剛剛好。再重返經濟艙之前，能負擔得起這樣短暫的奢侈，我心懷感激。不只如此，我很感激我有能力追求這種瘋狂的激情。品嚐著波歇可和小熊軟糖、洋芋片，沉思著我對珍稀釀酒葡萄的沉迷從何而來，以及這趟旅行從何開始。我可以很清楚地指出我的覺醒點。

　　是2010年，在我的第一本書，關於烈酒與雞尾酒即將付梓時前。我為《華盛頓郵報》撰寫飲料專欄，一切很順利。我擁有一些忠實讀者，會透過電郵與社群媒體貼文，定期尋求我的意見，我受邀到活動或會議現場演講，而且，我遇到的每一位酒保都會為我特製一款雞尾酒。我的人生頭一遭，被大家視為某一種主題的專家，而非一直以來的那種泛泛通才。問題來了，我寫完書，厭倦了烈酒與雞尾酒。我對我所謂的專長和被看作專家一事，澈底感到矛盾萬分。我的感覺類似文化評論家傑夫・戴爾（Geoff Dyer）一樣，「我的人生是不速之客，」他在文章中寫道，「倘若我在寫這本書之前就已經通曉我必須通曉的一切，那麼我就不會有興趣去寫它。」

　　2010年春天，在煩亂等著我的書印刷時，我不安地遊說糾纏我的編

輯讓我寫新主題：葡萄酒。我天真傲慢地以為，葡萄酒不過就是另一款飲料，就像威士忌或白蘭地或夏翠絲（Chartreuse，藥草酒）或是禁酒令期間的雞尾酒，既然我已經被奉為那些飲料的專家，我以為我自以為是的專業也能變魔術般轉移到這種新的飲料主題上：葡萄酒。如前所述，我根本不知道自己大錯特錯。而把我的計畫搞得更複雜的是，報紙早已經有一個定期的葡萄酒專欄作家。因此，這件事給我造成相當大的困擾，對我的編輯造成困擾，使得作者與編輯關係變得十分緊張。可是我就是難以忍受，最後我接受了另一份報紙編輯的提案，用強迫我編輯的錯誤想法，開始寫起葡萄酒文章。

不論如何，這就是我之所以再度來到義大利東北部的原因，為了報導即興促銷波歇可的某些瘋狂開發商。回想起來，我知道之所以拿到這項報導的主要原因是因為，我已經在雞尾酒的原料裡寫過了波歇可。同時，也是因為沒有適當的葡萄酒作家會把波歇可當一回事。

我的旅行應該是四天短行。計畫是：搭飛機到威尼斯，參觀十來個頂尖的波歇可酒廠，搭飛機離開，回家，寫稿。我特別關注高級波歇可，集中精力在科內利亞諾・瓦多比亞（Conegliano Valdobbiadene）「擔保法定產區級」（DOCG）[1]高級酒。縱然，當地的農人尚且還未習慣這個新的命名法。「我的祖父從來不曾叫它為格萊拉，」後來出任科內利亞諾・瓦多比亞財團總裁的佛朗哥・阿達米（Franco Adami）偷笑說。「可是你要讓全世界的人都想要種植所謂的波歇可，那我們就必須保護它。」

我在擔保法定產區內的短行收穫良多，波歇可的釀製仍是一個相當新穎的現象。甚至一直到二十世紀中葉時，大多數波歇可都被釀製成無

---

1. 義大利葡萄酒分級：原地名控制保證葡萄酒（DOCG），最高等級的葡萄酒，葡萄產地、葡萄品種、種植方法、種植位置、釀造方法、葡萄酒最少產量等方面的要求都十分嚴格；法定產區葡萄酒（DOC），經嚴格劃分的生產地域作為產地，從葡萄的種類、產區，到葡萄酒的最低酒精含量、製造方法、貯藏方法、產量等方面，都有相關的法定標準；地區餐酒（IGT），來自某些特定產區、未達到DOCG和DOC等級的葡萄酒；日常餐酒（VDT），最普通等級的葡萄酒。

氣泡葡萄酒，至於氣泡酒只在1960至1970年代間才受到青睞，「真心感謝芭黎絲，」比索（Bisol）家族波歇可的第三代馬爹歐・比索（Matteo Bisol）說。「這裡的每一個人都知道我們遇到麻煩了。若不是芭黎絲，我們也不會有擔保法定產區分級制度。」

阿爾卑斯山腳邊驚人陡峭的山坡竟有如此多的小型葡萄園，著實叫我驚訝萬分。「瓦多比亞和托斯卡尼一樣，不是個具有大型葡萄園的地區，」馬爹歐的祖父安東尼・比索（Antonio Biso）說。「這邊的兩畦地可能無人所有，但這兩畦又是有主之地。」在卡帝茲（Cartizze）的科內利亞諾・瓦多比亞「特級葡萄園」（Grand Cru）裡，更是如此；這是一處陡峭山丘，只有一百零六公頃而已。以每英畝地價值200萬歐元計算，卡帝茲和蒙塔奇諾城不相上下，是義大利地價最貴的幾個地方，俗稱黑色美酒的布魯內羅（Brunello）正是出產於此。

「和全球其他地區的釀酒師交談時，他們會說，『喔，那不是一款複雜的葡萄酒。那是很簡單的酒。』可是，一點都不是這樣。」維拉桑帝酒莊（Villa Sandi）的年輕釀酒師史蒂凡諾說。「這款葡萄不像夏多內那樣寬宏大量。要製成格萊拉氣泡酒很困難。它不是一種果肉飽滿的葡萄，它太細緻。只要犯一點錯，就糟糕了。」

對我而言最驚人的是，和我們一般在美國買到的非DOCG波歇可相比，DOCG的波歇可不但合法也在品質上更一致的好。科內利亞諾・瓦多比亞釀製的波歇可，每瓶要貴上5到7塊美金，可是如果你注意到一個直接的差異──比較不甜膩、口味更爽脆，同時比用玻璃杯倒出來的香氣也更優雅。當然我也知道，要這個故事告訴習慣花11塊99美金買一瓶他們以為是有趣的酒的閱聽大眾，有多難。

不過，拜會尼諾佛朗哥（Nino Franco）酒莊的普里莫・佛朗哥（Primo Franco）時，我品飲了一些明顯陳放過的波歇可，1990和2000年分酒。上好的波歇可陳放十或二十年時，會染上誘人的琥珀色，並散發一股蜂蜜香氣，並帶著幽長的光澤──但只殘存一點點冒泡現象。特別是1990年的尼諾佛朗哥酒莊在這方面更是卓越。在那個美麗的午後，我們同時也啜飲了尼諾佛朗哥酒莊2008年的瓶裝「斜坡上的鐘樓」

（Grave di Stecca，在美國零售價超過40美金。）即使這些酒正經八百的裝瓶，但佛朗哥明確地講白了一件事：「永遠記得，波歇可在容易飲用時喝起來最棒。」

在暢飲波歇可之後，我已準備好回家了。可是很快地我就明瞭到，我回不了家。在我的最後一日行程裡，一座名字很難發音，叫做「艾雅法拉冰河」（Eyjafjallajokull）的冰島火山爆發，噴出數噸火山灰，阻礙了航程。當時，很多人稱艾雅法拉冰河是交通史上最糟糕的事故。和好幾百萬因為歐洲機場關閉的其他人一樣，我的計畫裡並沒有包含火山。航空公司取消了我週日早晨從威尼斯返家的班機，而且至少在週四之前根本沒有可能回家。我被滯留在義大利好幾日。

可憐的我！被多留在義大利四天！我向家人朋友和同事傳訊息時，你可以想見，根本沒什麼人同情我。「喔喔喔，被困在曾刊登在《建築文摘》（Architectural Digest）的那樣一個精品旅館，『一定』很難受！」

「你可以搭船回家啊，」義大利麵製造人，我的哥兒們彼得傳簡訊給我。「我的家人就是那樣橫渡去到美國的。」

我告訴一個朋友我遇到的困境，她只簡單傳訊息說，「你太差勁了。」

確實，人生可能處處遇掙扎。不過這件事可能不在其中。週日那天，也就是我被流放的第一天，我和馬爹歐・比索結伴到他家人在馬佐爾博島（Mazzorbo）新開的餐廳吃午飯；那是威尼斯的外圍潟湖島之一。那日天氣暖和，晴空萬里，我們在戶外用餐，對面就是十四世紀的一座小小葡萄園，那是比索家族想要搶救的一種威尼斯古老葡萄，名叫多羅娜（Dorona）。我們享用著唯獨威尼斯才有的美味軟殼蟹，也喝了不少波歇可。

「一切都好嗎？」我母親傳簡訊。

「是的，」我寫道，「一切無恙，我剛吃完午餐正要搭汽艇，馬爹歐想帶我去參觀威尼斯的葡萄酒吧。」

媽媽再無任何回應。

我只想告訴你一件難處。我花了一千歐元的瘋狂車資，搭計程車去一個開放的機場，但在那裡我不得不睡在行軍小床上。我的老闆對我非常生氣。我的孩子忘記我是誰。然而不是這樣，我基本上只是多花了數日在義大利飲酒吃喝。

　　在某些時候，我覺得自己像被罷黜的獨裁者的特權公子，住在奢華餘蔭下永遠回不了他的故鄉。在班機被取消的前一晚，我在美麗的山城阿索洛（Asolo）享用晚餐；那裡也有自己的DOCG制度，稱為阿索藍尼高級波歇可（Asolani Prosecco Superiore）。眾所周知，1474至1489年間的賽浦路斯女王凱瑟琳・科納羅（Catherine Cornaro）在可能或不可能囚禁她的丈夫之後，就是被流放到阿索洛。她失去了賽浦路斯，被命名為童話世界般蕞爾小地阿索洛夫人，作為聊備一格的封邑。在科納羅被流放期間，義大利開始出現「asolare」這個動詞，形容以愉快但無意義的方式打發時間。或許，我也可以用它來歸納我在義大利短暫的滯留。我參觀了更多的酒莊。交了更多朋友。就是百無聊賴罷了。

　　我常恐懼我的人生會充斥這種百無聊賴的感覺。美國作家查爾斯・克羅斯特曼（Charles John Klosterman）在《性，毒品和可可泡芙：低俗文化宣言》（Sex, Drugs, and Cocoa Puffs）書中，區隔了「不胡說八道的傢伙」和「滿口荒唐言的傢伙」，而他自己是後者。歷經數年窮追猛打葡萄酒與烈酒，要證明自己不是個滿口胡說八道的傢伙，並不總是那麼容易。不過，我知道自己並不是唯一一個相信葡萄酒與美食能提供深度體驗的人。就像凱瑟琳・科納羅在她幻想的封邑裡維持她的朝廷一樣，說不定我們都在自欺欺人，以為和布根地的松露相比，翁布里亞的黑松露做出來的義大利麵更美味，所以大家應該在松露上浪擲千金。也許，在瑞士三角巧克力裡面看到政治權謀是胡思亂想。也許，認為DOCG波歇可遠比非DOCG波歇可好很多，只是放縱心靈的結果。不過，這些都是滿懷疑竇時的脆弱片刻。就像康德告訴我們的：「幸福不是理性的理想，而是想像力的理想。」又如老哲學家尼采說的：「人生，是一場品味與鑑賞的爭論。」

　　在流放期間，我花了一些時間去拜訪波歇可酒區以外的葡萄酒廠

商。最後一天，我去會晤了切薩里（Cesari）家族；他是瓦爾波利切拉（Valpolicella）葡萄栽培區最知名的酒商。「你無法驅策大自然，」黛博拉‧切薩里（Deborah Cesari）告訴我。「大自然會鞭策你。」她說的是義大利典型風乾葡萄釀的葡萄酒阿瑪羅尼‧瓦爾波利切拉（Amarone della Valpolicella）；這款口感飽滿，酒精濃度高，香氣濃郁久久不散的絕美佳釀，以放在稻草蓆上乾燥數月使果汁濃縮的葡萄乾釀製而成。黛博拉解釋著，何以他們家族只能在某些年分釋出某些葡萄園的年分酒，因為一切取決於葡萄，以及假如葡萄酒陳放數個月或數年，在大型陳放桶和小型陳放桶裡是否會有什麼差異。「我們永遠不知道大自然會賜予我們什麼。」不用說，每次參觀酒莊時，不管是在哪裡，都會聽到諸如此類的說法。（比方說，偉大的葡萄酒都是成就在葡萄園裡，非成就於酒窖內。）可是因為冰島火山爆發之故滯留在義大利的那幾日裡，大自然驅策世界的概念，有了特殊的含意。

　　品過阿瑪羅尼（Amarone）之後，我又在面對加爾達湖（Lago di Garda）的一家餐館，在麗日當空下百無聊賴享用了一頓午餐。吃著水煮梭子魚，喝著一款來自盧坎城（Lugana）的白葡萄酒，其色澤鮮豔，帶有礦石味；盧坎城是湖畔的一個很小的地方，這款酒是以一種名叫圖比阿娜（Turbiana）的葡萄釀成。我發現，這款裝瓶儉樸的圖比阿娜，比稍早品嚐的強勁阿瑪羅尼更耐人尋味；阿瑪羅尼會太過搶走午餐湖魚細緻的滋味。可是喜歡圖比阿娜更勝阿瑪羅尼的念頭，使我大感不安──我充分了解葡萄酒，以至於我認為比起地方性的盧坎城葡萄酒，自己應該要喜歡雄壯、香氣濃郁久久不散的絕美佳釀才對。

　　過了一會兒，在返家後開始尋找盧坎城葡萄酒之後，我才知道，加爾達湖周遭的人一度相信，圖比阿娜是全球種植最普遍的葡萄崔比亞諾（Trebbiano，也譯作白玉霓）的當地變種。可是2008年的一次基因檢測卻肯定了它其實就是維蒂奇諾（Verdicchio）。當時，我還沒有深陷於深奧珍稀葡萄的兔子洞，因此，來自盧坎城的圖比阿娜（或稱維蒂奇諾也好），對我而言猶是新奇又未知的，而且，葡萄品種學家仍對它一無所知，令我無比興奮莫名。過沒多久，我看到新聞，說這個酒區飽受嚴峻

威脅。由於建造高速子彈火車，盧坎城將喪失七百五十公畝的葡萄園，超過它所有葡萄樹的四分之一。「搶救盧坎城」很快就在葡萄酒徒群體中，變成火紅的社交媒體主題標籤。我的尋找品飲盧坎城葡萄酒開始變得更形重要。

「世界應該變成什麼？」勞倫斯（D. H. Lawrence）在經典旅遊書《暮光義大利》（Twilight in Italy）寫道；書中描寫了一系列他在1912年秋季至1913年春季遊歷加爾達湖的文章。「工業化國家如黑暗般蔓延全世界，恐怖至極，最終帶來毀滅破壞。而加爾達湖在陽光燦爛下如此明媚可人。」勞倫斯以加爾達湖步調緩慢的農人生活，隱喻著世上的美好與單純，對比他所謂的「敗絮其中的目的，機械化，人類完美的機械化生活」。

在滯留義大利期間，我確實讀了《暮光義大利》。勞倫斯的書很奇特，一如所有傑出的旅遊文學。可是《暮光義大利》卻也有著其他偉大的旅遊文學所欠缺的：先見之明。表面上，勞倫斯的文章寫的是年邁婦女紡著羊毛，或是檸檬園或古老的教堂。但同時，無可否認的，它也是在寫戰爭，舊秩序的瓦解，以及即將到來的法西斯主義，「人類生命的機械化」。勞倫斯離開加爾達湖的時間，就在第一次世界大戰導火線，奧匈帝國皇儲法蘭茲・斐迪南大公（Archduke Franz Ferdinand）在塞拉耶佛遇刺身亡的前一年。他的書問世剛好預言了墨索里尼在六年內崛起掌權。

那一晚，我去多拉達酒店（Dolada）吃晚餐，它是一家米其林星級餐廳，位於阿爾卑斯山腳下，俯瞰著皮耶韋達爾帕戈（Pieve D'Alpago）村裡的聖克羅切湖（Lago di Santa Croce）。與我同行的是一對夫婦，兩人正好是波歇可釀造廠的競爭對手（兩個都是最頂尖品牌）──愛麗絲葡萄園（Le Vigne di Alice）的辛西亞・坎吉安（Cinzia Canzian），以及布戀達酒莊（Bellenda）的翁貝托・科斯摩（Umberto Cosmo）。若問維內托有誰將波歇可推到極致，坎吉安和科斯摩當之無愧。這兩位並不釀造用作雞尾酒的波歇可。

葡萄酒界之所以看不起波歇可，主要原因是，波歇可和香檳之類的

氣泡酒不同，它採用的是大槽法（Charmat Method）釀製，這種方法是在二次發酵時，將酒液貯放在不鏽鋼鐵滅菌釜（Autoclave）內，而非裝瓶。布戀達酒莊和愛麗絲酒莊都曾實驗過瓶裝發酵法，或稱之為傳統發酵法（Metodo Classico）。坎吉安做了一些無糖的瓶裝，而科斯摩做了一種他稱之為農村發酵法（Metodo Rural）。「從來無人嘗試過打破極限看格萊拉會變成什麼。」科斯摩說，「我們甚至連極限都還沒摸到邊。」

在多拉達酒店晚餐上桌前，坎吉安和科斯摩辯論起什麼比較「高級」，紅酒還是白酒。「但凡我所謂『令人難忘的』葡萄酒都是白酒。」坎吉安說，「當然，我也喝過不少美妙的紅酒。可是我認為，白葡萄酒比較更能出乎我意料，令我記憶猶新。」

科斯摩不以為然，但坎吉安的論點很難駁斥，因為我們在那片刻所飲用的白葡萄酒，科斯摩點的，真的是令人難忘：維尼提馬薩酒莊（Vigneti Massa）的德索娜產區（Derthona）的迪莫拉索（Timorasso）。這款白葡萄酒很奇特複雜，口感飽滿，感覺像任何東西，一股腦湧上，蜂蜜、成熟的水果、清新、礦石味（Minerality）、獨特的堅果味，有一點點怪趣。在根瘤蚜疫病肆虐後，在亞歷山德里亞（Alessandria）皮埃蒙特（Piemontese）托爾托納鎮（Tortona）的迪莫拉索栽種面積萎縮至不到二十英畝。但是，在1990年代初，托爾托納鎮有一名釀酒師名叫華特·馬沙（Walter Massa）從滅絕邊緣成功復育了這種葡萄。

為了搭配迪莫拉索，科斯摩勸我點多拉達酒店的新培根蛋麵（Nuovi Spaghetti alla Carbonara），這道是該餐廳主廚里卡多·德普拉（Riccardo De Prá）演繹儉樸的單身漢義大利麵，雞蛋加上德普拉解構後的培根。德普拉告訴我們，「這和食譜無關，和概念有關。」培根蛋麵上桌時搭配現磨的胡椒粉，藏在一顆未全熟蛋的底下，則是一球美麗的金黃色麵條，加上酥脆的風乾豬臉頰肉。為了重構主廚解構的，我們劃破蛋黃，把所有東西攪拌均勻後才大快朵頤。義大利麵的濃郁、酥脆、胡椒味、濃稠感交纏在一起，好吃得難以置信。這是我畢生嚐過最美味的培根蛋麵。不過，味道之美無疑地被佐餐的玻璃杯內迪莫拉索拉

抬不少。

　　科斯摩感性地沉吟著他年輕時在學校裡怎麼做義大利蛋麵，這段回憶裡最美好的部分，搭配這款酒的異國風情，以及我這一週奇異的流放，使得我分外思鄉情切。然而，我可以清楚指出，那一天是我覺醒之日。起先是發現盧坎城的午餐時光，接著是與前衛的釀酒師一同晚宴，他們不遺餘力要將波歇可，或格萊拉推到極限，最後是怪異、很富有深度的古老迪莫拉索。

　　這是我開始追尋發掘珍稀葡萄的片刻，我啟程深入稀有葡萄，並且努力帶著大家一起同行。我感受到埃米莉・狄更生（Emily Dickinson）詩中渴望的聲音：

> 我帶了一杯不尋常的葡萄酒
> 以饗長時間發乾的嘴唇
> 在我的身邊
> 召喚他們來飲⋯⋯

　　數年後，坐在蘇黎世機場的貴賓室，飲盡了杯中的二流波歇可，我憧憬著下一杯不尋常的葡萄酒。

高級葡萄人士不會把波歇可（Prosecco）當一回事.
我對波歇可特別干（Extra dry）感到滿意萬分.
搭配一些小熊軟糖.洋芋片.什錦果乾剛剛好.

Chapter 6

當酒評
失控時

When Wine Talk
Gets Weird

我們身處的年代，生活走的是鍍金的洛可可風格。葡萄酒——和居家裝潢、烹飪、時尚或打扮一樣——是文化知識裡最高深莫測的領域之一；消費新聞永遠不想要「揭開神祕面紗」、「簡化」或「刺探」。品酒意見源源不絕湧出：從專欄、部落客、YouTube、晨間新聞、應用程式和書籍，從承諾要使得葡萄酒更平易近人的所謂葡萄酒教育家。對於某些有抱負的美國中產階層，對葡萄酒「一知半解」，卻是相對於了解當代藝術或外語或當地市政，是更重要的思維。

然而，每當思及我們所有人都沉溺於葡萄酒竅門裡時，我不禁想起十年前在澤西海岸一次鯊魚大襲擊事件。有一名衝浪少年遭到專家判定是幼年大白鯊咬斷了足部。很幸運，即使縫了六十幾針，這名男孩保住一條命，也充分康復。如今，在紐澤西很少再發生鯊魚襲擊事件。非常非常罕見。數十年裡的頭一遭。我們的當地報紙在頭版登了一大頁意外事件的報導：「對一些人來說，鯊魚襲擊事件導致海洋喪失了魅力。」副標題寫道，「可是另外有些人並不擔憂，依然投入大西洋的懷抱。」

在那篇文章的旁邊，有一個方塊，標題是「該如何做：假如你靠近

鯊魚」。竅門一：「不要試圖去碰觸牠。」竅門二：「盡可能越快離開海水越好。」竅門五：「如果鯊魚攻擊你，一般法則就是無所不用其極逃之夭夭。」如今，也有一些消費新聞提供建言！可是，我們得到如此多的葡萄酒意見，有比沒有好嗎？這些建言不光很差勁，還有很多是不言而喻或常識或非必要的。就好比你掉了鑰匙，有人卻問「欸，你最後一次見到它是在哪裡？」有什麼幫助嗎？

「葡萄酒是唯一能讓我們成年人無緣無故快樂的東西。」美國插畫家索爾·斯坦伯格（Saul Steinberg）說，這句話被評論家亞當·戈普尼克（Adam Gopnik）引述在他的著作《餐桌第一》（The Table Comes First）書中。不過，戈普尼克還指出，我們在葡萄酒方面也把自己弄得非常不快樂。我們添加了：壓力、困惑、挫折。這種葡萄酒焦慮感催生了葡萄酒教育的山寨產業。

舉例來說，在開始熱烈投入學習葡萄酒時，我買了一個「酒鼻子」（Le Nez Du Vin）工具包，它的用途就是要教導我如何分辨玻璃杯中的各種香氣。這個工具包附贈一個如字典般大小，仿效古籍外觀的紅布盒子，裡面是一打小巧的玻璃瓶，每一支瓶子打開後，會散發某個特定基本款的紅酒香氣。這些小瓶子被碎絲絨（或稱天鵝絨）嬌貴呵護著。販售店家是美國高檔家用品連鎖店「威廉姆斯·索諾瑪」（Williams-Sonoma，Inc.）公司，售價130美金。

「酒鼻子」有兩本瘦長的說明書，都是由法國葡萄酒評論家吉恩·勒努瓦（Jean Lenoir）撰寫。他在大約三十年前發明了這種透過香氣的葡萄酒教學法。在第一本說明書裡，勒努瓦說明了他的方法學，解說葡萄酒第一、第二與第三重要的香氣。他談到水果調性，如黑醋栗和櫻桃；花香調性，如玫瑰與紫羅蘭，蔬菜調性，如青椒與松露；燒烤調性，如煙燻與黑巧克力；還有動物調性，如皮革與麝香。他也解釋了這些氣味如何產生作用，以及它們與品酒「藝術」的關係是什麼。他並且用圖表說明絕對不要飲用小瓶子裡的液體（也不要接觸到皮膚與眼睛），而且要在密閉房間內做這些氣味學習，「杜絕額外的氣味，比方說菸草或香水。」

在第二本說明書裡，勒努瓦逐一解釋十二支小瓶子裡的香氣——草莓、覆盆子、黑加侖、櫻桃、紫羅蘭、青椒、松露、香草糖、香草、黑胡椒，還有「煙燻」——鉅細靡遺。（這十二種是紅葡萄酒特有的香氣——另有一套白葡萄酒的工具包，照理說也賣130美元。）勒努瓦表示，在主要的葡萄品種和釀酒區裡，這十二種香氣會以何種方式出現或組合起來。例如，山吉歐維榭（Sangiovese）應該會有草莓、覆盆子、香草糖和煙燻香氣；黑皮諾則應該有櫻桃、紫羅蘭、黑加侖和香草糖的香氣；波爾多和布根地的紅酒應該會出現「煙燻」的調性。勒努瓦主張，只要很努力嗅聞工具包裡的這十二個小瓶子，就能記住如何辨識這十二種氣味。因此，我應該能夠僅僅靠著嗅覺，就能分辨出任何一款葡萄酒。「專注於你的嗅覺上，」勒努瓦寫道。「你察覺到某種香氣了嗎？你能指出它是什麼嗎？……任憑思考與想像馳騁於你的腦海，儘管情感上的記憶與個人經歷中的某些片刻產生共鳴也無妨。」

必須承認，頭幾回使用這個工具包時，我滿懷疑竇：瞧我，這個大笨蛋，浪擲130美金付諸東流水！可是如今我卻很滿意自己買了酒鼻子工具包。「我們要透過學習才會閱讀寫字和數數兒，為什麼嗅覺不能是這樣？」勒努瓦在他寫的說明書裡這樣提問。沒錯，這個嗅聞葡萄酒的工具包勒努瓦只賣我130美元，可是他堅稱，其目的在某些更深奧的東西，因為香氣可以「打開通往你自己私人香氣記憶的大門」。一嗅便能讓你重返童稚年華。「再一次，」他寫道，「你又站在剛剛收成後的麥田裡，或者，你聞到老祖母廚房裡烤麵包的香味，她穿著圍裙，笑吟吟看著你。嗅一下，一切就都去而復返。」

當然，我們全都知道這一點是真的。嗅覺能帶回最難以捉摸但又最深藏於內心的記憶。我們在情感上的記憶，幾乎都難以言喻。而且它很少像奶奶的蘋果派那樣簡單明瞭。對我而言，只要聞到「阿卡內」（Aqua Net）髮膠的味道，就會讓我不覺得冷，不僅僅將我帶回二十年前單戀某個爆炸頭美眉的年代，還疏通了難以形容的感覺，想要跑掉，遠離我的紐澤西南部家鄉；某種一縷香氣，會引我想起某個美麗、嬉皮、小個子大學女友，她甩了我，因為我取笑她在環保之家週六晚上的

鼓樂聚會。不僅如此，它也讓人產生一種奇怪的遺憾感，我的成年生活幾乎沒有空閒搞嬉皮和代表嬉皮的香味廣藿香。但是只要聞一把馬鈴薯的氣味，就會讓我一路重返苦樂參半的童年記憶，在炎炎夏日，在我父親曾經擁有的包裝廠裡走進涼爽的冷藏倉庫。那種特別的氣味所引發的情緒反應，緊密烙印成傷，可能永遠難以揭開。

好吧，我知道這就是讓大家在飲用葡萄酒時閉起眼感情氾濫的玩意兒。130美金的葡萄酒嗅聞工具包跟這個有啥關連，是不？呃，照最基本的層面來說，一個人除非懂得嗅聞，否則是學不會品味的。全球最知名的英國品酒家珍西絲‧蘿賓遜曾寫道，「在二十多歲研究葡萄酒之前，我從來沒有被教導要運用我的嗅覺，因此如今我才知道，我的嗅覺作用有多麼嚴重遭到辜負。」蘿賓遜在《金融時報》（Financial Times）撰文描述曾經歷過的一段「駭人聽聞的」過往，她因奇怪的流感而喪失嗅覺，「差點要向全世界宣布自己金盆洗手退隱江湖。」她寫著。

而且，除非你願意花時間練習，然後自由產生聯想，否則是學不會如何嗅聞氣味的。要嗅出並辨認櫻桃或香草莢或香草糖等等東西的氣味，是件嚴肅的事。但又如何？葡萄酒裡頭並沒有真正的櫻桃或香草或香草糖存在。我們的心智只是單純去處理那些氣味或味道的感官經驗，就好比我們處理所聽到的音樂聲。在經歷過真正的嗅聞練習之後，下一個步驟是：任我們的心智自由地為這些香氣創造出某種意義上的聯想。哲學家約翰‧迪爾沃思（John Russell Dilworth）在《葡萄酒與哲學：思考與飲酒研討會》（Wine & Philosophy: A Symposium on Thinking and Drinking）如是說，「葡萄酒只不過是一系列高度個人化的即興體驗的原料。」

「酒鼻子工具包」在訓練鼻子和心智方面，或許是有幫助的。不過對大多數人來說，自由聯想卻是個困難重重的步驟。迪爾沃思建議便說，「絕大部分人太過於拘謹，不敢相信自己有能力從事藝術性活動，遑論要求他們自由發揮創意，即興演繹個人表現或詮釋某樣東西。」所以，感謝上蒼，對於放下拘謹，葡萄酒是個便捷的解決途徑：因為酒精。「葡萄酒裡的酒精成分提供了特許，或說是入門票，讓你進入一個

平行世界，在其中——套句康德的用詞——想像力得以自由發揮。」迪爾沃思寫道。這也是之所以當我在給學生上葡萄酒課，第一次品酒時，教室裡一片靜默，可是等到我倒第五瓶酒時，人人都能對所品嘗的東西，大聲喊出他們最深沉的想法。

好吧，當我開始引述哲學家的話時，我意識到我可能過度陷入那個草率、半可笑的維度，讓正常人以為葡萄酒極客滿口胡言亂語。所以，我還是回到「酒鼻子工具包」的重要議題好了：該死的工具包到底有沒有效？聽起來難以理解，但我甘冒不諱：我認為這件事太個人化，無法回答，我與朋友及非專業學生做過無數實驗，很少有人能夠全部猜對工具包裡的十二種香氣。大家會把草莓香氣認作「花香」，松露認作「蘑菇」，桑葚認作「青草」。我認識的美國人沒有人正確無誤辨識「黑加侖」，因為，和英國不同，在我們生長環境裡它不是個常見的味道。我發現，有很多混亂來自於大家努力想把工具包裡頭的氣味，對應到品酒家和侍酒師常用的時髦品酒詞彙。忠實地用語言描述氣味不是容易的事，而當我們的腦袋縈繞著太多時髦術語時，尤其難上加難。

最初拿到「酒鼻子工具包」時，我找了兩個腦海中沒有鬧烘烘品酒術語的對象做實驗。很幸福的是，這兩人半點葡萄酒知識也無。他們是我的兒子，桑德和小威，當時一個才六歲，另一個四歲。雖然那時候距離他們生平第一次能開喝還有好多年，但我仍決定要看看他們是否能猜中工具包裡小瓶子的氣味。

身先士卒的是桑德。我打開編號三十的小瓶子，綠胡椒，拿到他鼻子底下晃了晃。「聞起來像沙拉，」他說。沙拉，不巧，對桑德不是好聞的味道。我想著，好，我們有點走對路了。

我打開編號十二的小瓶子，草莓，拿給他聞。「這個聞起來有點像水果做的零食，」他說。好喔，所以桑德還不夠格去上侍酒師學校。

接著是他的小弟弟，小威。我打開我認為很難猜的一瓶，編號五十四，煙燻——聞起來像是培根或其他燻肉。小威嗅了嗅說，「這個聞起來像臘腸。」

令我驚豔萬分。高手就在我們身邊嗎？嗯，我想——給自己拍拍

背——家人當中確實有人懂得品味。說不定那個男孩是天才，說不定他能成為葡萄酒界的《天才小醫生》杜吉·豪瑟（Doogie Howser）。我們什麼時候可以幫他報名參加葡萄酒大師認證課程？

我打開編號三十的小瓶子，綠胡椒，就是桑德聞過的同一瓶。放在小威的鼻子下。

「喂，小威，」我眉開眼笑說，「告訴我你覺得這是什麼。」

「這個聞起來像果凍。」他說。

嘆息。哦，好吧。

● ● ●

過了好幾年，才再有機會用到「酒鼻子工具包」，當時我受邀在工作的大學裡開一堂葡萄酒課程，開課單位是國際區域研究系，課程名稱叫做「葡萄酒地理學」（The Geography of Wine）。在那之前，我寫的烈酒書已經出版了，我也經常撰寫葡萄酒的文章，而且也花了數不清的夜晚主持葡萄酒品酒會或一般的課程。可是我從未曾教一整個學期長達十週的葡萄酒術語。一般上我的葡萄酒課程的人也都是年紀較大的專業人士。我從未扛起重任要傳授葡萄酒知識，給滿滿全是二十一歲年輕人的一個班級。那年的春夏兩季，我花了很長時間思考該如何做這樣的事。我到底要教這些孩子關於葡萄酒的什麼事？

我知道，在思索如何讓年輕人認識葡萄酒上，我並非孤軍奮戰。那年冬天更早時，我收到新聞稿，還有一些「新穎、前衛」品牌的樣本葡萄酒；這個名叫TXT酒窖的公司號稱要瞄準「千禧世代消費者」。該產品線包含了以下四支酒：

OMG！！！夏多內（Chardonnay）

LOL！！！麗絲琳（Riesling）

LMAO！！！灰皮諾（Pinot Grigio）

WTF！！！黑皮諾（Pinot Noir）

可不是我捏造的。這份行銷資料表示，這些酒很「低調」，而且「很容易理解」，它們的味道調性也沒有「葡萄酒極客用語」。新聞稿上寫道，「這種葡萄酒不是要在你的玻璃杯中晃動嗅聞用的，而是要和朋友開懷大笑享用的。」啊咳嗯。

TXT酒窖當然不是唯一將市場瞄準年輕酒徒的葡萄酒公司。杯子蛋糕酒莊（Cupcake Vineyards）、中間姊妹酒莊（Middle Sister Wines）或「就是葡萄酒」酒莊（Be Wine，特色酒是淺粉色麝香葡萄酒和璀璨麗絲琳）的可愛酒標，甚至豪諾（HobNob）系列產品五彩繽紛的櫥窗陳列，乃至於少女風酒瓶，毫不掩飾它們的目標人口。

不只是可愛的酒標。在高級酒專業人士圈圈裡，我聽到一籮筐針對千禧世代（1980-1990年代）做行銷的討論。很多人相信，這群年紀在二十至三十之間的龐大世代，將會是葡萄酒產業的救世主。市場研究似乎也支持這樣的論點。幾乎就在TXT酒窖推出新品的同時，美國「葡萄酒市場理事會」（Wine Market Council）發表了一項調查顯示，千禧世代是理事會所謂「高端葡萄酒買家」的中堅分子（也就是，所有年齡層的人每月至少購買一次二十美元以上的葡萄酒）。他們和高端葡萄酒買家一樣，他們比X世代（1965-1980年）或嬰兒潮世代（1945-1965年）的人，更願意參考葡萄酒評論，更願意去葡萄酒吧，每次光臨消費更多，當然也花更多時間在社群媒體上。

葡萄酒行銷理事會的研究顯示，最振奮人心的跡象大概就是，千禧世代更願意嘗試他們前所未聞的葡萄品種。很多販賣罕見品種葡萄酒的人，似乎都對千禧世代葡萄酒徒，以及他們不拘一格的品酒傾向寄予厚望。

我曾和洛杉磯很前衛的千禧世代品牌顧問麗亞‧軒妮詩（Leah Hennessy）相談，她曾在部落格上討論了葡萄酒行銷理事會的調查。我在某個週六午後打電話給她，請她告訴我孩子們都愛喝什麼。軒妮詩的詮釋非常直接了當又簡明扼要，「相較於其他世代，千禧世代在年輕時喝更多、更好的葡萄酒。」對寄望千禧世代能帶起飲用葡萄酒的冒險新世紀，這太令人振奮了；千禧世代更重視品質與價值兼顧、擁護珍稀罕

見葡萄品種，例如藍佛朗克（Blaufränkisch）、莎瓦涅（Savagnin）、黑蒙德斯（Mondeuse）、夏斯拉（Chasselas）、格拉熱（Gringet），而非老掉牙的夏多內、灰皮諾、卡本內蘇維濃，也勇於澈底永久挑戰保守枯燥的葡萄酒企業。

話雖如此，但聽到千禧世代葡萄酒徒胸懷大志的言論時，我常常想起過去在創意寫作課所教的學生們。我的很多學生都曾有過海外遊學經驗，教育程度也都相當高，比起我的世代的同齡人士，他們對飲食品酒都有更多既定想法。然而，我有另一群千禧世代的學生卻也告訴我，有個叫做「拍拍袋子」（Slap the Bag）遊戲。它是個飲酒遊戲，把盒裝葡萄酒，比方說一大盒的風時亞酒莊（Franzia）的葡萄酒，倒進塑膠袋裡，把塑膠袋拿高，每個人拍拍袋子從開口處（不對嘴）喝酒；拍得越用力，就能喝到越大口。目前，我對此沒有好惡不予置評，但在這裡提及這個遊戲的重點是：龐大如千禧世代酒徒的飲酒個性，就存在於高教育水準、有冒險精神、高端葡萄酒買家……還有那些愛玩「拍拍袋子」的人當中。

「每一個世代對葡萄酒各有不同的訴求。」軒妮詩說。「很多千禧世代喝葡萄酒是社交配備。它說明了我們的某些東西，有神祕氣氛，象徵成熟。你不會喝啤酒，因為喝啤酒已經說明了你的某些東西。」

葡萄酒行銷理事會的調查有一項重大的發現，那就是葡萄酒品牌很重要，非常之重要。和嬰兒潮世代相比，千禧世代相信「有趣而現代感的葡萄酒品牌」很重要的人數是前者兩倍。軒妮詩說：「如果你的酒標太傳統，那會很引起反感。」

軒妮詩軒尼詩提到「入門葡萄酒」的重要性，或者說是吸引年輕人並引起他們興趣想尋找更多那類的葡萄酒。「入門葡萄酒的整個意義是讓你感到有力量想要嘗試別的東西，比方說這支酒有何趣味之處？酒標吸引人嗎？有故事嗎？」她說。

在規劃葡萄酒地理學的課程大綱時，我找來六名千禧世代做盲測品酒，把酒瓶標籤全都用紙袋遮住。其中包括了可愛的品牌如杯子蛋糕酒莊和豪諾，也包括了我從歐洲酒款挑選出的「入門葡萄酒」——多數都

是西班牙與葡萄牙所產的8塊美金以下的紅酒。

　　拿掉紙袋時，很明顯可以看出來酒標絕對有舉足輕重的分量。創新的圖案和酒瓶設計都得了高分，例如「極適麗絲琳」（Relax Riesling）的修長藍色瓶子和襯線字體的酒標（「完美無瑕派對酒」）。另一款大受青睞的酒是「Grooner！」──一款平價的奧地利葡萄酒綠菲特麗娜（Grüner Veltliner），酒標是寫的是它的拼音和訴求重點，五彩繽紛的圖案加上文案「派對最佳搭檔……佐餐首選……野餐也棒！」我所召集的千禧世代，甚至深受酒標時髦的西班牙和葡萄牙紅酒吸引。他們偏愛博薩酒莊（Borsao）出品，鮮豔橘色酒標的格那希（Garnacha），還有來自葡萄牙阿連特茹（Alentejo）埃斯波龍山（Herdade do Esporão）的黑色瘦高蒙特韋洛（Monte Velho），但這兩款都沒有誇大其「千禧！！」元素。「這正是我想要的葡萄酒瓶的樣子，」二十二歲的商學系學生亞歷克斯說。「它看起來很有雄心，很成熟。」

　　盲測時，我也選了TXT酒窖的「LMAO！灰皮諾」、「OMG！夏多內」。這些酒在團體之中引發最嚴厲的批評。「噢噢噢不不不，我好討厭這種，」二十一歲在當廣告助理的金賽說。「我覺得好尷尬，這竟然是他們以為我們這個年紀的人想要的東西。」

　　「這好像在表達『和我開派對』或『和我大醉一場』沒兩樣，」亞歷克斯說。「我喝葡萄酒的理由，和一名五十歲女士的理由是一樣的。假如我要在派對裡大醉一場，那我會喝伏特加。」我不忍心告訴他，很多五十歲女士喝葡萄酒正是為了狂歡爛醉。

　　●●●

　　就在掙扎於葡萄酒地理學課程大綱，開始感到有一點挫折時，我在某個週三中午來到費城鬧區一家烈酒商店。請別誤會：我可沒拍拍袋子喝酒。我很清醒，仍在做有酬工作。事實上，我站在那裡，一部分原因是因為我是葡萄酒記者。七十幾個人和我站在一起，他們似乎也都有正職工作，或起碼是受雇於人。「我現在應該在開會才對。」有個蓄著整

齊小鬍子，身穿粉彩高爾夫球衫的銀髮傢伙說。

　　信不信由你，我們的小團體耐心等待著學習如何在賓州精品葡萄酒和好酒商店的走道上找酒。我們都拿著壓膜薄板西班牙地圖，上面標出主要葡萄酒產區，然後我們等著，地圖在手，讓講師麥可‧麥考利（Michael McCaulley）領著我們進行所謂的「葡萄酒遊獵之旅」。

　　遊獵之旅，當然會令人想到砍刀和太陽帽、持槍者，還有危險的野生動物。將葡萄酒和大型狩獵活動劃上等號或許有點極端，可是說不定這是說得過去的。因此和我交談的很多人都將採購葡萄酒的經驗，那種驚慌失措的困惑，比作在坦尚尼亞塞倫蓋提看動物大遷徙時迷了路。他們說話的樣子，彷彿找到一支物超所值的有趣葡萄酒，宛如捕獲一隻罕見的白化症大象（或類似的東西，只是用來比喻遊獵之折磨人）。

　　麥考利是費城一家優秀葡萄酒吧特里亞（Tria）的經營合夥人，在這裡，酒徒可以品嚐到稀有葡萄品種，首先可能是來自法國西南部，活力充沛的大蒙仙葡萄酒，繼而是布根蘭邦（Burgenland）的粉紅茨威格（Zweigelt），薩克拉河畔產區（Ribeira Sacra）的時髦門西亞（Mencía），或義大利特倫托自治省（Trentino）很酷的特洛迪歌（Teroldego）。他也同時負責經營「特里亞發酵學校」（Tria Fermentation School），這所學校在費城這樣的城市裡，提供一學年完整的葡萄酒課程。

　　午餐在葡萄酒遊獵之旅意謂著半小時的入門酒品嚐，意見要速記起來，若是已經在特里亞上過課的人，就是複習。舉例來說，麥考利會拋出一些意見，像是，「要找出三種V：維蒙蒂諾（Vermentino）、維蒂奇諾（Verdicchio），還有維那夏（Vernaccia）。如果你能找到義大利出產的釀酒葡萄，名字開頭有V的，那麼你就會得到一支上好的白葡萄酒。」

　　那日，麥考利帶領我們穿梭在西班牙與葡萄牙的酒櫃之間。「說起西班牙的白葡萄酒，我們常常會提到阿爾巴利諾（Albariño），」他劈頭便說，從清楚標示西班牙區的酒櫃裡，抓起一瓶白葡萄酒。「阿爾巴利諾來自西北部的加利西亞自治區，那裡也稱為『綠色西班牙』。這款

葡萄產自一個名叫里亞斯貝克薩（Rías Baixas）的酒區，是全歐洲人均消費海鮮最多的一個地區。那裡的人很明顯地用這款葡萄酒配海鮮。」團體中好多顆頭拚命點著，不過除了我之外無人寫筆記。

接下來的二十五分鐘裡，他帶著我們，飛快地，從西班牙白葡萄酒維岱荷（Verdejo）和戈德羅（Godello），到產自里奧哈（Rioja）、里貝拉德爾杜羅（Ribera del Duero在我們的小地圖上標記著原產地名稱保護標識D.O.）的田帕尼優紅葡萄酒，又到格那希——老師說西班牙語發音是嘎娜恰（Garnach），然後接著到葡萄牙酒櫃，在這裡他提到很受歡迎，不到10塊美金的綠酒（Vinho Verde，清新，也常有一點點氣泡），和20美金以下，來自杜奧（Dao）和阿連特茹酒區的葡萄牙「鄉村紅酒」。他告訴我們，在葡萄牙，「田帕尼優叫做『羅麗紅』（Tinta Roriz）。」接著，他向我們展示產自加泰隆尼亞的氣泡卡瓦（CAVA，「不是香檳」），然後又換到脆爽干型的兩款雪莉酒：菲諾（Fino）和曼薩尼亞（Manzanilla，更有花香），我們只消花15塊99就能買到。「雪莉酒目前正經歷一次文藝復興運動，」他說。完全沒有停頓，麥考利又跳到布蘭地酒莊（Blandy）陳放五年與十年的馬德拉酒（Madeira）。「馬德拉是遠在非洲海岸的葡萄牙小島，」他說。「這世上我最愛的葡萄酒就是馬德拉。」

就這樣，遊獵之旅結束了。或許每個人的腦袋都和我一樣鬧烘烘，因為我們的團體裡沒有人提問。穿高爾夫球衫的傢伙回去開會。有兩人把小地圖遺留在店裡。只有我一個人，慢條斯理在西班牙酒櫃附近閒逛了一下，沉思著這趟葡萄酒遊獵之旅。麥考利給了我們所有人很多資訊，我在想大家之後會回想起來的是哪些部分。不過，大多數時候，我驚訝地發現，這群有抱負的專業成年人已經夠焦慮了，他們居然需要有人來指導自己如何買酒——但也同時，有足夠好奇心來尋求建議。這些人不太可能之前從未讀過或聽過某些形式的葡萄酒意見。

比方說，如果你在亞馬遜網路書店書目分類打上「葡萄酒搭配」字樣，會有不下於四百一十四種書籍跳出來，所有的書都聲稱能解決佐餐該喝什麼酒這樣一個世界級首要終極難題。然而，一旦我們了解

到最近的一項產業研究發現，「高頻率酒徒『消費』的葡萄酒當中，超過六成是在不佐餐的情況下飲用的，」那麼，這個令人坐立不安的佐餐酒問題，到底有多大用處或有什麼相關？要知道，我們談的是真正的葡萄酒徒，不僅僅是每年一次在節慶聚會才打開一公升裝赤足酒莊（Barefoot）或窈窕淑女（Skinny Girl）或黃尾袋鼠（Yellow Tail）葡萄酒的那些人。進行這項研究的市場研究公司「葡萄酒意見」（Wine Opinions）表示，「高頻率酒徒」──該研究指的是每週至少飲酒幾次的兩千九百萬酒徒──這些酒徒占葡萄酒市場消費力的八成，而幾乎所有的葡萄酒都超過每瓶15美元。如果這類人不在意葡萄酒搭配建議，那佐不佐餐有何意義呢？

我知道我不想藉由揭開神祕面紗、簡化或提供生活技巧來教導葡萄酒課程。葡萄酒不是一個簡單的主題，而我也完全理解大家對捷徑的渴望。但是，太常有一些人不經意告訴我，他們想學一點關於葡萄酒的東西。我會試探性問他們是否確定，他們會回答是。然後，不可避免地，當我開始試圖解釋葡萄品種的基本知識，或這些葡萄來自哪裡，或葡萄酒如何老化，或什麼什麼的，他們就轉移話題。對我而言，就好比你說你想要了解棒球，但你拒絕去了解游擊手在做什麼，或曲球和直球有何不同。對於葡萄酒，努力終將有回報。我堅信葡萄酒可以在深厚的文化層面上體驗，也許不完全像藝術、音樂或文學，但很接近。一如人類熟知的其他文化活動──橋牌、賞鳥、保齡球、性愛遊戲（BDSM）──對主題了解越深，就會開啟全新的體驗世界。

同時，我也了解到這項基本的真理：你不必懂得葡萄酒的任何事情，也能飲用它並享受它。你真正要做的就是知道如何操作開瓶器，當然你也很可以只挑螺絲蓋或箱裝酒，或單純手推軟木塞就好。此外，懂得葡萄酒的某些事情，並不會使你變得「更高雅」或「有文化」或「高尚」，也不會提升你的智商，不會讓你的小弟弟變大。每次想起2007年的一項研究時，總讓我咯咯笑；那個研究聲稱英國有22%的男性會美化他們的葡萄酒知識以打動約會對象。

那日在費城的葡萄酒遊獵之旅結束後，我逗留在店裡，和一名銷售

員閒聊，他又高又瘦，留著鬍子戴著眼鏡，名叫馬克斯·格斯菲德，麥考利引薦他給我時這樣說：「馬克斯是個喜愛怪誕葡萄酒的瘋狂傢伙。」

自1933年禁酒令結束以來，美國就監管了賓州所有葡萄酒與烈酒的買賣。馬克斯是政府的公務員，職稱是「零售葡萄酒專家」；這個職位必須接受由「賓州酒類控制委員會」（Pennsylvania Liquor Control Board）為販售高級葡萄酒的員工所規劃的職前訓練。非常奇怪的是，那個職位只在2012年設置──禁酒令結束後八年。為何要費時如此之久才要賣酒的員工必須具備真正的葡萄酒知識？話說在1933年，州長吉福德·平紹特（Gifford Pinchot）表示，賓州酒類控制委員會的目的是為了「藉由製造不便並盡可能高價，阻撓購買酒精類飲料」。

從那時開始，事情便有了轉變（稍微），有時候我們的葡萄酒教育與知識似乎一如剛解除禁酒令當時那般令人困惑。後禁酒令時代，調酒師帕特里克·達菲（Patrick Gavin Duffy）編撰於1934年的經典酒保指南《官方調酒師手》（The Official Mixer's Manual）裡，有一章主題是「葡萄酒飲用指引」，作者默多克·彭伯頓（Murdock Pemberton）也是《紐約客》早年的專欄作家。彭伯頓在這篇文章裡寫道：

另一個耽誤葡萄酒飲用習慣推廣的因素是，圍繞葡萄酒而興起的光環，混淆了誠實的人，並誤導了膽小鬼，若非如此，這些人都可能成為酒徒。我們當中有太多人被不必要的粗心建議嚇跑了，以為喝酒需要特殊設備，喝酒的人必須隸屬於某種邪教，要經過艱難的儀式……

然後，為了抵消這種高調的做法，許多經銷商開始對教育廣告進行反動；在這一點，他們往往走到另一個方向，他們的說法是荒謬的，當然有害葡萄酒的推廣，其傷害之大，不下於老派專家的文雅之論。

彭伯頓寫作的當時，葡萄酒受歡迎程度落在雞尾酒、啤酒之後，排行老三，進口到美國的葡萄酒數量，相較其餘兩者更是少得很。他列出的清單包括了波爾多、布根地、香檳區、摩澤爾（Mosel）和萊茵高

（Rheingau）的德國麗絲琳，以及雪莉酒、波特酒、托卡依（Tokaj）、馬德拉酒。沒有義大利葡萄酒，沒有西班牙葡萄酒，沒有瑞士葡萄酒，沒有南美或南非或澳洲的葡萄酒，甚至沒有提到加州或其他美國葡萄酒，只順便一提沒有一處具備法國的水準。很快，到了二十一世紀，史無前例能喝到更多樣地方所產的更多種酒款。但是，傳統的葡萄酒教育方式卻依舊把重點放在波爾多、布根地和香檳區。而且，其他以前的絕美佳釀如波特酒，或雪莉酒，或馬德拉酒，或德國麗絲琳，很可悲地遭到誤解。或許，這就是我們之所以需要葡萄酒商店遊獵之旅這類東西，讓某人協助我們，在定價過高又乏味的選項之外，進行探索。我們需要一份新地圖。也可能是雪巴人，也可能是名叫馬克斯的高瘦四眼田雞的葡萄酒銷售員，「一個喜愛怪誕葡萄酒的瘋狂傢伙。」

「這裡對深奧葡萄酒的投資更多，」馬克斯告訴我。他邊說邊從貨架上抓起幾瓶酒，有匈牙利弗明（Furmint），加利西亞的特雷薩杜拉（Treixadura），薩丁尼亞的莫妮卡（Monica）。當津津樂道起世界遙遠角落，或大多數消費者不熟悉的稀有葡萄時，他的雙眸閃爍起一道光：加泰隆尼亞的莎內奴（Xarel-lo）、普羅旺斯的慕合懷特（Mourvedre）、佛里烏利的黃麗波拉（Ribolla Gialla）。可以肯定的是，馬克斯是徹頭徹尾的極客。但馬克斯並不是為了珍稀而看重珍稀。他最興奮的重點是，這麼多這類葡萄酒是如此之便宜。「只消稍微偏離常軌，」他說，「就是找到上好價值的所在。」

我了解自己也想要成為類似的雪巴人。學習葡萄酒不會一夜或一週，甚至上完學校裡為期十週的課便能成才。

你根本學不了所有關於葡萄酒的事情。葡萄酒和世界本身一樣遼闊。我如何能只在一學期內，教一群孩子了解這個世界？我們能做的只是開始動身。

●●●

「這有點噁心。」我的一個學生說。她是個年輕女子，在萬聖節這

天上課時打扮成一瓶阿根廷葡萄酒馬爾貝克（1990年）。我才剛剛在黑板上揉了揉大拇指，舔了舔，試圖解釋我剛嚐過的法國羅亞爾河桑塞爾（Sancerre）葡萄酒，尾韻散發的「「白堊感礦石氣」（Chalky）是什麼——以便和我們方才品嚐，有葡萄柚貓溺味的紐西蘭白蘇維濃，做一番比較。

「貓溺？嗯，」馬爾貝克的同學說，她打扮成一瓶卡本內蘇維濃；之前她曾告訴我，因為「很急於知道是否真的嚐起來像紅絲絨杯子蛋糕，而買了一瓶杯子蛋糕酒莊的紅絲絨葡萄酒。」

接著我們試喝夏布利（Chablis）和納帕谷夏多內兩款酒時，一聽到我使用了司空見慣的極客術語「礦石風味」形容前者，便有人喊停，「等等，」坐在後排的摔跤選手說，「礦石味？」

「想像一下舔石頭的味道。」

他茫然地看著我，「你到處舔石頭嗎？」

「有點噁心，」傳播系的學生之一說道。

「不，不是，」我辯護著。「想像一下舔著美麗平滑的石頭，不是骯髒的那種。」

我進一步擴大我的掙扎辯解，說出了葡萄酒詞典中最差的字眼：口感。讓我再說得清楚些：你根本沒辦法在大學課堂上，說什麼口感不口感，還指望二十名學生——以及他們的教授——忍住不笑出來。我知道這一點，因為前一週我犯了一個類似的失誤，說某一款葡萄酒有著「奶油口感」。後來，在我們終於輪到品嚐紅酒之後，我打開一大瓶極為怪異的吉恭達（Gigondas），它具有一點神祕莫測的隆河氣息。我倒了酒等著。很多鼻子湊上來。「嗯，好難聞，」摔角選手說。「那是什麼味道？」

我遲疑著……接著才說，「有誰知道什麼葡萄酒被大家稱作嗯……穀倉前院，或是農場院子的氣味？」

「穀倉前院！你是說牛糞嗎？」

「喔，也許農場院子是個比較好的形容方式。」我說。

「嗯，」打扮成卡本內蘇維濃，希望葡萄酒喝起來像紅絲絨杯子蛋

糕的女孩雙手抱胸說。「那真是太噁心了。」

請別誤會。我的學生覺得噁心的並不是葡萄酒。我的學生喜愛葡萄酒，就連散發農場院子氣息的吉恭達也不例外。不是的，是形容的方式，標準的葡萄酒界術語，讓他們覺得退避三舍。

總體而言，在大學授課是個不可思議又振奮人心的經驗。好比坐在前排近距離觀察年輕人第一次體驗葡萄酒。看到他們的知識週週邊增，真令人驚奇。如果要說有什麼絆腳石，那就是當我們離開療癒系香氣和水果味，鮮花與草藥氣息，踏進更有挑戰性的品酒領域之際：礦石、白堊質地、焦油、菸草、動物、農場、汽油。「我們為什麼要喝味道像這些東西的葡萄酒呢？」我的學生想知道。

這是一個合理也該問的問題。我告訴他們，如果你喜歡並滿足於水果味、愉快的紅葡萄酒，不論是有漿果櫻桃李子味道，或是有濃郁柑橘和充滿蘋果與梨子，馥郁活潑又順口的白葡萄酒……那麼，你就應該暢快飲用毋須嘗試別的。葡萄酒最重要的應該是和愉快有關——而愉快是個人的事。陽光的、結局皆大歡喜的浪漫喜劇，排行榜前四十大暢銷音樂，乳酪通心粉，加味伏特加，穿著UGG皮雪靴搭睡褲，仍然大受歡迎。

但是，如果我們進一步深入思考愉快，我們會意識到它並不總是那麼簡單，也不舒適。畢竟，為什麼我們有很多人喜歡悲傷的詩歌，令人不安的恐怖電影，或刺激的驚悚劇？！

為什麼我喜歡史普林斯汀的《內布拉斯加》（Nebraska）專輯，或美國創作歌手艾略特・史密斯（Elliott Smith）的《肉食是謀殺》（Meat Is Murder）或《山丘上的地下室》（From a Basement on the Hill）——卻也同時很享受夏季流行音樂，如波多黎各歌手路易斯・馮西（Luis Fonsi）的《慢慢來》（Despacito），以及法國電音樂團傻瓜龐克（Daft Punk）的《祝你好運》（Get Lucky）或加拿大饒舌歌手德瑞克（Drake）的《一支舞》（One Dance）。

對於藝術，我們天生就明白，若沒有更暗、更混雜的元素，就不會有光。葡萄酒也不例外。就像小說、電影或音樂作品一樣，葡萄酒越複

雜、越雄心勃勃，我們就會發現越多獨特卻可能令人不舒服的香氣、質地和味道。

新手酒徒要經歷的一個關鍵步驟是，超越水果，接受礦石口感的概念。什麼是礦石口感？我認為它有許多形狀和形式。是像濕石頭嗎？白堊質地？石板？燧石？滑石？貝殼？還是像井水或蓄水池的水？但願我表達得夠充分：它讓我想起了，曾經在午夜的陽光下，由一名美麗的冰島女人帶路，從冰川草地上岩石嶙峋的池塘裡，喝到的一杯冰鎮淡水，嗯……沒錯，你瞧，要精確定義這個叫做礦石口感的東西有多難！

光是礦石口感便已費盡如此之多的筆墨。最妙的一些討論是由優秀同業提出來的，例如喬丹・麥凱（Jordan Mackay）主張「無以名之」是最誘人的滋味；阿爾德・亞羅（Alder Yarrow）的「權威認為礦石口感有意義，而權威人士認為礦石口感意義深遠，但不在定義裡的東西仍可能嚐到」，以及史蒂夫・海默夫（Steve Heimoff）的「我不能定義礦石口感，但當我感覺到它時，我知道那就是了」。克拉克・史密斯（Clark Smith）在為《葡萄酒和葡萄樹》（Wines & Vines）撰文寫道，「礦石口感不是香氣，也不是口味」，而是「葡萄酒尾韻一種活力充沛的陶醉感，幾乎就像電流穿過喉嚨」。

除了礦石口感，其他難以界定的元素也會因老化而產生。葡萄酒終究是活的東西，酒瓶裡的水果和花的質感，隨著歲月流逝產生魔法，變成了更美味的東西。這就是為什麼我們會覺得陳年麗絲琳聞起來像汽油，陳放十年的蒙塔奇諾布魯內洛紅酒有老皮革氣息；窖藏巴羅洛飄盪著一絲絲焦油與瀝青味。但它並不總是老化。我曾品嚐過年輕的超級波爾多（Bordeaux Supérieur）葡萄酒，還有西班牙的莫納斯特（Monastrel），有咀嚼菸草的甜美調性；還有樸實的馬迪朗帶有一股乳牛牧場的時髦氣息。「是啊，是啊，沒問題，」我仍能聽到我的學生在說。「可是，我幹嘛要喝這樣的葡萄酒呢？」

這也是引發葡萄酒專業人士論戰的爭議問題。多年來，大家認為世界級頂級佳釀，好比說布卡斯特爾堡（Chateau de Beaucastel）的教皇新堡（Chateauneuf du Pape），或是澳洲的奔富酒莊（Penfolds）的葛蘭許

（Grange），會在鼻腔裡散發類似農場院子裡的堆肥氣味。原因是眾所周知的：穀倉的氣味來自於葡萄球菌酵母，在葡萄酒的圈子中被稱為「酒香酵母」（Brett）。而同一款狂野的酵母卻會使許多酸啤酒變得惹人喜愛，如此受歡迎。雖然在以往舊世界的葡萄酒界，它受到很大的寬容，但舉足輕重的品酒家和評審已經開始將酵母的異味視為葡萄酒的嚴重缺陷。

類似的思辯也發生在麗絲琳的「石油味」（Petrol）上。現在，我要先點出，事實上，我們大驚小怪借用了英國的「石油」一詞而不用美國的「汽油」（Gasoline），就足以顯示出我們對這氣息和如何形容它有多麼感到焦慮。然而，上好的麗絲琳，若加上數年陳放，便會散發美妙的石油味，聞起來包羅萬象，上自我小時候玩的那種塑膠彈跳小球，下至神清氣爽的春天午後在鄉村加油站裡加油泵的氣味──這種特質正是麗絲琳粉絲瘋狂追捧的。

由於新一代的侍酒師一直肩負著福音使命，希望所我們所有人都能接受麗絲琳的愉悅樂趣，才導致石油氣息是種享受的觀念變得越來越蔚為主流。但是，對新一代的酒徒而言，它仍然是個不討好的氣味，因此許多酒廠逐漸低調處理「石油味」這個字眼。舉例來說，很少會在酒標上看到。「德國葡萄酒協會」（German Wine Institute）在「葡萄酒香氣輪盤」（The Wine Aroma Wheel）德語版官網上刪除這個字眼。有些酒廠，會在某些情況下，甚至宣稱石油味是瑕疵。知名釀酒師如阿爾薩斯溫貝希特酒莊（Domaine Zind-Humbrecht）的歐立維耶·溫貝希特（Olivier Humbrecht）在過去的兩年間就曾宣稱，年輕的麗絲琳絕不應該帶有石油味。這些釀酒師認為，葡萄酒必須在瓶中陳放五年左右才會出現汽油味。

對於葡萄酒裡有這些更加狂野怪異味道，我覺得是個攸關平衡與前後關係的問題。以農場或穀倉味特質為例，就好比很多人就是愛精釀啤酒和精釀葡萄酒，像我就愛比利時的季節啤酒（Saisons，也譯作農舍啤酒）和酸啤（Lambic）──它們有一股酒香酵母的特殊異味──也因此，一丁點的酒香酵母氣息並不會當下就令我討厭。可是始終有一道界

線，不管多麼有彈性，都可能過了頭。

在學期當中，有位知名的葡萄酒部落客朋友曾到課堂上客座，討論澳洲的葡萄酒。在試飲克萊爾山谷（Clare Valley）的麗絲琳時，礦石口感與石油味成了討論主題。課後，我們帶演講來賓去了麥考利的葡萄酒吧特里亞，去體驗那裡多樣化的酒單。我的一名學生馬爾可（Marco）——他後來成了葡萄酒作家——決心走出舒適圈，點了一杯2004年的卡地娜社會合作社酒窖（Cantina Sociale Cooperativa）的柯白蒂諾珍釀（Copertino Riserva），是在義大利普利亞（Puglia）由尼古阿馬羅（Negroamaro，也譯黑曼羅）葡萄釀成。我也點了一杯。

酒杯端過來時，我先小啜一口說，「動物氣息。」馬爾可聞了一下說，「哇。噢，我的天啊。這和『情迷大貓』（Sex Panther）一樣，」他說的是威爾・法洛（Will Ferrell）主演的美國喜劇《銀幕大角頭》（Anchorman: The Legend of Ron Burgundy）裡的刺鼻古龍水。

他把酒杯到處遞給身旁其他人。摔角選手傾身靠近來聞一聞，說：「聞起來就像穀倉。」

「聞起來像馬糞，」馬爾貝克和卡本內蘇維濃說。

最後，我們的客座來賓品酒家小啜一口，擠眉弄眼告訴我，他考慮要退回這杯酒——他隸屬主張酒香酵母是瑕疵的陣營。我們的服務生剛巧走過來，很有禮貌地表示不以為然。「我真心喜歡這個，」她說。「我愛這類怪趣的酒款。」至於我呢？起先我覺得它超過了愉悅那道微妙的界線，太嗆辣了。可是放了一下下之後，加上侍者拿來了我們的臭乳酪，還有滿滿一大盤醃火腿……嗯，我們再度重回到愉悅的世界了。

很快，我便又點了第二杯。

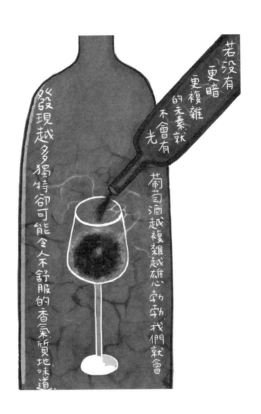

若沒有更暗、更複雜的元素就不會有

葡萄酒越複雜越雄心勃勃，我們就會

發現越多獨特卻可能令人不舒服的香氣質地味道。

Part. 2

旅行在消失的葡萄酒帝國——

昔日的奧匈帝國

TRAVELS IN THE LOST EMPIRE OF WINE

歷史也好，人類生活也好，懊悔無法挽回失落的片刻，千年也難以
回復某一刻失去的東西。

In history as in human life, regret does not bring back a lost moment
and a thousand years will not recover something lost in a single hour.

——褚威格（Stefan Zweig）

Chapter 7

佶屈聱牙的
日耳曼酒名

Wines with
Umlauts

倘若這是另類歷史，假設奧匈帝國並未在1918年滅亡，那麼，奧地利的葡萄酒就不會被看作是珍稀之釀了。

事實上，哈布斯堡的美酒會是波爾多、布根地勁敵，因而削減法國對葡萄酒界的影響。也許，假如奧匈帝國在一次大戰的屠殺中倖存下來，那麼藍佛朗克（Blaufränkisch）、綠菲特麗娜（Grüner Veltliner）和茨威格（Zweigelt）可能會成為遍植於納帕谷、俄勒岡和智利等地備受追捧的高貴葡萄。可惜這並非另類歷史。奧匈帝國確實亡國了，兩次世界大戰也確實發生過，奧地利為數驚人的原生種釀酒葡萄始終鮮為人知也未受到賞識。

在二十世紀中葉至末葉，奧地利的葡萄栽培處於漫無計畫的狀態。隨著國界重劃，許多個曾經獲獎的酒區，如今成為異國領土，有些隔絕在鐵幕後面。奧地利長期以來釀造的葡萄酒遭到冷落。誠然，當地葡萄酒館裡，仍有酒齡淺、清新好喝的白葡萄酒。奧地利的甜點酒也依然在海外有小眾追隨者。其實，奧地利葡萄酒級別是以甜度做分類的，最甜的葡萄酒價格也最貴。

接著，到了1985年，大禍臨頭。狼心狗肺的商人粗野地無所不用其極提高甜度等級。一群不擇手段的酒商被破獲在他們的葡萄酒裡摻雜了二甘醇，一種用於製造抗凍劑的化學藥劑。舉世報導著毒酒醜聞（幾年後影集《辛普森家庭》第一季拿此事大開玩笑），導致數百萬加侖的奧地利葡萄酒被大多數國家，包括美國，從貨架上撤除並短暫禁止進口。

無論當時奧地利葡萄酒有什麼不足微道的市場，也全遭了殃。除了抗凍酒，1985年也是被指控為納粹戰犯的華德漢（Kurt Waldheim）順利出馬競選總統的一年，因此對奧地利的公共關係來說，簡直是糟透了的一年。

眼看葡萄酒產業哀鴻遍野，奧地利政府介入，頒布了全球最嚴格的葡萄酒法規與品管程序。在忠於舊世界理想和本土葡萄的同時，年輕一輩的釀酒師也接納某些新世界的技術。例如，他們是在軟木塞上採用螺絲帽的第一批歐洲人。盡量迴避釀造甜葡萄酒（有時會被摻假），多釀造干葡萄酒。他們重視農耕方式，終於讓奧地利最後擁有歐洲人均數最高的酒區。簡單說，有了年輕的酒商，奧地利的整體葡萄酒風貌按了重新啟動鍵。奧地利的坎普河（Kamptal）酒區的頂尖釀酒師富雷德‧洛雅孟（Fred Loimer）告訴我，「1987年我還年輕，在黑暗的日子裡釀酒。不過我是幸運的一代。我的前一代犯了大錯，也因此他們在接下來的時代裡沒有發言權。」在1990年代裡，奧地利把自己轉型為全世界最有衝勁的葡萄酒國家之一。第一個跡象是佶屈聱牙的本土難以發音的綠菲特麗娜（Grüner Veltliner）誕生，到了二十一世紀之交，這款酒讓侍酒師和知名葡萄酒徒愛不釋手。

奧地利還有很多奇妙的神祕葡萄。因此，我來到現場，看看當地緣政治重塑葡萄酒地圖時會發生什麼。

● ● ●

新錫德爾湖（Lake Neusiedl）地處奧地利最東面的布根蘭邦，是個奇特的水鄉，被寬廣高大的蘆葦包圍著，經常水氣氤氳茫茫一片，滔滔

飛濺越過邊境，流入匈牙利成一所謂草原湖，溫暖、微鹹灰濛濛，沒有出口，只有一條涓涓細流為它補充蒸發所失。有時，湖變得很淺，淺到可以涉水而行。歷史上甚至曾有一些時期，比如在1860年代，湖水甚至完全乾涸。

這個區域原本是匈牙利王國的領土，湖畔土地隸屬於愛斯特哈澤家族（Esterházy），這個匈牙利家族數百年來效忠奧地利的哈布斯堡王朝歷代的帝王。愛斯特哈澤的親王們非常熱愛藝術與文化。名聞遐邇的作曲家海頓（Joseph Haydn）曾居住於此，在愛斯特哈澤宮（Schloss Esterházy）工作數十年。愛斯特哈澤家族也非常熱愛葡萄酒，在鄰近新錫德爾湖的湖畔，種植著形形色色的葡萄園，有藍佛朗克、紐伯格（Neuburger）、弗明（Furmint）、綠菲特麗娜。

不過那已經是很久以前的事了。1921年，奧匈帝國與哈布斯堡王朝滅亡後，布根蘭邦成了奧地利的領土。二十五年之後，二次大戰結束，附近的匈牙利國界被封死在鐵幕的後面。要不是愛斯特哈澤的城堡依然佇立在布根蘭邦，愛斯特哈澤親王們灌注世界知名葡萄酒與音樂一事，便會是一則遙不可及的荒唐童話。

我造訪伊爾米茨（Illmitz），一個位於新錫德爾湖東南岸的小鎮，漫步在沿著湖畔的葡萄園，秋老虎豔陽正要西落，沉入茫茫蘆葦叢中。除偶有零星鳥鳴破空而過，湖面一片如夢似幻，靜謐而森森。

到伊爾米茨是為了見三十九歲的克里斯蒂安・齊達（Christian Tschida），一名前衛的釀酒師，他出品的葡萄酒在最尖端的餐廳裡供不應求。第一次嚐到齊達的酒是在哥本哈根，在那裡的幾家創意十足的新北歐餐廳，包括米其林名店「Noma」，當時它經常被譽為「世上最佳餐廳」。齊達受到年輕一代侍酒師的追捧；他們想要所謂的天然葡萄酒──未經過濾，用最少技術，沒有添加亞硫酸鹽。他的一種葡萄酒被命名為「自由放任」（Laissez-Faire）。酒標本身也很具挑釁意味，有些還裝飾著藝術家梅爾・拉莫斯（Mel Ramos）放肆的性感裸女圖像。齊達的住處也是他的酒廠，離新錫德爾湖僅百公尺。

來開門的齊達一頭亂髮，身穿一件平克・佛洛伊德樂團（Pink

Floyd）的舊T恤。「你在我正忙的時候來，」他說。「我已經在酒窖裡工作了二十四小時。」前一日約時間時，他告訴我他對事業成功招來外國訪客感到憂心：「有很多不速之客來敲門，但都是一些不對盤的人。他們來酒窖目的是看到關於我的報導，可是又說，『這葡萄酒沒有過濾。我不愛。』」

品酒前，齊達先招待我喝手沖咖啡。「這種咖啡是葡萄酒最佳拍檔，」他說。我滿懷疑竇瞧著他。他是故意挖洞給我跳嗎？對許多嚴肅的葡萄酒專業人士來說，品酒前喝咖啡，想都別想。葡萄酒品酒家和侍酒師堅守嚴格儀式和接近無菌的環境：品酒前不刷牙，不噴香水或古龍水，不吸菸，也絕不喝咖啡。不管人家怎麼說我，我接受了一杯咖啡。

然後，齊達打開冰箱倒了第一瓶酒，一款叫做「Kapitel I」的紅葡萄酒。「這是茨威格和卡本內弗朗。已經開瓶兩個禮拜了。」我嚥下一大口咖啡，再一次看著他，想看看他是不是在要我。「你覺得如何？」

我拿起酒杯搖杯，喝了一點，在嘴裡漱了漱，吞下。「嗯，唔……」我說。「香氣和味道還很震盪，但我覺得少了一點點酒體。」

「也許吧，」齊達說，「沒錯，也許。可是我不怎麼在意酒體。」他把我們酒杯倒空，笑了笑，然後打開一瓶新的又倒了酒。

就這樣展開了我參與陌生人盲測之路。以下是齊達在他網站上以一首翻譯的散文詩如此形容「Kapitel I」，這款他融合了茨威格和卡本內弗朗釀成的酒：

〈月亮的陰面〉

清涼的暗香繚繞著葡萄酒。酒如豁免一樣：崎嶇通向目標。總是對抗著過度，過度的陳詞濫調。維護不羈的香氣，甜度不擇手段壓抑住。野芝麻葉微妙的苦，調皮的酸，是從酷熱喀爾巴阡盆地辛苦得來的。老藤蔓，根深柢固找尋食物，深藏於礫石，埋於腐殖質底下。還有什麼能增長這種深不可測的深度呢？

我不知道自己是不是能把這樣的描述變得更好或完全理解它。只

能說，「Kapitel I」的酒精含量為12.5%，在紅酒裡算是淡的，比起托斯卡尼的山吉歐維樹14.5%，或西班牙的格那希（Garnacha）15%，或加州金粉黛的15.5%。這種低酒精葡萄酒是新一代釀酒師的標誌。齊達鄙視高酒精。「酒精濃度達13%左右時，會嚐得到酒精。再濃，只剩酒精了。」齊達主要採用本地品種。「奧地利是伊甸園，」他說。「有這麼多種不同的葡萄，你愛怎麼樣就怎麼樣。」齊達以綠菲特麗娜、藍佛朗克和薩姆林88號（Sämling 88，英譯名為「幼苗88」）釀製成酒，我在品嚐這款奇怪葡萄酒時不禁猜想著，看到這些佶屈聱牙的日耳曼發音的酒標，家鄉一般的酒徒會有什麼反應。

我回想起《紐約時報》評論家埃里克‧阿西莫夫曾經提出的一個不幸的事實：沒什麼比日耳曼語的變音符，更教葡萄酒消費者膽怯的。這個變音符只有兩個點，目的是為了傳達它底下母音的特定發音。然而，它其實往往向消費者發出的訊息是，他們必須驚恐奔逃轉投最靠近的灰皮諾懷抱。

而我偏偏特別著迷於一款古怪的葡萄酒，這款酒叫做希梅爾‧奧夫‧埃爾登（Himmel auf Erde，意謂「地球上的天堂」），喝起來就像新鮮梨酒（Pear Cider），點綴著梅爾檸檬（Meyer Lemon）和桃花氣息，裝在質樸的炻器（Stoneware，俗稱石胎瓷）中飲用。地球上的天堂是白皮諾和薩姆林88的奇特混釀酒，也稱為「施埃博」（Scheurebe，意謂樹苗）。施埃博，曾一度深受到美國葡萄酒行家青睞，這款釀酒葡萄是1916年以麗絲琳和一種野葡萄雜交而成。

知名奧地利與德國葡萄酒進口商泰瑞‧泰斯形容施埃博「恍若剛讀完《印度愛經》（Kama Sutra）的麗絲琳」（又一個淫穢的比喻）。不論怎麼樣，由於地球上的天堂如此奇特，齊達說，奧地利葡萄酒當局強迫他裝瓶成當地酒，也就是特定產區餐酒，而不是一款來自特定酒區的高級葡萄酒（Qualitatswein）。「這不是我們當地的典型現象，因此被打了三次回票不能列為高級酒。」原因之一是，因為葡萄不是官方的釀酒葡萄品種，甚至不准在酒標上放紅白國旗圖案，那是多數外銷奧地利葡萄酒的標準符號。可是地球上的天堂仍在某些頂尖餐廳賣出高價。

齊達在校學的是美術，但接手家族葡萄園，沒有成為藝術家。年輕時他釀很傳統的葡萄酒，也喝這類酒。「我的錢全都花在品嚐波爾多、布根地最傑出的葡萄酒上。以前我一直在尋找完美的酒。」

　　2004年，齊達決定澈底改弦易轍。他賣掉他的大桶（Barrique），就是那些可以把明顯橡木味沁入葡萄酒的小號酒桶；這種釀造方式曾在1990至2000年代初期廣受消費者好評。到了2005年，他的葡萄園完全改成有機栽種，並回歸古老的腳踩葡萄取汁方式，不再用榨汁機。2006年，他開始讓白葡萄在發酵過程裡連皮浸漬（通常釀酒師只用此法處理紅葡萄酒，目的是要上色）。他想要的既非紅酒也非粉紅酒，而是要藉助白葡萄與它們的果皮創造出所謂的「橘色」葡萄酒，這款酒全然風靡了年輕一代的侍酒師。「我喜歡果皮接觸，因為可以得到不可思議的香氣。就好像旅行到地心一樣。」他說。齊達用奔放天然的酵母做發酵，淘汰工業用的發酵酵母。而且他也不過濾他的酒，因為他認為那樣做過度干涉。基本上，他的釀酒師演化過程，正好與全球年輕葡萄酒專家追捧的天然葡萄酒技術的崛起，不謀而合。但這時候，諸如派克這些老派的擁護者，卻仍不斷抨擊嘲諷廣受歡迎的自然葡萄酒。

　　2008年，齊達做了個實驗，用古老的技術在黏土罐裡做陳放；這是師法喬治亞蘇維埃共和國學到的技術，那裡的人在六千年前便已經會釀造葡萄酒。這些罐被當作是葡萄酒最原始的陳放器具。當然，以罐子陳放儼然另一波全球方興未艾的潮流，但他卻在沒幾年後放棄了這套技術。「我不喜歡從貧窮的喬治亞人那裡去買這些罐子，用他們的文化，」他說。「你不應該這種方式釀酒，除非那在你的文化裡頭。我很不開心，所以賣光了我的所有罐子。」

　　如今，齊達正實驗著在釀酒工序裡能做到最極其微小的干涉。「我想把我自己從釀酒工序裡澈底排除掉。這是我的下一步。以真正的天然葡萄酒來說，人類要接納所發生的一切才對。在人類的歷史上，根本不曾有過一支真正的自然葡萄酒。」為了達到那個目的，齊達告訴我，在酒混釀和裝瓶之前，他都不試酒。「即使是我的試酒都算干涉。」

　　說著說著，齊達瞧見了我臉上閃過一絲懷疑，我的促狹笑意，高聳

著眉，感覺就快翻白眼了。他笑說，「喂，終究是我的方式。」

齊達在開了另一瓶酒時，我問他借了洗手間。「洗手間在走廊盡頭，你可以用。」他說，「但尿在我花園裡，是我的榮幸。」

「等等，你說啥？」又一次，我端詳他的臉，看看他是否又在耍我。「真的假的？」

「真的，請便。是我的榮幸。」

眾所周知，遵循自然農法的釀酒師都依照月球的循環周期耕種，還會在他們的葡萄園裡埋入塞滿糞肥的山羊角──不過我不知道這究竟是怎麼回事。不論如何，眼下天色已暗，我走到外頭他那個燈光微弱的花園。院子的對面，可以看見酒窖，大型的橡木桶裝著齊達最前衛的葡萄酒。我背對著廚房的門，解開褲子的拉鍊，開始在他的樹下小解。喝了一整天，我的膀胱漲得滿滿的，現在葡萄酒真的名副其實流過我的身體排出去了。

或許是因為我把他的花園當便盆的緣故，我開始認為齊達是個達達主義者。畢竟，他的確上過藝術學院。也或許他的葡萄酒單純只是一個更龐大的觀念藝術企劃案的其中一部分吧？

從院子回到齊達的廚房，他已經開了一瓶非傳統酒標的酒，也倒好了，正好就是以綠菲特麗娜品種釀成。到目前為止，我覺得自己對綠菲特麗娜瞭若指掌。不過我對此款葡萄酒所用的品種卻一無所知。酒標上寫著「未經過濾」（unfiltered）字樣。晃著酒，酒色呈琥珀，朦朧朧。有霉臭味和煙燻味。但是口感卻全然不同，細緻奧妙，果味縹緲，捉摸不定。又再一次，關乎感覺多過某種味道，像某種又膩又乾淨且複雜的東西。在我的舌頭中段上，感覺很古老而神祕。

我努力想對齊達表達這種感受。「是，中段的口感始終會說出葡萄酒的真相，」他說。「你得在酒標上標示未經過濾嗎？」我問。

「不，我這樣寫大家才不會事後抱怨為什麼會有沉澱的渣渣，」他笑著說。「不過那也是我的品質保重。那是一支留言酒（Message Wine）。奧地利有太多人在講傳統，討厭的人就說，『這不是綠菲特麗娜』。我不喜歡這樣說，不過這是一支留言酒。」

新傳統酒系試酒結束之後，我們從齊達的住家走路過街，在一家鄉村酒吧吃晚餐。我們坐在戶外，望著新錫德爾湖對岸的葡萄園，吃著炸雞和洋芋沙拉，品著齊達那款天殺的藍佛朗克。上好的藍佛朗克向來讓我想起內比奧羅，可是這一支卻給我截然不同的感受，彷彿我們是在品嚐著時光倒流很久以前的一種葡萄。在昏暗之中，一口石砌的水井輪廓線歷歷可見，往外看去，蘆葦叢在微風之中翩翩舞動。「呃，隨著本世紀的到來，隨著我們所有的技術變革，像這樣的葡萄酒將是唯一仍然存在的真貨，」齊達說。「我真的相信這一點。葡萄酒不會改變。真貨仍然必須存在，就像在古時候那樣。」我得趕搭計程車去火車站，否則晚上回不了維也納，但酒和氣氛太宜人了，我們最後喝光了一整瓶。

　　結完帳，齊達坦承他的奧地利同胞絕大多數不了解他的葡萄酒。事實上，他的酒很多賣到挪威和日本去。「日本人看到我的名字，以為我是日本人。」他說。然後他跟我說了一件最近去東京所發生的荒唐事。因為一整天做專業試酒又吃了一頓拖拖拉拉的晚餐，他酩酊大醉，回到旅館時，繞著大廳跑起來，全身光溜溜，像一隻怪物咆哮著，嚇壞了工作人員。隔日清早被旅館趕了出去。

　　「記得附註寫上我是驚世駭俗之人，」他說，「有些品酒家曾經把我寫成那樣，現在每一篇文章和部落格都照著講。」

●●●

　　托洛斯基（Leon Trotsky）覺得維也納是最宜居住的城市。身為馬克思主義的資產階級革命與不共戴天死敵，時尚的、帝國的哈布斯堡首都，遠比沙皇的聖彼得堡，或黑海一些毫無計畫的城市或流放西伯利亞更宜人居住。自1907年起，至1914年奧匈帝國對塞爾維亞災難性宣戰為止，托洛斯基都在維也納住得風風光光——「一座文明繁榮的城市」——日子過得像「貴族」一般，在城裡華麗的咖啡館裡啜飲著摩卡，一口口啃著蛋糕，抽著雪茄，「妙語如珠閃爍在一勺又一勺鮮奶油之間，」他在那裡草草寫下他對佛洛伊德精神分析與艾貢‧席勒（Egon

Schiele）這類醜聞纏身藝術家的高談闊論。

　　套句史達林用來詆毀死對頭的話，托洛斯基在維也納的生活，「美好的一無是處」。史達林其實在1913年也在此住過一個月，避居在沙皇熊布朗宮（Schloss Schönbrunn，也稱美泉宮）不遠處。史達林厭惡維也納，和另一位精神失常的青年希特勒一樣；希特勒在1913年時住進市內寒酸的男子公寓，畫畫之餘大放厥詞；此處搭有軌電車區區九站就到佛洛伊德的公寓。

　　諸如此類來龍去脈，內容出自奧地利裔美籍作家弗雷德里克．莫頓（Frederic Morton）《暮色響雷》（Thunder at Twilight），這是一部很出色的作品，描寫瀕臨一次大戰悽慘的奧地利；書中告訴我們托洛斯基的文章寫出了他家鄉的絕望。「慘絕人寰，我們的貴族！」他擔憂家鄉同胞陷入「思想狂熱，無情的自我設限、自我切割，不信任與猜疑、警戒自己的純正的死胡同。」經過一個多世紀，在一個飄雨的午後，我坐在維也納宏偉莊嚴的百年經典斯班咖啡館（Café Sperl，建於1880年），啜飲著綠菲特麗娜，讀著我平板電腦上的莫頓。身著制服一副凜然的侍者忙裡忙外，人們翻閱著好幾種語文的報紙、打撞球、彷彿奧匈帝國依舊統治著中歐。我的旅程適逢川普主義崛起，我也注意到自己也湧起托洛斯基那股憂國憂民的愁緒，擔心自己家鄉的美國同胞未來智識與政治的走向。不過幸而此刻並非1913年，而我也非革命分子，就點了一份大黃酥皮卷（rhubarb strudel），深思著這座城市走過盛極一時的榮光，有多少變遷。

　　比方，以前驚世駭俗的前衛藝術，再也不那麼驚世駭俗：席勒——一度因淫穢色情而入獄——特展的海報就掛在有軌電車站。麻木工人和學生在一張瘦弱蒼白裸體的女人展示恥毛的畫面中，展開並結束他們的一日。10歐元，就可以參觀佛洛伊德博物館（Sigmund Freud Museum），上傳Instagram一張好笑的照片，照片拍的是佛洛德博士臭名昭著的古柯鹼論文《論古柯》（Über Coc）原稿封面。在二十世紀晚期歷經了一段「咖啡屋垂死」時期，傳統的維也納咖啡館文化，需要聯合國教科文組織出手相助，維護這座城市的「非物質文化遺產」——確

保這些歷史悠久的咖啡館能倖存下去走入二十一世紀。所以，像我這樣的外國人方能到此一遊，吃酥皮卷，卻錯讀「世紀末」（fin de siècle）的法語發音。

當代維也納沒改變的是它的宜居性。這個城市幾乎是那些年度「世界最宜人居住城市」名列前茅的常勝軍。我喜愛混合了壯麗皇室風格與靜謐德式青年風格的建築。我喜愛乾淨的街道，出奇準時的公共運輸系統，還有迷人的公共空間。我喜愛這裡的人，他們彬彬有禮保持超然距離，初來乍見高傲冷淡，可是一旦與你熟稔便可愛無比。而由於我無可救藥犯了鄉愁，所以我也愛它鬱悶的歷史，那是逃避不了的。「帝國的奧地利，」莫頓寫著，「已然成為優雅衰弱的代名詞。」最重要的是，我愛它在任何低調餐館都能輕易嚐到美食，品飲好酒，當地酒吧有的是遠離人煙的葡萄酒。我愛維也納的日常餐飲：鑲嵌木板的小酒館（Beisl）有經典菜餚，譬如維也納炸牛排（Wiener Schnitze）、燉牛肉（Goulasch）、德國麵疙瘩（Spaetzle）和清燉牛肉（Tafelspitz）；拼盤三明治（Open-Faced Sandwiches），開業於十七世紀的喧鬧黑駱駝餐廳（Zum Schwarzen Kameel）；甚至香腸攤（Wurstelbox）的咖哩香腸和油煎香腸（Bratwurst）。

然後還有葡萄酒。維也納，在其城市邊界裡坐擁著一千七百英畝的葡萄園，可能是唯一釀酒的大型首都。事實上，城裡的土地有超過一半是農耕地，特別是在市中心外圍的北邊與西邊，尤其是二十一區的斯塔默斯多夫（Stammersdorf），還有二十三區的毛雷爾（Maurer）。這些舒服的街坊，在被劃進維也納之前，曾經都是農村，至今仍維持著農村的氣息。

不消說，哈布斯堡的君主熱愛它的葡萄酒，千里迢迢，為首都從匈牙利帶來皇室托卡依酒莊（Royal Tokaji），還有，義大利北部南提洛（South Tyrol）的山區葡萄酒，以及義大利東北部佛里烏利（Friuli）和斯洛維尼亞（Slovenia）香氣馥郁的美酒。然而想一嚐真實文化，莫過於上小酒館（Heuriger），亦即傳統葡萄酒小酒館——體驗維也納不可或缺，猶如旅人不能錯過巴伐利亞啤酒園一樣。小酒館的原文

「Heuriger」意謂「今年度」——意思和「年度葡萄酒」裡的年度相仿——這個想法可以追溯到1784年的一條皇家法令，明訂釀酒師可合法開設簡易餐館販售他們的新釀葡萄酒。甚至現在，很多小酒館每年只開張數週——看到店主在門外掛上常春藤就表示開始營業了。莫頓在《暮色響雷》裡描繪了1913年一家典型小酒館的場景，至今面貌只微微有變，因為：

> 無產階級居住在外圍區域，那裡毗鄰著維也納森林，可以漫步於入秋依然長青的綠意之中。幾毛錢就能跟葡萄園酒館旁的攤販買到一根馬肉臘腸；再多幾塊錢就能拎一瓶當地葡萄釀製的美酒。不久他們就會彼此依偎，坐在葡萄園裡硬邦邦的木條凳上……乘著陰涼享受著轉瞬即逝的歡樂，非常維也納的狂歡，且便宜。

　　結束了在斯班咖啡館吃著酥皮卷的托洛斯基主義懶散綺想，想一探最基本水準的奧地利葡萄酒。因此，某個晚上我搭乘有軌電車二十分鐘，往西行，從市中心出城去了毛雷爾區。見到一座十八世紀時的老舊葡萄榨汁機，我知道目的地到了，一旁有個小型的菜市場，一個大大的招牌寫著那個禮拜裡有哪些小酒館營業。

　　在毛雷爾區裡，我見到我的釀酒師朋友亞歷克斯·扎赫爾（Alex Zahel），還有他的美國太太希拉里·梅爾茨巴赫（Hilary Merzbacher），他們為我快速導覽了扎赫爾家族的葡萄園——名副其實地夾在公寓建築和郊區住宅間，這為市中心帶來令人讚嘆的景觀，「我喜歡帶大家來這裡，」扎赫爾說。「有時候，當我們在維也納談到了釀酒的事情，大家都不相信我們離城裡多近。九成來遊玩的人會以為，『噢，所以你是從其他地方把葡萄帶進來，在維也納榨汁？』但不是這樣。葡萄園就近在咫尺。」

　　我們的毛雷爾小酒館匍匐行，就從扎赫爾自己的小酒館啟程，坐在普通餐桌上聚餐，木條凳上襯著靠墊。我們喝著奶油南瓜湯，配烤鵝和維也納炸肉排，喝著扎赫爾生產的最出色的威寧格混釀（Gemischter

Satz），這款白葡萄酒是以田間混種（Field Blend）的葡萄，例如麗絲琳和綠菲特麗娜，還有更多珍稀品種諸如紅基夫娜（Rotgipfler）、金粉黛（Zierfandler）、紐伯格（Neuburger）。「小酒館可以很簡單，不過這就是小酒館的目的。」扎赫爾說，「維也納市長來了，也是和其他人一樣，在同一張桌子上喝上幾杯酒。」

後來，我們專找懸掛的常春藤，最後找到扎赫爾的鄰居倫茨小酒館（Heuriger Lentz），在這裡見到了老闆萊因哈德·倫茨（Reinhard Lentz）。「從前，我們只准賣六道菜！」倫茨說。「現在，大家甚至看都不想看菜單。他們曉得自己要什麼。」除了麗絲琳，這裡的酒單上面沒有貴族葡萄。而在綠菲特麗娜和茨威格、藍佛朗克之外，倫茨的菜單上還有我從未聽過的許多種釀酒葡萄，包括布勞堡（Blauburger）和茨威堡（Zweiburger）。「那個可能是舉世無雙的茨威堡。」扎赫爾說。問題是，這些品種的葡萄在這裡根本不算非比尋常。如果倫茨開始供應波爾多混釀、或黑皮諾、或奈比歐露（Nebbiolo）配他的香腸和炸肉排、德國酸菜，倫茨小酒館的老主顧才會覺得怪異又不恰當。

扎赫爾、希拉里和我，在一張木頭長桌找到位子，頭頂著牆上掛著的鹿角，喝著我們的茨威堡、布勞堡和慕勒-圖高。「維也納是個小城。毛雷爾是個小村子。」扎赫爾說。「大家到小酒館交換消息。」他補充，倫茨是村裡的八卦站。「倫茨總是無所不知。不久前我們廚房鬧了個很小的火警，可是消防隊還沒離開之前，倫茨就在那裡問消防員發生什麼事。他可是最早的公民記者！」

我們在下一站斯塔德曼（Stadlmann）葡萄園，見到五十多歲女士弗雷德麗卡，她喝多了茨威格粉紅酒有點醺醺然，很是受到驚嚇，怎麼會有個陌生人——不是毛雷爾在地人，更別說來自美國——走進她的當地小酒館來。她向我做自我介紹，並說，「榮幸之至。」

「不不，」我辯白著，「是我的榮幸。」

「沒錯！」弗雷德麗卡大聲說。「在小酒館遇見新客人不是天天都有的事！當你不是住在多元文化的城市裡，你會迫不亟待想見到其他人類！」

「要不是有小酒館，我就無法生存。」弗雷德麗有感而發，「不是為了葡萄酒，而是為了在這裡見到的人。這裡是我的客廳。我們不期而遇。我們只知道朋友鄰居會來這間小酒館。房東的心腸美如取之不盡的鑽石礦。他傾聽我的疑難雜症，我也聽他說他的。這就是我們的生活！這就是我們的生命泉源！」

斯塔德曼葡萄園的黑板上還列著更多不尋常的葡萄品種：黃色麝香葡萄（Gelber Muskateller）、威爾斯麗絲琳（Welschriesling）以及薩姆林88（Sämling 88）。我們和一名叫做沃夫剛的男子一起飲酒，他是個退休的觀光巴士駕駛，顯然在我們進來之前他已經暢快痛飲了好幾杯了。「你是哪裡人？」他問。

「費城附近。」我說。

「去他的費城！」沃夫剛說。

沃夫剛開始放大音量滔滔不絕1980年代，他在美國旅行時的一長串冒險事蹟。他深情款款回憶著西雅圖、舊金山和洛杉磯，泳池畔狂歡，海邊度假屋閣樓啦，飆敞篷車啦。沃夫剛口若懸河告訴我，他最難忘之旅是夏威夷，躺在威基基海灘，拜訪湯姆・謝立克（Tom Selleck，美國動作片演員）的家，倘佯在謝立克的泳池。

「那是我人生當中最棒的兩個月！」沃夫剛說。「我愛美國！我愛美國人。他們好親切！奧地利人說，『呃，美國人壞透了。』可是我說，『你去過美國嗎？』你去過那裡嗎？我去過。那是我畢生最美好的兩個月。」顯然，斯塔德曼葡萄園的其他老主顧以前都聽過這些故事好幾遍了，不過我們是新的聽眾，也樂於一聽。

德文裡有個老掉牙的字眼，專形容這種舒服的友誼、飲酒作樂、充滿笑意的溫暖，還有歸屬感：舒心閒適（Gemütlichkeit）。維也納最了不起的美德，或許就是能透過燉牛肉、炸肉排──最重要的還有一杯葡萄酒──傳遞這種感受。事實上，值得注意的是在小酒館──男男女女、不分老少──人人都喝葡萄酒。沒有啤酒，沒有雞尾酒，沒有威士忌。我們在美國街坊類似倫茨或斯塔德曼這種小酒館裡，幾乎喝不到所謂絕美佳釀的葡萄酒。但這不是重點。重點是，這樣的葡萄酒好喝、親

切，而且一般來說每杯只要價兩三塊歐元。簡陋的奧地利小酒館是彰顯放鬆喝葡萄酒文化的最佳代表。不像，欸，我們在美國家鄉那樣。

●●●

扎赫爾三十幾歲，他的野心不只是單純釀造葡萄酒供應鄉里小酒館。幾日後我又去了扎赫爾酒莊，我們對他們的葡萄酒有了更深的鑽研。花了一些時間逛酒窖，直接從木桶裡試酒。扎赫爾向我炫耀他最近用塔明娜（Traminer）釀酒葡萄所做的實驗——格烏茲塔明娜白酒（Gewürztramine），還有更珍稀罕見的品種，如紅格烏茲塔明娜（Roter Gewürztramine）和黃格烏茲塔明娜（Gelber Gewürztramine）。

傍晚時分，酒廠堆滿葡萄園熙來攘往送來的葡萄。扎赫爾被叫出試酒室，他母親從地下室的酒窖裡對他大吼：去梗機震天嘎響，葡萄噴得四處都是。扎赫爾跳上一部堆高機收拾善後。

在樓上的試酒室內裡，希拉里（嫁進維也納釀酒世家前，曾是紐約美食雜誌的編輯）一溜煙就鑽進葡萄酒汪洋盡頭處。她開了一瓶歐翰吉塔伯（Orangetraube），一款不甜、辛辣的桃粉色白酒。扎赫爾種植了全世界僅有的兩公頃這個品種的葡萄。「這大概是全球唯一百分之百純的歐翰吉塔伯，」她說。由於太過稀有，奧地利葡萄酒法規並未認證歐翰吉塔伯是官方葡萄，以至於它被分級為「優質葡萄酒」（Qualitätswein）——和齊達的「地球上的天堂」一樣，不准在瓶子頂部使用奧地利國旗標誌。

「有什麼比罕見到無法進入官方分級裡的這樣一款葡萄，更能溫暖葡萄酒極客的心？」扎赫爾說，正笑盈盈從酒窖回來。一點不差。美國境內的葡萄酒極客愛極了扎赫爾的橘色T標誌包裝。舊金山渡輪大廈（Ferry Building）內知名的亞洲無國界餐廳「斜門」（The Slanted Door），早供應這款酒多年。葡萄酒部落客帕特里克・奧格（Patrick Ogle）曾經形容歐翰吉塔伯似「來到維也納麗絲琳屋子裡的灰皮諾，而且還帶了紐西蘭白蘇維濃，三人行。」（拜託，又來了，葡萄酒徒就是

香豔一族）。

「我做這個並不是為了趕時髦，」扎赫爾說，「我釀這款酒是因為這些葡萄是我祖父就在種的。」歐翰吉塔伯到底是什麼？「我們不太清楚，」扎赫爾說。「我們相信它屬於塔明娜家族；塔明娜若非母株就是父株。二十世紀初至中葉，葡萄雜交情況太多，釀酒師都在找產量高的葡萄。比方說，我們曉得戈德伯格（Goldburger）是歐翰吉塔伯和威爾斯麗絲琳雜交的品種。」

葡萄品種學就是這樣讓人開始一頭霧水又抓狂。威爾斯麗絲琳意謂「羅馬的」麗絲琳（亦指南歐羅曼語系諸國）。它有一連串別名；義大利叫義大利麗絲琳，克羅埃西亞叫格拉斯維納（Grasevina），匈牙利叫歐拉絲麗絲琳（Olasz Riesling）。不過，威爾斯麗絲琳和麗絲琳一點關係也沒有——它的親株來歷不明。至於戈德伯格呢，它是奧地利克洛斯特新堡大學葡萄酒研究院（Klosterneuburg Wine College）的遺傳學家弗里茨・茨威格（Fritz Zweigelt）博士在1922年時創造出來的；他還創造了布勞堡（Blauburger）——藍佛朗克與藍波特基斯（Blauer Portugieser，也譯作藍葡萄牙人）混種。紅伯格（Rotburger）——藍佛朗克和聖羅蘭（St. Laurent）混種——也是他的傑作。我們如今為了紀念博士，將紅伯格改稱茨威格。

「酒館習慣以兩公升瓶裝販售戈德伯格，」扎赫爾說。「我的祖父總是在飯廳餐桌附近的一個靠墊底下藏著一瓶戈德伯格。他會趁我祖母在廚房時偷喝。那個年頭大家會在傍晚出去喝兩、三公升酒，還依然開車回家。」一點點戈德伯格，配上紐伯格、綠菲特麗娜、金粉黛、紅基夫娜，加上很多其他葡萄，出現在扎赫爾最引人矚目的葡萄酒裡：混釀酒（Gemischter Satz）。

混釀是維也納傳統的鄉村白葡萄酒；所有的葡萄酒產區都會將各種葡萄調配混合，但通常只會在酒廠裡進行，要等收成過後很久一段時間，在裝瓶之前才會進行。而混釀酒之所以在現在的葡萄酒界如此一枝獨秀，原因在於，混釀酒的葡萄是在葡萄園裡自行混種而成。一個葡萄園裡可能一排就種了三種、十種甚至二十種不同品種的葡萄，然後所有

的葡萄一起採收、榨汁、發酵、陳放並裝瓶。比方說，扎赫爾的混釀酒涵蓋種類之多，從綠菲特麗娜、麗絲琳和白皮諾這類基本款，到五個不同葡萄園所種植的其他高達二十種葡萄。

奧地利東部的小酒館供應混釀酒的歷史超過兩百年，是簡單又爽口的白葡萄酒。然而，就在過去的十年間，一群野心勃勃的酒商，包括扎赫爾在內，推動官方分級制與原產地命名制，亦即「奧地利地區葡萄酒控制協會」（Districtus Austriae Controllatus），簡稱DAC。他們如願以償，2013年第一支官方認證的混釀莊園佳釀誕生，是奧地利首度被認定為葡萄酒風格，不再只是地理名詞而已。想要取得混釀佳釀認證的葡萄酒，其葡萄園裡必須起碼擁有三種至二十種以下的葡萄品種混種。第一種葡萄必須占混種的五成以下，而第三種葡萄必須至少占混種的一成以上。這類酒會是透亮活潑的白葡萄酒，以不鏽鋼桶陳放而成；舉凡混釀佳釀的酒精濃度都不得超過12.5%，也不得「喝得出」橡木氣息。如今維也納的葡萄園超過四分之一都以栽種混釀為主。

我承認自己愛上了混釀酒的平等主義理想，也愛上這些酒均出自維也納頂尖酒商之手。這類酒是真誠的葡萄酒，爽口度、風味與輕盈度都很均衡。在毛雷爾與扎赫爾共度良宵的隔日午後，我拜訪了另一位參與拉抬混釀地位的靈魂人物，酒商雷內・克里斯特（Rainer Christ）。

和扎赫爾一樣，克里斯特是釀酒師，大約三十來歲，經營著家族的小酒館——這家酒館位於弗洛里茨多夫第二十一區，在市中心東邊，簇擁在綠意盎然的街區裡，但其環境還在典型的都市風情下：有個熙來攘往的巴士站，一家「好戲開演」美髮店，一間馬肉舖，還有烤肉王，一間公共廁所。身在其中，克里斯特的小酒館顯得很時髦，白色的牆連著雅致的葡萄酒吧檯。

但它並非一直都這麼豪華。克里斯特告訴我，他的家族在1927年開設這家小酒館，當時只有一張餐檯擺在廚房裡，一張擺在陽台上。他們一年只在春季營業十四天，秋季營業十四天。直到1950年代，家族才建造了像樣的酒館。「主要是因為，這樣一來客人就不會再去用我們家的私人浴室了。」克里斯特說。

眼前，下午四點半，克里斯特小酒館的大桌子高朋滿座，盡是中年男女，開懷暢飲高談闊論。在一張木桌上，我們邊聊邊喝著克里斯特的2014年比桑貝格（Bisamberg）維也納混釀。這款混釀裡有綠菲特麗娜、白皮諾、麗絲琳、威爾斯麗絲琳，「還有一些以自然農法栽種的好幾種葡萄。」他說，眨眨眼。那是一支美妙爽口的葡萄酒，但卻有深沉、豐富的異國風味，譬如煙燻鳳梨。「葡萄品種的特質較弱，而地域特質顯著。」克里斯特說。他並補充道，這款葡萄酒來自他獲獎連連的比桑貝格葡萄園裡高齡七十的葡萄藤，位於維也納旁的高地。

　　「我們深信這是釀酒的根源，我們想要把它帶回市場去。從2006開始，我一直在用農地混種的方式在我全部的葡萄園裡重新培育葡萄。」克里斯特說。「混釀是久被遺忘的風情。在二次大戰過後，人人都將這些混血種連根拔除，務求單一耕作。可是一百年前，只有葡萄園混釀。這些就是聲名遠播的君王葡萄酒。」

　　由於各式各樣的葡萄是一起採收混釀的，因此每一支年分酒的成熟度總會有差異。克里斯特說，優點是，不同年分酒的差異不會非常突出。「這些葡萄園本身都有血緣關係。關鍵來自大自然。不是人工介入。不是設計好的。」對於那些關心生物多樣性的人士而言，混釀酒的葡萄園混種使鮮為人知的品種得以和廣為人知的品種共生在一起。

　　小酒館裡人越來越多，克里斯特的電話響了，酒廠找他有事。他致歉，在離開前留給我這麼一個觀念：「混釀是一種讓大家重新思考飲酒方式的葡萄酒。大家說不定會明瞭他們一直都在聽某種單一樂器獨奏，也會想要聽聽管弦和鳴。」

●●●

　　相隔數日，一個寒意逼人的週日大早，扎赫爾和希拉里開車帶我去甘波茲克申（Gumpoldskirchen），一個建於1140年的美麗小鎮，座落在維也納南邊半小時車程，鄰近維也納森林。帝王御賜葡萄酒很多都出自這裡周圍的葡萄園，直到二十世紀中葉，在葡萄酒鑑賞家的圈子裡，這

個小鎮依然大名鼎鼎。不過這裡在1985年葡萄酒醜聞事件下受到重創，它的當地混釀芳美佳釀如金粉黛和紅基夫娜因而失寵，後遭淡忘。二十世紀晚期泰半時間裡，許多農人都改種夏多內。

　　極盛時期裡，這裡被稱為「南路」（Südbahn），而今被生動地改稱「溫泉區」，以示向附近的溫泉小鎮巴登（Baden）和巴特弗斯勞（Bad Vöslau）致敬。從奧地利史上慘劇現場梅耶林（Mayerling）往南直行就能到甘波茲克申；1889年，奧地利皇帝法蘭茲·約瑟夫一世（Franz Joseph）的兒子，王儲魯道夫與未成年情婦在梅耶林皇家獵宮自殺。王儲魯道夫的身亡摧毀了皇室家族，很多人相信這個事件導致接二連三的悲劇──包括法蘭茲·斐迪南大公（Archduke Franz Ferdinand）繼任為哈布斯堡的王儲──最終引爆一次大戰與奧地利帝國滅亡。

　　快抵達甘波茲克申時，我們在一幢半木造建築前停下車，黑色木屋頂襯著白牆，建於1905年。這裡是約翰內斯·格貝舒伯酒莊（Weingut Spaetrot-Gebeshuber），我們來拜訪約翰內斯·格貝舒伯（Johannes Gebeshuber），一位致力於復興金粉黛與紅基夫娜兩款百年前知名混釀葡萄酒的釀酒師。格貝舒伯如今四十多歲，在二十年前從一家經營不善的公司手中買下這幢建築。在二十世紀初期，這個酒莊每年產量可達三百萬瓶。它也曾是維也納的官方葡萄酒供應站，由市長卡爾·魯格（Karl Lueger）管轄；市長是民粹主義和反猶太主義者，史學家說他啟發了年少時的希特勒。可是，魯格在維也納城裡卻還經營餐廳，而格貝舒伯說，「說不定他有一點兩面討好雨露均霑。」

　　格貝舒伯帶我們參觀了一望無際的酒窖，裡頭盡是美麗的巨大黑色木桶，桶身刻著英格蘭守護聖人《聖喬治屠龍》的細膩圖案（1907年製造）與《最後的晚餐》（1937年製造）。「剛開始我在這裡栽種二十五個品種的葡萄。但是最後決定專心照顧金粉黛和紅基夫娜，」他說。或許太不言而喻，他又補充說，「一開始栽種本地葡萄時，我們有遇到過重重困難。過去幾年間，大家都要夏多內。大家都說『我們不懂金粉黛和紅基夫娜。』你賣不掉的。」

　　扎赫爾說他還記得，當時他還沒從葡萄酒大學畢業，到此拜訪老同

事，那時候格貝舒伯還在拚了命給他的葡萄酒找銷路。扎赫爾說，「我那時看著你，想說，『我何苦想當釀酒師呢？』」

參觀酒窖完畢，我們走到街上，穿過一座綠油油的院子，到格貝舒伯小酒館去；酒館的經營者是格貝舒伯的前妻喬安娜。我們在人潮洶湧的週日午餐時分裡等到了一張桌子。小酒館內部裝潢設計如此時髦，豪華的白牆整齊光潔，扎赫爾對此頗有微詞。「這個地方歷史有多久了？」希拉里問。

「喔，這地方啊？」格貝舒伯說，「不過四、五百年吧。」他開了半打酒，我們點了豬肉和雞油菌、釀包心菜和塞了煙燻五花肉的馬鈴薯丸子當午餐。之後我們就去品酒了。

用金粉黛和紅基夫娜是釀白葡萄酒的兩款奇特的葡萄。紅基夫娜的名稱來由是因為它的葡萄芽是紅色的。金粉黛的本地名稱「聖珀爾滕」（Spaetrot），意謂「晚收紅」，格貝舒伯便是以它作為自己酒莊的名字——晚收紅得名自葡萄全熟時果皮遮掩不了的紅色。奧匈帝國時代遍地栽種金粉黛，那時它還有個匈牙利文名稱「金粉黛麗」（Tzinifándli）。有人認為，美國人誤認的金粉黛葡萄，其實是一種被誤稱為金粉黛麗的克羅埃西亞黑葡萄，之後被廣為誤稱「黑色匈牙利金粉黛麗」。「1820年代，皇家苗圃首度運送『黑色金粉黛麗』去紐約的苗圃，誤稱便因此傳開了。」

紅基夫娜成熟的果粒飽滿，在甘波茲克申，人們一直以來都混釀金粉黛，藉助後者的酸度與礦石味道來加以平衡。「多年以前，這些品種都很晚才採收，」格貝舒伯說。「所以葡萄酒太甜，酒精濃度過高。」那日他開的葡萄酒恰恰相反，完全不甜且透亮。這些都是快樂的葡萄酒。新的混釀纖細舒暢，而那些在橡木桶裡稍微陳放過的則圓潤些，但也優雅而香味濃郁，散發異國熱帶水果氣息。

太陽露臉了，奧地利經典菜餚配上美妙的葡萄酒，每個人都心情大好。看著從維也納來的一日遊旅客川流不息，身著獵裝戴著帽子和大靴子。「你一定認得出來維也納來的人，」格貝舒伯說。「他們每次來甘波茲克申總穿得像農夫或獵人。」

那日，很難想像，奧地利以外，幾乎很少人知道用金粉黛和紅基夫娜釀造的這些美酒。一想到此，又引發我對哈布斯堡「悠揚衰落」的懷舊之情。我努力想像著甘波茲克申（Gumpoldskirchen）的葡萄酒仍備受追捧的歲月。幾乎毫無可能。我想，除非有一段另類歷史說奧匈兩國不曾在一次大戰期間滅亡。1918年之後，在甘波茲克申釀酒勢必艱難許多，在1938年受到納粹荼毒的奧地利甚至更加困難重重。緊接著而來的，還有二次大戰德國裝甲師與俄國人的激烈交戰，以及1955年戰後遭到盟軍占領，還有之後陷入區區數英里之遙的蘇維埃衛星諸國陰影所挾。隨著二十世紀的到來，這裡幾乎——幾乎喔——是出於絕望導致移情作用，大家才會用二甘醇給葡萄酒增加甜度。

我的心神回到小酒館。我們笑著一飲而盡葡萄酒，扎赫爾跳上一部小型三輪車，踩著踏板滿園跑。我問格貝舒伯，他認為甘波茲克申葡萄酒為什麼會變得如此稀少。

「五十年前，甘波茲克申這裡的農人沒有全力以赴，」他告訴我。「問題就出在那。他們以為榮耀會永垂不朽。」

混而釀酒的葡萄是在葡萄園裡自行混種而成。一個葡萄園裡可能一排栽種了三種、十種甚至二十種不同品種的葡萄，它們一起被採收榨汁、發酵、陳放並裝瓶。

Chapter 8

老套的
意義

The Meaning of
Groo-Vee

葡萄酒始終逃不出時尚的手掌心——就好比衣服翻領的寬度、裙襬，還有口紅的顏色。想要一探為何如此多葡萄這麼稀有、乏人問津，就不能不去了解特定葡萄如何被潮流淘汰。再來，想一想，綠菲特麗娜（Grüner Veltliner）長達二十年的悲劇。

將近二十年前，綠菲特麗娜還正當紅，是奧地利首屈一指的葡萄品種。而大約十年前，卻不得不被除名，成了明日黃花。如今（至少在我寫本書時）葡萄酒界再度追捧著綠菲特麗娜，讚譽有加。善變而薄情的侍酒師小團體與葡萄酒作家如今紛紛「重新考慮」這個葡萄品種，決議以「經典」二字來形容綠菲特麗娜——彷彿它和美國服飾品牌布克兄弟（Brooks Brothers）出品的深藍色休閒外套，或匡威全明星帆布鞋（Converse Chuck Taylor All-Star）沒兩樣。

對此我一笑置之加上翻白眼。我得澄清一件事：我不善變。在告訴你這件事的時候我再正經不過了：我從來都愛綠菲特麗娜。始終如一。我不是那種激情蕩漾閃愛閃離的葡萄酒作家，不會為了需要寫新的報導觀點而「重訪」新近葡萄品種。我都是真心的。請務必相信我，綠菲特

麗娜。我從未停止愛你！我愛你的多樣性，捉摸不定，無論你的情緒和個性如何，時而豐富馥郁，時而清脆散發礦石味，又往往帶著胡椒氣息辛辣帶嗆，而且總是活潑鮮明，果味飽滿卻不過頭。我愛你和食物總是相得益彰，你會低調些凸顯食物，而且你幾乎無所不搭，從炸雞、到燒烤、到酪梨醬、到壽司、到泰式炒粿條、到印度烤雞。你甚至和沙拉與蔬菜也登對，比方眾所周知和葡萄酒合不來的蘆筍。甚至夏多內酒迷也會迷失了方向，如若他們嚐過了你。

我深情回顧1990年代晚期，時逢綠菲特麗娜開始盛行之際。我還是少不更事，但已歷經度過了頹廢搖滾、瘋穿燈芯絨襯衫，當不成小說家的歲月，也開始可有可無的美食作家筆耕生涯。綠菲特麗娜盤據我所評論的所有餐廳的酒單。「假如維歐尼耶（Viognier）和白蘇維濃有小孩，」我們被告知，「那寶寶就是綠菲特麗娜。」在許多人心目中，它同時取代了人人都愛的紐西蘭白蘇維濃和許多人追捧的加州維歐尼耶。

想當年，綠菲特麗娜不知從哪裡冒出來的，典型的「異鄉客進城」故事。在1980年代以前，唯一和這款葡萄有關的資料，據我查找下，出自《紐約時報》刊載於1978年，葡萄酒評論家法蘭克‧普里爾（Frank Prial）撰寫的一篇專欄文章，他將綠菲特麗娜的名稱拼寫成Gruner Veltliner，嫌棄它「清新淡雅卻沒有特色的一支葡萄酒」。數年後，奧地利爆發葡萄酒醜聞，而到了1990年代初期，隨著搖滾歌手寇特妮‧洛芙（Courtney Love）、痴哈神遊舞曲（Trip-hop）和病態美名模凱特‧摩絲（Kate Moss）大為盛行之際，再也無人提及奧地利的葡萄酒，遑論一款稀有的變音品種。

之後，在柯林頓總統任期尾聲，綠菲特麗娜突如其來蔚為風尚。2000年1月，普里爾寫了報導，「寫於翠貝卡燒烤餐廳（Tribeca Grill）」，連同數位侍酒師「多數三十多歲，看起來像一群研究生，背著書包穿著連帽外套，不期而遇擠在門邊。」那些侍酒師是追捧綠菲特麗娜而來，這支被普里爾稱之為「在試酒時最受歡迎的葡萄酒」，而且「曾幾何時不討人厭的小酒」如今是紐約各大餐館「當紅炸子雞」。那股狂熱延燒到接下來好幾年。大家開始用它的別名「老套」稱呼它，

要不就是直呼「小綠娜」——就像歌手王子（Prince）或雪兒（Cher）的名字那樣。或者可能更像是北歐女歌手碧玉（Björk）。「小綠娜」（Grüner）在德文裡真正的意思就是「綠色」，泛指菲特麗娜家族綠色品種的葡萄。

隨著本世紀前十年，小布希總統任期沉悶無趣，大家對小綠娜的痴迷也逐漸沉寂。貨架上出現了越來越廉價的綠菲特麗娜，多半是一公升的大瓶裝。2006年，葡萄酒作家萊蒂·泰格（Lettie Teague）接受《佳餚美酒》（Food & Wine）訪談被問到，「小綠娜是瓊漿玉液還是劣酒？」泰格引述了頂尖侍酒師的看法，說小綠娜已然「變得太時尚」且「對我而言是一夜情者流」。到了2009年，小綠娜的盛況正式凋零，當時《紐約時報》評論家埃里克·阿西莫夫寫的文章提及他研究小組發現一股「令人擔憂的品味」，有「太多葡萄酒爛透了……有一些沉悶厚重……還有一些就是黯淡又欠缺轉折。」到了2010年，小綠娜不再受到青睞。新一波的潮人侍酒師琵琶別抱佛里烏利的橘酒（Orange Wine）或朱羅黃酒（Vin Jaune），或是重新挖掘摩澤爾產區的麗絲琳，或是羅亞爾河的白肖楠（Chenin Blanc），甚至雪莉。再不然，他們移情到清酒或梅茲卡爾酒（Mezcal）、訂製雞尾酒、匠人手工蘋果酒……還有的不計代價也要攀上另一波潮流——有一些終究也要面臨殘酷的循環現實，變得過度炙手可熱而失去了新鮮感，無法避免地遭到回馬槍。

沒幾年後，在2003年，我寫了一篇有意思的葡萄酒文章，刊登在令人難以置信的地方：進口商的「泰瑞·泰斯葡萄園精選」（Terry Theise Estate Selections）的目錄上，躋身於試酒報導與奧地利葡萄酒批發價當中。在那份目錄裡，六十多歲的泰斯提到了，他看到新世代葡萄酒專業人士，年紀在二十至三十多之間的千禧世代，忽略蔑視小綠娜。關於小綠娜，他寫道：

大多數人都知道它的存在，可是它的名聲卻很臭，就像『曾幾何時流行過的東西』那樣。想想你正在到處尋找一切這類未知的潮物，多麼有趣。那正是小綠娜在1990年代末至本世紀前十年初的境遇。你不想

重複那些傢伙的所作所為，你想做點新鮮事。明白了，掬一把同情淚。

　　問題是，應該承認小綠娜是經典，然而更常發生的是，它被掃進了褪流行的垃圾堆。你們不會想聽我現在要說的話，可是秉持良心真相，我不得不說。從未有過一樣東西，被發掘、被吹噓、被追捧、被傳播、被放在酒單上、被飄飄然興高采烈高談闊論，從未有過他媽的一樣東西像小綠娜如此這般優秀。

　　就這麼巧，泰斯是奧地利葡萄酒進口商的大咖，也是在1990年代時引薦我們很多人認識小綠娜的人。改當葡萄酒評論家的小說家傑・麥克倫尼（Jay McInerney），曾在《華爾街日報》（Wall Street Journal）專欄裡說泰斯是「接近顛峰的」葡萄酒「時髦人士」。我發現泰斯對年輕一輩葡萄酒買家的訴求不容小覷，甚至太打動人心了。我可以很鮮明地想像出這位中年人，很沮喪他不能讓孩子們見識到小綠娜有多棒，當年有多潮。身為掀起小綠娜風潮的領頭羊，泰斯如今被困在殘酷的潮流循環中，這股潮流追捧這個月的味道，譴責上個月的。

　　不過，發生了一件事令人感到好奇。就在泰斯在哀怨目錄裡的文章見刊沒多久，一股重新考慮小綠娜的趨勢崛起。「我以前覺得小綠娜是一時流行的葡萄品種。我現在認為它有太多潛能可以釀成一款世界級的葡萄酒。」《舊金山紀事報》（San Francisco Chronicle）的葡萄酒編輯喬恩・博尼（Jon Bonné）在一次訪談中如此表示，例示了關鍵立場。

　　就在大約同一時間，奧地利葡萄酒行銷委員會贊助了一場花稍的交易品酒會，品嚐年分較老的小綠娜，包含1970年代至1990年代的年分酒，地點在紐約的勒伯納丁（Le Bernardin）法國料理餐廳。這場活動目的便是公開地重建小綠娜的聲譽。許多葡萄酒守門人和影響力很大的葡萄酒作家齊聚一堂——包括了泰斯，他的葡萄酒當然是試酒主角之一。顯然，出席的葡萄酒徒重新審視了小綠娜，便又走開胡言亂語去了。（這些我乃道聽塗說而來，我的文筆不夠嗆辣，因此未被邀請。）經過搖、品、吐，接下來可想而知，是吃吃前菜，守門人和酒評家功德圓滿返家去爬文，在文章與部落格和社交媒體上陳述小綠娜的陳年潛力、

變化多端與價值。突然之間，葡萄酒世界又再度熱議起小綠娜，「老套」。謝天謝地，從此只有綠菲特麗娜，再無「老套」了。有點像是大學的老朋友——你曾叫他吉米，或比利，或巴比——畢業後找到好差事，開始西裝革履，如今要你改口叫他詹姆士，或威廉，或羅伯了。

珍西絲‧蘿賓遜那日也參加了小綠娜品酒會，很愉快，在倫敦的《金融時報》上寫了專欄，大標就是「紐約是最時髦的葡萄酒社區」；「兩週前我在曼哈頓，觀察到其葡萄酒評論家很能跟得上潮流，令我倍感有趣。」蘿賓遜寫道。「形象在時尚的紐約市場上是王道。假如『老套』始終大受青睞，那麼它應該會現身在任何一份深受歡迎的暢飲酒單上，如同在英國那樣，可是，功成名就在紐約卻可能令它致命。」

正當我在2007年春季埋首趕稿這本書時，博尼在一個關於痴迷飲酒的《Punch》部落格裡寫了篇報導說，「無可否認，是時候該重新考慮綠菲特麗娜。說不定，它是一支大家不知道該喝的最重要的白葡萄酒。」在他推薦的六支酒裡，有四支是由泰斯進口而來的。

一切都指向我們莫不熟知的一個教誨：凡牽涉文化，眼下時髦的很快就會褪流行；一旦褪流行，很可能又會再度瘋魔起來。只要等得夠久，一如我那頹廢搖滾年代的燈芯絨襯衫那般。2015年涼意逼人的秋天，我在下奧地利兩週時間裡都穿著那些燈芯絨襯衫。秉持多年對不受賞識的珍稀葡萄的一腔熱情至此，奧地利不停召喚著我回來。奧地利覺得有必要了解什麼樣的葡萄酒擁有數百年歷史，以及現代葡萄酒可以往哪裡發展。我想要體驗我熱愛的珍稀葡萄酒，在一個它們其實並不珍稀的地方。

旅途上，駕著租來的斯柯達（Skoda），我拜訪了將近四十位釀酒師。頭幾天，我注意到一個怪異的現象：每次我停下來等紅燈，或在繞圈子，或開上高速公路，後面的車都會不懷好意猛按喇叭。有一回，在維也納郊區，一個老頭超我的車後對我揮舞拳頭。我逐漸自我警惕高度警覺自己的駕駛技術，擔心自己不知不覺違反什麼不成文的奧地利駕駛法規。

有一天早上，開去見一位釀酒師的酒窖裡見他時，謎底終於解開。

釀酒師走近我的汽車打招呼時，看似有點困惑，問道，「你從斯洛伐克來的嗎？」

「不是，」我說。「你為什麼這樣問？」

「嗯，」他說，「你知道你的車掛著斯洛伐克的車牌嗎？」

我一直沒注意到，但是現在仔細看了車牌，他說得沒錯。我暗暗發笑，我告訴他自己一路上不斷被人奇怪地按喇叭。

「沒錯，你的車牌是斯洛伐克的。」他說，彷彿這足以解釋一切。

奧地利在那個秋季十分緊張。長達數月之久，絕望的敘利亞難民不斷取道斯洛伐克、匈牙利和斯洛維尼亞的邊境湧入該國。極右派──反難民的自由黨（Freedom Party）在大選中穩定贏得支持。

在葡萄園裡，情勢也很緊張。前一年，2014年報導皆諱莫如深，說多瑙河沿岸葡萄生長情形非常糟糕，據稱「惡劣的條件並不會導致產量短缺」，還談到「挑戰」高溫，「密布」的陰雲，「製造麻煩」的雨，只暗示會有毀滅性的冰雹，9月還會有雨季。可是這份報導陳述了激烈的英勇「掙扎」，猶然努力生產出「令人愉快的」、「高效的」或「苦行的」葡萄酒，依然毫無疑問呈現「價值」與「品質」。實際上，2014年對眾多奧地利釀酒師來說，都是不折不扣的災難，尤其是紅酒。我所拜訪的一位紅酒商直率地說：「2014年簡直狗屁。我不記得這麼一個年分。」許多白葡萄酒生產商的正常葡萄產量甚至減半。

然而過了一年，正當許多酒窖開始給白酒裝瓶，欲言又止的耳語傳開：2014年的綠菲特麗娜其實喝起來非常棒。那時它產量很少，只得普通產量的分寸之末，可是大家默默期盼著這些酒能陳放出一如既往的水準。維寧格（Wieninger）的一名維也納釀酒師格奧爾格‧格羅斯（Georg Grohs）用了一則航海預言形容這個年分：「有風時，白痴都能航行。沒有風時，只有最好的人才能航行。」

可以說，駕著我的斯洛伐克斯柯達，一路從維也納沿著多瑙河穿梭於頂級的綠菲特麗娜，我也暢飲了大量的2014年小綠娜，但氛圍顯然截然不同於前面十年的「老套」。「如今關於小綠娜應該如何，有很多議論。它是一支高級葡萄酒嗎？」克雷姆斯（Kremstal）酒區赫爾

曼・莫澤莊園（Hermann Moser）的釀酒師馬丁・莫澤（Martin Moser）這樣告訴我。從克雷姆斯塔爾到坎普河（Kamptal），從韋因維爾特爾（Weinviertel）到瓦格拉姆（Wagram）再到瓦豪（Wachau），最令我印象深刻的是對目標的認真程度。總而言之，更好的綠菲特麗娜農人似乎決心要發展這款葡萄，遠離「老套」氛圍，登上成為真正高級佳釀的梯子。

在灰濛濛多風的陰天，美國國務卿約翰・凱瑞（John Kerry）造訪維也納討論難民危機，而我前往瓦豪和安東・鮑爾（Anton Bauer）見面。這日是他採收綠菲特麗娜的最後一天。我們漫步於他的葡萄園，樹葉已染黃，鮑爾指著耗資數千歐元的巨大黑網，那是他罩在葡萄藤上空，用來抵禦冰雹災害的；前一年冰雹毀掉了鄰居的半數葡萄。他告訴我一個發生在倫敦首都飯店侍酒師的故事，侍酒師盲測了他的綠菲特麗娜珍釀，卻誤以為是布根地的頂級園葡萄酒。

鮑爾也讓我試飲了他所釀的紅菲特麗娜（Roter Veltliner），亦即「紅色」的菲特麗娜，在瓦格拉姆有數百英畝種植面積。還有更稀有的菲特麗娜，例如「早紅」菲特麗娜（Frühroter Veltliner），以及幾乎滅絕但偶爾能在奧地利喝到的「棕」菲特麗娜（Brauner Veltliner）。儘管小綠娜名字有個綠字，但其實它與這些葡萄品種毫無關係──葡萄品種命名法又再度叫人抓狂。

說真的，綠菲特麗娜的起源是謎。它是紅基夫娜的同父異母手足，甘波茲克申史上的知名葡萄，和後者同出於莎瓦涅一系──莎瓦涅（Savagnin）是天殺的葡萄，亦稱為海達（Heida）或塔明娜（Traminer）。可是，業界最近才透過對布根蘭邦小村聖喬治納（St. Georgener）一株五百年歷史的葡萄藤，做了基因檢測找出綠菲特麗娜的其他親系。這株聖喬治納葡萄藤始種於十六世紀，在2000年時，被名叫麥可・萊伯（Michael Leberl）發現；他自小聽母親說有一株芳香的葡萄藤，長大後在村中耆老協助下終於找到它。有些人相信，這株葡萄藤就是傳奇的「綠魁」（Grünmuskateller），亦即綠麝香葡萄（Green Muscat），很久以前已銷聲匿跡。聖喬治納葡萄酒藤非常健壯，它實際

上在2011年時遭到汪達爾人（Vandals）斲伐成碎片。數月之間，它的莖條冒出了新芽。數年後，它所結的果實產出了三百公升的葡萄酒，如今被視為國家級紀念碑，備受保護。

後來，駕著斯柯達的我迷了路，和約瑟夫·埃莫瑟（Josef Ehmoser）與其夫人馬汀娜（Martina）之約，我遲了一個小時才到。埃莫瑟夫婦溫文儒雅又恬靜，耐心平和地等著我。埃莫瑟告訴我，他最初離開學校回鄉接手家族葡萄園時，種了白蘇維濃與夏多內。可是經過幾年光景，他決心要拔掉那些國際葡萄，專心種植綠菲特麗娜與麗絲琳。埃莫瑟葡萄酒初入口也同樣恬靜，不過它們後勁裡有著鮮明的酸味，而尾韻有活潑的香料味和胡椒味。「我們想要釀造不是人見人愛的葡萄酒。」馬汀娜說。「我們認為很重要的是，別釀出太容易喝的葡萄酒。」

「這是綠菲特麗娜，想想看，」馬汀娜說，一面倒出單一葡萄喬治恩貝格（Georgenberg）。我用了良久時間品嚐那支強勁有力又濃烈的葡萄酒。埃莫瑟和馬汀娜一語不發坐著。最後我說，「如果我告訴你們，你們的葡萄酒非常嚴肅，希望你們把它當作是恭維。」

「哦，是，」他們說，偷偷互看了對方，羞澀地笑了。「是的，嚴肅是非常好的恭維。」

過了幾日，在10月裡某個陽光普照的日子裡，我到位於維也納東北邊的韋因維爾特爾去見引人矚目又時尚的釀酒師馬里恩·艾本納（Marion Ebner）。她和丈夫曼弗雷德（Manfred）一同經營艾本納酒莊（Ebner-Ebenauer）。在設計得無可挑剔的艾本納酒莊裡，倚著厚實的木桌坐在透明的椅子上，立體聲音響傳來艾拉·費茲潔拉（Ella Fitzgerald），品著雄心勃勃的綠菲特麗娜，腳邊躺著艾本納美麗的狗莫卡，像極《大都會家居》（Metropolitan Home）雜誌會出現的畫面。樣樣嚴謹，就連馬桶上方都放著圖式說明男士要坐著上小號。艾本納像個孩子般談論她的葡萄酒。有一款酒出自索伯格（Sauberg）葡萄園，被她叫成「問題孩子」。她說，「有時候它是個壞男孩，惡臭難聞，得待在木桶裡稍微久一點。」

聽艾本納用大木桶或小木桶，對小綠娜做了如此之多實驗，好讓葡萄酒吸附更多鮮明的橡木味道，我頗感驚訝——這點遭受很多用不鏽鋼或更大單桶陳放小綠娜的奧地利酒廠，嗤之以鼻。她聳聳肩，自誇道，品酒大師派克給她的大木桶葡萄酒很高的評價。「一開始，大家嘲笑說，『瞧這女孩用大木桶釀製小綠娜。』等到我獲得派克的肯定，他們再也不敢笑了。」

隔週，在坎普河，我參觀了赫希（Hirsch）酒莊的試酒室，頂天立地的平板玻璃窗外，是艾利根斯坦（Heiligenstein）和拉姆（Lamm）的壯麗景觀；那是奧地利聲望最高的兩大葡萄園，同時種植著綠菲特麗娜和麗絲琳。2010年時，艾利根斯坦和拉姆同為一級園（Erste Lage），代表該國最優良的產酒區。這個級別類似波爾多的一級園（Premier Cru）或布根地的特級園（Grand Cru）或巴羅洛優良級（Barolo's Crus）。分類為優良級顯然是任何酒區的邁向高級佳釀的第一步。如果綠菲特麗娜注定要成為如內比奧羅和黑皮諾同樣優異，那麼守門人和蒐藏家需要得到保證，保證這款葡萄能傳遞無數的風土表現——它確實如此。美酒佳釀必須一直都能提供新知、村落與葡萄園的兔子洞，並成為年分酒，好教專家酒迷都金口大開。

夕陽西斜，我在一級葡萄園裡，和約翰尼斯・赫希（Johannes Hirsch）相偕品酒；他在這裡採取嚴格的自然農法施作。四十不惑之年如我，赫希自小綠娜第一次崛起時便走在時代尖端。比方說，他是首位在最暢銷的單一種植葡萄園酒瓶上使用螺絲蓋的人，而如今在奧地利釀酒師當中這個做法大為盛行。眼前赫希向我展示他的極簡主義迷人酒標。直到最近，赫希的入門款葡萄酒酒標上，都放上異想天開的卡通鹿圖案（赫希在德文裡意思正是鹿）。這是奧地利版本的滑稽風「生物酒標」（Critter Label）。帶起這股流行趨勢的是（澳洲）「黃尾袋鼠」（Yellow Tail）等主攻大眾市場廠商。但是流行不再。「大家看到滑稽的酒標，會認為那是超市等級的葡萄酒。」赫希說。「我不想說這不是滑稽的酒。可是酒瓶裡裝的是正經的佳釀。」諷刺的是，2006年《佳餚美酒》有篇文章問道「小綠娜是佳釀還是劣酒？」展示卡通鹿酒標的赫

希被引用在文中，那款酒標他才剛採用不久。「當我們更換酒標時，」2006年他告訴《佳餚美酒》雜誌，「這樣的酒能賣出五倍的業績。」短短十年間，風水輪流轉。或許，若知道是泰斯將赫希的葡萄酒引進美國的，就毫不意外了。

而那些花稍的安排絲毫未曾影響赫希酒瓶裡裝的汁液。他的綠菲特麗娜——只稍微放在大木桶和不鏽鋼桶裡陳放一下——在2006年棒透了，經過十年之後依然令人驚豔不已。赫希的葡萄酒初入口輕盈美味，精準柔和，不過尾韻增強，飽滿深沉濃烈有力；彷彿它們在味蕾中段磨拳擦掌。我的最愛之一來自另一個一級葡萄園「古拉」（Grub）：花香馥郁且清新，在鼻腔散發一絲煙燻氣息，然而尾韻豐滿成熟又極干；縈繞徘徊宛若某個完美夏夜的遙遠記憶，野花田裡的篝火上正烤著桃子。「哇，這酒好迷人。」我說。

「欸，」赫希說，「你知道葡萄酒往往帶著釀酒師的個性。」我們對此冷笑話一笑置之，接著，赫希陷入沉思，思量著在通往高級佳釀的路上，綠菲特麗娜所面臨的難關。「喂，」他說。「綠菲特麗娜對我們而言仍然是食品。還沒被當作奢侈品。我們依舊落後數十年。蒐藏家還沒有自信敢說，『我喜歡這個酒。我要買這個，不買布根地。』」我相信，若是在2024至2034年喝一瓶像赫希這樣的2014年古拉，最終就會讓他們心服口服了。當然，那是無解之謎：所謂高級佳釀，最重要的是，陳放的葡萄酒。可是怎知道陳放後會如何，除非那支酒被好好地正眼相看才得以陳放！

無可厚非，不是人人都信服成為嶄新上好葡萄酒是綠菲特麗娜該走的正確方向。「我相信釀造一款基本的葡萄酒，遠比從某個特級葡萄園得到滿分，來得困難多了。」魯迪・皮克勒（Rudi Pichler）如是說；他是瓦豪河谷（Wachau）名聲響亮的釀酒師。不消說，如風景明信片般美麗動人，受到聯合國教科文組織保護，也是觀光寵兒的瓦豪河谷，被視為奧地利最負盛名的法定產區，它的麗絲琳和綠菲特麗娜名聞全球。瓦豪河谷的葡萄酒起碼自五世紀以來便備受垂涎。羅馬帝國皇帝普羅布斯（Marcus Aurelius Probus）恩准此地可以釀製葡萄酒，儘管羅馬人禁止

在阿爾卑斯山北部以外地區種植葡萄。有些人認為，綠菲特麗娜的葡萄藤是在羅馬時期，沿著多瑙河來到這裡的。1983年，在假酒醜聞爆發之前，這裡的酒廠早已制訂了他們自己的嚴格法規——「瓦豪葡萄樹分級區」（Vinea Wachau Nobilis Districtus），來管轄這個地區的葡萄酒。結果，瓦豪河谷在1985年之後才得以較快的步伐重拾聲譽。因此，也許與新興酒區相比，緊迫性較小。

一路拜訪多瑙河沿岸，在一些地方見大家很認真在議論著，但我不確定是否是討論葡萄酒或什麼更深入的事。某個傍晚，我同瓦豪另一位傳奇酒商試酒，他是四十歲的艾默里奇・諾爾（Emmerich Knoll）。我喝過最完美的白葡萄酒是2014年購入的1990年分諾爾綠菲特麗娜。倘若有人質疑綠菲特麗娜可以陳放數十年，那麼二十四歲時的諾爾就會將它陳放。開瓶後十八小時，我帶著瓶中餘酒和另一名釀酒師午餐，他小啜一口驚呼道：「啊，這是斯特拉迪瓦里（Stradivarius）香檳！」

諾爾是個嚴厲、不講廢話的傢伙。我笑著問他，「我們在討論綠菲特麗娜時都在說些什麼？」他看著我彷彿我是個傻子。他說，綠菲特麗娜之所以優秀，就在於它的多樣性：你無法把它歸結為某一種味道或香氣，它的性格和個性會根據它生長的地方而改變。「你可能喝了十款綠菲特麗娜，卻依舊說不出『我知道綠菲特麗娜的味道是什麼。』這一點和夏多內完全相反。最重要的是，諾爾堅持，仍有太多為美國市場生產的低價小綠娜，「葡萄酒沒法讓你趕時髦。」

下午五點不到天色漸暗。我們的話題轉到了氣候變遷，以及酒評家和侍酒師擔憂瓦豪河谷葡萄酒酒精濃度越來越高，原因是過熟的葡萄釀出厚重濃縮的味道，可是最後失去了平衡。諾爾對這些批評不置可否。「我認為很可惜的是，我們看到某個單一因素就覺得『我們不想要這個。』」他確知氣候變遷帶來難題，尤其是對氣候寒冷的葡萄酒區更是如此。「可是，氣候變遷不止表示天氣會一直都越來越炎熱。我們在1980至1990年代，也下了比以往多的雨水。」

天色已黑，奧地利收成季節常有的無害果蠅開始圍繞我們。「我最大的憂慮是簡化。」他說，果蠅繞著我們翩翩飛舞。「對事情太過簡單

的解釋，卻有很多人都相信。先是葡萄酒，再來是政治議題。」

在那個寒意逼人的夜晚告別諾爾之後，我在靠近杜倫斯坦（Dürnstein）小鎮的現代化旅館獨自吃了頓晚餐，那裡就在十二世紀囚禁英格蘭國王「獅心理查」（Richard the Lionheart，亦即理查一世）城堡不遠處；當年理查從十字軍東征結束後返家途中遭下獄。我吃了一碗濃稠的南瓜湯（上面撒著南瓜子），接著是燉雞佐奶油紅椒醬，這是一道匈牙利經典菜餚，很久以前傳入奧地利，搭配德國麵疙瘩。吃罷想拿信用卡付帳，服務生告訴我，餐廳只收現金，以至於我得開車到下一個小村子找自動提款機。

終於回到了我的旅館，很迷人，周圍盡是葡萄藤，但是接近旅遊旺季尾聲，在這麼一個週間夜晚，一片靜謐，幾乎四下無人。我坐立難安。我同意諾爾說2015年的世界越來越複雜，大家都在追尋簡單的解釋和解決之道。

我決定開一瓶綠菲特麗娜，那是幾日前買的。我的房間面向一個小院子，我收拾妥貼戴上眼鏡和酒瓶出去外面。這支葡萄酒是路德維克‧瑙依瑪雅（Ludwig Neumayer）酒莊的「石中葡萄酒」（Der Wein vom Stein）。很難用言語形容這支酒，它很純粹，就像嚐到雨水或風。純粹這個詞，在葡萄酒界風行已久，不過瑙依瑪雅酒莊只以不鏽鋼桶陳放，使得它染附深沉冷靜，感覺宛若古老的宗教，像是強尼‧凱許（Johnny Cash）在唱〈上帝會讓你失望的〉（God's Gonna Cut You Down）。

喝酒時，我在想這位釀酒師。瑙依瑪雅很矜持，聲音柔和，髮色灰白，膚色紅潤，戴著方框眼鏡。他讓我想起了一位謙遜、老派的新教牧師，這種類型的牧師近年在美國很少見，和喧鬧的巨型教會大不同。品酒時，瑙依瑪雅努力解釋他很害羞，但卻對英語裡的這個詞感到茫然。「這個詞是怎麼講？」

「害羞嗎？」我問。「你很害羞？」

他臉紅了，滿臉通紅。「對，對。我非常害羞。我是個很小的酒廠，幾個月前，我甚至沒有足夠的葡萄酒可賣。我真不會做行銷。」

數日前我已經在因策爾斯多夫-格策爾斯多夫村（Inzersdorf ob

der Traisen）見過瑙依瑪雅，那裡是相當珍稀的葡萄酒區特賴森河（Traisental）。特賴森河被認為座落在多瑙河「錯的」那一邊，在瓦豪河谷下過山嶺流經十一世紀的格特維格修道院（Göttweig Abbey）處。雖然這裡釀製葡萄酒已有數百年之久，但一直到1996年這裡才被認證為奧地利的法定產區。比起瓦豪和坎普河等其他酒區，特賴森河的一級葡萄園少很多。大約七年前雖然有一座新橋落成，但想從維也納到達此地依舊不方便。

「這裡是個非常古老的地方。我們曾經在這裡挖掘到十五世紀時的一枚金幣。」瑙依瑪雅和我漫步在他最古老的葡萄園施威奇（Zwirch）時，他這麼告訴我。這片葡萄園位於山谷上方一千英尺高的石灰岩山崗上。葡萄園中央有一座獵人小屋。「鹿肉是這裡的珍饈，」他使了個眼色說，「牠們專挑最好的葡萄吃。」

瑙依瑪雅在1980年代晚期的黑暗時期開始釀酒事業。「1986年其實是最好的年分。」奧地利以外的地方幾乎沒有人知道這一點，不用說。好幾年前，他說，在特賴森河，綠菲特麗娜曾被稱為魏斯吉普勒（Weissgipfler）。「Weiss」（意謂白色）是形容其葉片清楚有別於紅基夫娜的紅色葉尖；後者是它的同父異母手足，是山腳下相隔不到一個鐘頭車程的甘波茲克申最受歡迎的葡萄。「1990年代，綠菲特麗娜不過就是一款普通的好酒。但是2000年代卻聲名大噪了起來。」

2004年收成大壞，對瑙依瑪雅更加艱辛，他告訴我，那年秋天他母親躺在醫院裡奄奄一息。「收成快結束，母親過世了。」他說。「當然，漫長人生總有盡頭，這是正常的事，而且她這一生很快樂。」瑙依瑪雅告訴我，她有十七個兄弟姊妹，終身都在農村度過。

「收成結束，我的姪子問我是否能釀一款特別的葡萄酒紀念我的母親。所以我就釀了這支酒。只有一千瓶。」他開了瓶倒酒給我。「你不遠千里來到奧地利。我必須請你喝一杯。」他說，溫暖悲戚地笑了笑。這支酒，不像強尼·凱許，比較像東尼·班奈特（Tony Bennett）。

「你母親會喜歡這支酒嗎？」我問道。

「噢，當然，」他說。「我母親是個了不起的品酒師。」

瑙依瑪雅一直都與母親住在家族的農村裡。不過他向我保證,他的人生並非遺世獨立。「我喜歡住在這裡,」他說,「但我也愛參觀大城市。我曾花了很多時間金錢環遊世界各地品酒。品酒是比較。有機會品酒做比較是很重要的。」

　　「我對紐約或巴黎這類大城市很是著迷。看到各式各樣的種族與宗教和平共處,一直讓我覺得有趣極了。」那一年秋季奧地利難民潮太頻繁,我們的葡萄酒話題轉移到移民議題,又轉移到敘利亞難民危機。「對我們來說,這是個新狀況,」瑙依瑪雅說。「但是這就是我們都要處理的人生難題。我們沒辦法對那些人置之不理。」

　　「可是我們哪知道什麼,」他嘆氣又使了使眼色說。「我現在會說我的葡萄酒是純素葡萄酒(Vegan Wines),那是很時髦又出色的酒。但兩年前,我根本還不知道什麼是維根(Vegan)主義。」

我愛綠菲特麗娜(Grüner Veltliner)
愛你的多樣性捉摸不定…愛你和
食物總是相得益彰幾乎無所不搭.

Chapter 9

藍色法蘭克與
茨威格博士

Blue Frank and
Dr. Zweigelt

「我疑故我在，」莫瑞科酒莊（Moric）的釀酒師羅蘭德・威利斯（Roland Velich）說。「質疑事物是好的，否則就不會有所行動。」威利斯和我正品著他釀的藍佛朗克（Blaufränkisch）葡萄酒，但我們不是在典型的試酒室。我們坐在他那美麗大方燈光柔和，黑白相間的書房裡，本質上是知識分子的男人窩裡面。我坐在奢華的黑色皮沙發上，聽著格連・古爾德（Goldberg Variations）輕柔演奏古典鋼琴，威利斯撫摸著躺在他腳邊白色長毛地毯上，漂亮的焦糖色九歲維茲拉犬（Vizsla）。他分別倒了一杯莫瑞科藍佛朗克，一杯來自另一個中布蘭根邦（Mittelburgenland）葡萄園，都是藍佛朗克上好的產品，然後他在壁爐架上一字排開酒瓶：熱情的珍釀，充滿深沉陰鬱的香料味；健壯帶土味的盧茨曼斯堡（Lutzmannsburg），以百年老葡萄藤釀成，彷彿暴雨過後在古老的森林裡採漿果；腐朽卻不斷舒展開的內肯馬克特（Neckenmarkt），來自海拔一千英尺高的原生岩，柔軟明亮，尾韻綿長，有如以稀有的異國木碗吸食細緻的紅色水果和可可果。在威利斯的男人窩裡品著這些複雜的葡萄酒，我想像著自己是感性的歐洲哲學小說

人物，米蘭・昆德拉（Milan Kundera）小說《生命中不能承受之輕》如是說。

品著酒，討論著老派克和他對「天殺的葡萄」的暴怒沖天。派克的《葡萄酒倡導家》始終對給莫瑞科葡萄酒很高評價。這令威利斯百思不解，何以在黑名單上，獨漏藍佛朗克。他對批評家、侍酒師和收藏家對葡萄酒的把握和根深柢固的觀點，表示懷疑。「懷疑是智力的開端，」他說。

看到酒瓶在壁爐架上一字排開，對於派克和他的人馬主張藍佛朗克在數百年來葡萄栽培與葡萄酒消費一事上，「從未獲得拉抬」，因為它很少引起大家興趣」。這個想法完全是錯的。這款葡萄名字叫「藍佛朗克」──字面上就是「藍色法蘭克」（Blue Frankish）──可追溯到中世紀，當時查理曼是法蘭克王國與神聖羅馬帝國的皇帝，在八世紀時統治歐洲，坐鎮於現在德國的亞琛（Aachen）。法蘭克是品質保證的一個字眼，有別於帶有貶意，形容東部斯拉夫來的「匈人」（意謂匈人帝國）一切。後來，在十二世紀，修女聖赫德嘉・馮・賓根（Hildegard of Bingen）──日耳曼神祕人物──寫道，像藍佛朗克這樣的葡萄酒，比匈人的葡萄酒強勁多了，而且可促進血液流動。一切莫不是說明，藍佛朗克被一個強大的君主視為「高貴的葡萄」的時間點，都早於布根地和波爾多的黑皮諾或卡本內蘇維濃。所以說，要麼派克不知道酒的歷史，要麼就是他執著於二十世紀對葡萄酒早已不正確的描述。

威利斯的家和酒莊位於上布蘭根邦大赫弗萊因村（Großhöflein），它的前方是一座樸素教堂，離匈牙利邊界僅十五分鐘車程。「這裡是德語世界的終點，斯拉夫語的起點。」他說，「這也是阿爾卑斯山的終點，喀爾巴阡山的起點。」有人提醒我，布根蘭邦在1922年之前都是匈牙利的屬地。「我們在這裡是匈牙利人。這裡一度曾是優良的葡萄酒產區。十九世紀獲獎的葡萄酒都是匈牙利的產品。可是我們現在卻要努力迎頭趕上。我們落後了一百年。」數十年來，他的家族一直都在新錫德爾湖的對岸釀製甜酒，可是威利斯好幾年前離開了家族事業（難解的鬥爭問題），在更高海拔、氣候更涼爽的湖西處上布蘭根邦地區釀造藍佛

朗克。「那是個非常特殊的地方,不過,在這裡釀酒,就和在,比方說西班牙,同樣不容易。」接著他又補充,帶著我見過的小綠娜酒商都有的多愁善感:「下一步,自然是要改良藍佛朗克,讓它成為值得蒐藏的葡萄酒。」

正當綠菲特麗娜歷經與美國葡萄酒徒關係大起大落,奧地利紅葡萄酒也一直掙扎著找尋真愛,始終相當稀有罕見。當然,你會看到適齡的藍佛朗克,就像莫瑞科那樣名列佳釀酒單,同時,優良的葡萄酒吧會以杯供應入門級的奧地利紅酒。但幾乎沒什麼迴響,在葡萄酒極客圈以外也鮮有人聞問或感興趣。好像每次藍佛朗克或奧地利其他葡萄酒如紅茨威格、聖羅蘭(Sankt Laurent),眼看要踏進主流市場飛黃騰達,卻總有什麼事橫生阻擾。

我覺得,這很可恥。我認為奧地利紅酒——氣候寒冷、低酒精度、不過頭的橡木味、驚人的食物百搭性——都賦予了一支酒的「適飲度」。對於越來越多人一直未能接納它,令我深感莫名困惑。「有時候,總有這個那個原因,大家會根本就忽略某一整類的葡萄酒。」2015年10月,就在我剛剛抵達奧地利之際,酒評作家埃里克・阿西莫夫在《紐約時報》上寫道,惋惜著太多人將奧地利紅酒看作是「怪異可疑之物」。

有時候我猜問題是不是根本就出在命名上。藍佛朗克(Blaufränkisch)發音上有變音符,又加上音節有三個,唸起來像外國字,銷售上總是困難的。在德國,大家叫同一款葡萄「藍伯格」(Lemberger),在匈牙利則直呼「卡克法蘭克」(kékfrankos)——也都無濟於事。然而,在布根蘭邦逗留數日之後,我有了全新想法。說不定,藍佛朗克需要的是一個暱稱,就像小綠娜之於綠菲特麗娜。突然之間,「藍色法蘭克」(Blue Frank)這個名字浮現我的腦海。誰會不想要喝喝看藍色法蘭克?

在威利斯的男人窩裡,我卻猶豫著吐出給藍佛朗克起個「藍色法蘭克」暱稱的想法。他看著我彷彿我是個傻子;至少很確定我不是那部歐洲哲學小說裡的感性角色。就算我是,我也是個老婆睡了不知名歐洲佬

的無助美國人。不管是哪一種情形，威利斯笑得溫文說，「事情無關乎風格，問題在本質，我們還在努力找我們的定位。」

奧地利紅酒出現在主流媒體首見於2006年，時間很晚，撰文者是已故社交名人美食家雷蒙德‧亞蘋（Raymond Walter Apple Jr.），他在《紐約時報》上聲稱：「奧地利紅酒應該是珍稀酒的最高代表。」此後情況有些微轉變。它們的稀有性顯而易見：一直到十年前，大多數奧地利紅酒都趕不上黃金時段，過度的橡木味，過度的水果味，過度濃縮。「在1990年以前，奧地利根本沒有紅酒，」弗朗茨‧萊斯（Franz Leth）說；他是瓦格拉姆鎮（Wagram）的酒莊，生產頂尖的茨威格（Zweigelt）。「對我來說，1990年是這裡紅酒釀造的起點。以國際標準而言，至少是這樣。」甚至，熱情躁進的進口商泰斯，原本不看好奧地利紅酒，卻在不久前，開始微微動搖。「應該認真看待奧地利紅酒，它實在受到太多懷疑。」他在近期2010年出版的型錄上說。「然而就每一款真正優美成熟的葡萄酒標準來看，有太多其他的紅酒笨拙、誇張、無聊，甚至瑕疵百出。」威利斯是少數採用細微製造方式，較不依賴橡木桶陳放或其他酒窖花招的酒商之一。「我懷疑，奧地利上等的紅酒需要很多新的橡木味道，」他說。「我懷疑我們需要生產機械化。」

2014年10月，奧地利葡萄酒行銷委員會主辦了另一場精采的試飲會，這一次是為了促銷紅酒，地點選在米其林星級餐廳「摩登」（The Modern）；餐廳就位於紐約現代美術博物館（MOMA）旁。當時，我也無疑受到邀請，與侍酒師和酒商、部落客、藝文名人齊聚一堂，試飲二十八杯茨威格、聖羅蘭和藍佛朗克。這批葡萄酒表現極為驚人出色，特別是最後五杯出自布根蘭邦較老的藍佛朗克，年分可遠溯1990年代之初。有些人拿藍佛朗克和特級薄酒萊（Cru Beaujolais）或北隆河希哈酒做比較，然而，這批較老的陳年酒使我更深信不疑，出色的藍佛朗克和內比奧羅不相上下。它們都揉合了果汁的清新，帶著鹹味調性，散發驚喜的深沉礦物氣息，宛若夏日燙人的瀝青，還有一股美妙的玫瑰花瓣芬芳，足以朦騙一大堆巴羅洛酒迷。

摩登餐廳的包廂環顧四周，我看到許多人點頭挑眉。氣氛截然不同

於大多數的業界品酒會，後者無聊透頂，通常都是一屋子中年男性白人，穿著皺巴巴的罩衫，自以為無所不知高高在上板著一副說教的面孔，專愛挑毛病。偶爾，廠商贊助的試酒會上，會將同樣的目的當成不受歡迎的藝術家回顧展來操作，強調我們往常未曾留意到的品質，或甚至改寫藝術史的敘事。說不定，這一點與我們在MOMA啜飲又吐掉出色的藍佛朗克沒兩樣。

我告訴威利斯有關MOMA的試酒會，建議他，或許藍佛朗克好比不受歡迎的藝術家，是一名被過度忽視的經典作品。他思索著這個想法，牽強苦笑著。「嗯，藝術是藝術，葡萄酒是葡萄酒。葡萄酒不是藝術。葡萄酒比藝術更古老。」

●●●

經過了MOMA的試酒會之後，在2014年的最後幾個月間，出現了不尋常的議論，討論著奧地利紅酒。儘管葡萄酒業者一度慢慢引導酒徒接受藍佛朗克具有高級美酒的潛力，但是由於茨威格戴罪之身，或聖羅蘭面臨困難重重，奧地利真正2014年陳年紅酒眼看就要出大麻煩了。我曾親眼目睹這次的大災難，就在2014年9月一次短暫的奧地利之旅。我記得在維也納以南，靠近斯洛伐克邊界處，不到一小時的卡農圖姆（Carnuntum）紅酒區，有個叫格特勒斯布倫（Güttlesbrunn）的古樸小村，我去那裡拜訪一位矮胖古道熱腸的釀酒師，華特·葛萊茲（Walter Glatzer）。葛萊茲開著小卡車載我去繞行他的葡萄園，我跟他的座位之間就放著一箱打開著的香腸。那日陰天，飄著細雨，葛萊茲沮喪地察看了他珍貴的一排茨威格和藍佛朗克。我從未見過一個人看起來如此心煩意亂。

葛萊茲克制著情緒，漫不經心用力嚼著冷香腸，一面指著他的葡萄藤底下的泥水坑。「你可以看到這個禮拜暴雨有多厲害。」他說。「我們必須立刻採收，即使葡萄都還沒有成熟。真讓人傷心。幹活兒一整年，工作，不停地工作。結果最後十天下了這麼大的雨，一切都泡

了水。」他說，他在這個葡萄園裡大概損失了一半。稍後回到酒莊，我們試飲了那個葡萄園先前的陳年酒，葛萊茲稱之為「他的葡萄酒愛人」。他告訴我，帶著沉重的嘆息，「我百分之九十肯定今年不會釀這款酒。」

2005年秋季，駕著我的斯柯達在奧地利南部遊歷穿梭於當地紅酒酒區，2014年的起起落落仍縈繞心頭。就在聖馬丁節（St. Martin's Day）前兩週，我回到格特勒斯布倫，穿過塗著粉彩壁畫的狹窄接道滑進夾道粉色紅色繁花盛開的小鎮。

聖馬丁節，每年11月11日，在歐洲農業區是個重要的日子。因為在中世紀時，聖馬丁節總是收成季節結束、冬季開始前的慶祝日。都爾的馬丁（Martin of Tours）是中世紀羅馬士兵，出身於稱之為松波特赫（Savaria）小鎮——那裡也就是現在匈牙利的松博特海伊（Szombathely），距離奧地利邊界僅十五英里而已。馬丁離開部隊後成了天主教修士，最後當上了都爾的主教。有些傳說故事聲稱，他引進了白肖楠到這裡，使它成為羅亞爾河的主要白葡萄品種。另一個傳說描述了修道院裡的某個冬季夜晚：馬丁的驢子脫韁跑到葡萄園，吃光了所有葡萄葉和枝幹，看樣子毀掉了整個葡萄園。可是隔年開春，葡萄藤冒出了芽再度生氣勃勃。馬丁的驢子不經意間發明了修枝的技巧。

不論真假，在奧地利，聖馬丁節傳統上代表著這一年的陳放已經結束，新的陳放於焉展開。在2015年秋天間，時值我在小酒館試飲2014年的葡萄酒，我可以感受到大家很焦慮地等著聖馬丁節的到來，這樣他們便可展開2014年的陳放工序，根據大家說的，那可能會是個好年分。

沒有其他地方比卡農圖姆更真實。卡農圖姆以多瑙河某個古城命名，曾是羅馬軍事要塞，遍地古蹟，一度居民人口破五萬，當年是個人口眾多的大城，許多意義重大的廢墟紛紛出土，包括曾經可以容納一萬五千名觀眾的圓形競技場，以及稱之為「異教徒之門」（Heidentor）的紀念碑，如今是受到保護的考古公園一部分。當然，卡農圖姆的重要性早不復存在。它的葡萄酒文化幾乎在二次大戰期間被摧毀殆盡。如今，它是奧地利最小的葡萄酒區之一，沒有優質葡萄法定產地標誌，酒廠只

有區區四十個。可是很多人認為它是種植茨威格最好的產地。

茨威格的親株藍佛朗克是個商展小馬，用來製造轟動效果以饗葡萄酒迷，但茨威格則是一隻比較謙卑的勞役馬，刻苦耐勞。茨威格首創於1922年，由奧地利植物學家茨威格博士（Dr. Fritz Zweigelt）將藍佛朗克與聖羅蘭雜交，培育出一款葡萄，他最初稱之為紅伯格（Rotburger）──對英語人士而言這個名字真不討喜[1]。茨威格博士辭世之後，這款葡萄便以他為名。茨威格多半時間都適合大口暢飲，每天都能搭配炸肉排和肉腸，以及所有燒烤類的食物。自2000年以來，奧地利栽種茨威格的數量成長了50%，規模超過一萬六千英畝，絕大多數的葡萄酒都未經太多深思熟慮，就在小酒館裡狼吞虎嚥了事。

可是卡農圖姆的人卻釀造出一款以茨威格為基底的特殊葡萄酒，名喚「紅寶石卡農圖姆」（Rubin Carnuntum），堪稱這種葡萄的最極致表現。我拜訪纖瘦、皮膚晒得黝黑的年輕釀酒師菲利浦・格拉索（Phillipp Grassl）。他開車帶我去他珍貴的舒滕伯格（Schüttenberg）葡萄園，那裡俯瞰著山谷裡一排緩緩轉動的風車磨坊，一路綿延直到斯洛伐克。「這個地區就好比氣管，」他說著話時，風正拍擊著我們。無疑地，風調節了氣溫，在潮濕的季節裡維持葡萄藤乾燥。卡農圖姆的葡萄酒商一直在自問的疑惑是：茨威格能不能成為一支傑出的佳釀？「我們花了十五年找尋理想的葡萄園。」格拉索說。「很難樣樣聲譽都拿得到，因為法定名稱還太新。有些品酒家說它太簡單。」我的感覺是，如果你不喜歡卡農圖姆釀造的傳統茨威格美酒，那麼你最好想一想你到底喜不喜歡葡萄酒。

午餐，格拉索和我在格特勒斯布倫村（Göttlesbrunn）小小市中心裡一家很棒的當地餐館，吃了聖馬丁烤鵝（Martinigansl），配馬鈴薯丸子和紫甘藍。在11月11日前夕期間，烤鵝是招牌菜。想像一下這樣的畫面：在這些鄉村小鎮裡處處可見卡通鵝。烤鵝，變成要出色地搭配茨威格──明亮、汁多，充滿黑胡椒與藍色水果風味，是肥膩肉類的絕佳互

---

1. Rotburger在英文裡可拆解文意為「爛堡」，因此作者有此一慮。

補。幾乎每一個酒鄉都會在週二夜供應茨威格這類葡萄酒，它可以襯托出當地的佳釀。那麼一來，我們可以把茨威格想成類似於皮埃蒙特的多切托（Dolcetto），甚至小希哈在加州的情形。「關於茨威格，很多釀酒師都喜歡追求如布根地黑皮諾那樣的花香，」格拉索說。「可是我要的是藍莓。我要的是深色水果。我覺得在這款葡萄酒裡呈現一股張力是很重要的。」

格拉索告訴我，他父親只是個農人，釀酒也飼養家畜、種植其他作物。「每個週二，他們會帶著酒瓶去維也納的酒館裡，賣掉酒。」他說。「這種葡萄酒很便宜又非常糟糕。可是沒什麼風險。」格拉索在1990年代初期在加州索諾瑪就讀葡萄酒工藝學校，在歌瑞瑪（La Crema）酒莊。在聊添加物、穩定劑、澄清劑、酸化劑、制酸劑，還有積極橡木陳放新技術時，他說，對一名來自格特勒斯布倫村的青年而言，索諾瑪的經驗令人眼界大開。「這些專業技術在那裡應有盡有，」他說。「回到家時，我滿懷技術之心展開一切。我對葡萄酒做盡一切合法能做的事。可是到頭來，我才明白，如果葡萄不好，你做什麼都枉然。」近期來，和大多數傑出的釀酒師一樣，他比較專注在葡萄園上面。要不，套句現代釀酒愛說的陳腔濫調：上等佳釀是在葡萄園裡釀成，不是在酒窖。

吃完午餐，繞過角落走到比爾吉特‧維德絲坦（Birgit Wiederstein）的酒窖去，三十多歲的小酒商，她用怪誕的酒標，並給她的酒起了「馬戲團馬戲團」（Zirkus Zirkus）、「一個夢想」（Ein Traum）、「嘶嘶作響」（Frizzi Mizzi）、「天后」（Die Diva）這類名字。有一支酒以大地女神蓋亞（Gaia）的女兒麗亞（Rhea）命名。不過，嗯……「死麗亞」（Die Rhea）這支酒若要進口到美國恐怕得換個名字。

維德絲坦一頭短髮染成金色，對葡萄酒的態度少了技術多了詩意。她說葡萄好比人。「茨威格具有一股非常美好，非常和藹可親的質地。它很靈活。可以冰鎮也可免。它也是一支很能包容錯誤的酒。藍佛朗克卻相反，像個老頭子住在山裡，可能很沉默寡言，你得陪他坐上好一段時間它才會開口跟你說話。」她說。

但是維德絲坦致力於栽種一些極其罕見的葡萄品種，比方說近年來仍瀕臨滅絕的棕菲特麗娜。「跟金錢無關，我真的只是想要知道它嚐起來是什麼味道。」她說，強調這種葡萄藤要數年才會成熟結果。她還栽種了匈牙利的白色品種弗明（Furmint），以示向鄰近的東歐致敬。

　　「卡農圖姆一直都與共產東歐為鄰。」維德絲坦說。「這都是近期歷史。小時候，我記得是1989年秋天，看見大家從東境開著他們七拼八湊的『特拉班特』（Trabant）國民車蜂擁而來。這是在奧地利說不再加強邊防之後的事。」她也還記得1990年代初期，夜裡躺在父母位於敘利亞南部省分裡的夏屋，耳畔聽著遠方前南斯拉夫的戰火。「很久很久以前，在十六世紀時，突厥人來到這裡燒掉村子，他們這麼做了四、五次。」

　　時至今日，卡農圖姆還有地理上的政治動亂區，因為敘利亞難民朝西境長途跋涉，名副其實穿過葡萄藤而來。「去年夏天，」維德絲坦說，「當時我在葡萄園，看到八到十個敘利亞人，就這麼走進葡萄樹間。我們對他們大聲叫，『有什麼事需要幫忙嗎？要不要給你們水喝？』」

　　我們一面嚥下「死麗亞」──除了名稱不提，這是款上好的傳統茨威格──我們聊著葡萄酒與歷史，以及人類遷徙的糾纏交錯。維德絲坦告訴我另一個故事，發生在夏天播種季節，她字字斟酌謹言慎語。她問我是否記得前年一次恐怖的人禍，當時奧地利當局破獲一輛牽引車，裡頭有七十一個敘利亞難民，所有人──男人、女人、小孩──全都因窒息而死。「他們破獲這輛車時，我的車就跟在後頭的車陣裡。」她說，「我那天去倉庫拿了一堆葡萄酒，我還奇怪著，怎麼會堵在車陣裡，被警察團團包圍。後來我從收音機裡聽到消息。」她補充說，「那是新聞，不是歷史。」

●●●

　　稍後就在那個傍晚，回到維也納，我在一家人山人海的葡萄酒吧啜

飲另一杯茨威格。酒保和我閒聊著上好的茨威格應該如何。

　　一個醉醺醺在一旁偷聽的邋遢傢伙大笑道，「你是美國人囉？」

　　我說是，他又問，「你喜歡我們的茨威格嗎？」

　　「喜歡，非常喜歡，」我說。

　　「你喜歡我們的茨威格，」他說，露出煙燻黃牙笑著，透著一股險惡。「那你知道不知道茨威格是納粹的葡萄酒？」

　　「你說什麼？」我說，畏縮了一下。

　　他從吧檯尾端拿來一份破舊的報紙，是維也納第一大報《標準報》（Der Standard），醉醺醺地費力翻找報紙翻譯給我聽。不過我很快就埋了單離去。

　　回到民宿，我在網路上找到那一天的報導，讓谷歌幫我翻譯：

　　「有些葡萄酒留有苦味，」葡萄酒評論家克里斯蒂娜・菲伯（Christina Fieber）寫道。她抨擊茨威格葡萄在2015年「仍莫名其妙以發明者名字命名」這件事。除了發明幾種葡萄雜交之外，茨威格博士還是蝴蝶蒐藏家與「天賦中等的業餘詩人」。更重要的是，他是一名堅定的納粹分子，早在1933年入黨，那時奧地利仍然嚴禁該黨。1938年希特勒吞併奧地利後，茨威格博士被立即拔擢為克洛斯特新堡葡萄酒工藝學校的校長，任職直到二次世界大戰結束。「除了經常騷擾猶太人，他還將一名與反納粹運動有關係的學生，送去給蓋世太保。」報導說。茨威格博士在1964年過世，1975年，紅伯格葡萄正式更名為茨威格，以紀念其人。現在似乎難以相信，可是更名一事發生在奧地利人仍生活在社會神話的時代裡，他們始終是納粹野心的「頭一批犧牲者」。要好幾年之後，他們才能夠集體處理納粹共謀的遺產。

　　我一直聽到傳言耳語，說茨威格博士是「國家主義胸懷」，可是我從未聽聞過他被確認是納粹，直到現在。我忽然覺得反胃。難道我千里迢迢為了了解我鍾愛的一種葡萄竟是以納粹為名。我總是向朋友推薦茨威格葡萄酒——是後院烤肉的理想佐酒。現在，我都能想像美國報章用了一條訴諸情緒有誤解之疑的標題，譬如「茨威格是納粹葡萄嗎？」我擔憂，這會釀成如同1985年防凍劑（二甘醇）醜聞一樣的災難。後來我

知道，奧地利葡萄酒行銷委員會曾認真討論過是否更改這款葡萄名稱。那麼他們可有替代方案？還是改回這種葡萄的原名紅伯格？我難以想像某個美國人走進葡萄酒店說，「欸給我那個什麼紅伯格的。」

那當下，我輾轉反側，於是開了瓶格拉索的2013年紅寶石卡農圖姆，味道棒極了。

造訪奧地利的隔年，我寫電郵和格拉索討論茨威格博士和他的納粹傾向，幾乎沒有釀酒師願意討論這件事。他的電郵回覆深思熟慮，但對於葡萄酒，在我隔年秋季再度拜訪他時，格拉索說，「我知道葡萄酒行銷委員會想在檯面下處理掉這件事。可是他們在1975年為紅伯格正式更名時就是犯下了大錯特錯。不過，我覺得這些日子以來，或許保留名字很重要，可以緬懷過去曾發生過的一切，」他說，「還有，如果我們更名，那麼我們也要同時給奧地利千條街道更名。」那些街道想必都是以納粹同黨命名的。

茨威格的問題在我去年秋季逗留奧地利時，出現過好多次。當時我拜訪坎普河朗根洛伊斯鎮（Langenlois）的釀酒師威立・布德梅爾（Willi Bründlmayer），喝到了茨威格博士自己葡萄園裡的茨威格葡萄酒。「我覺得七十年後有人把這些往事寫在報紙上，真是喪心病狂。或許只不過是某個記者自己想要出名吧。」布德梅爾說，嘆了口氣。「我不知道會發生什麼事。說不定我們有必要改名。」

然而，在布德梅爾的綠菲特麗娜和麗絲琳，特別是堪稱奧地利紅葡萄品種裡最難伺候的聖羅蘭盛名下，茨威格博士的茨威格顯得黯然失色。聖羅蘭，為紀念廚師守護聖人聖羅蘭而命名，一般被形容為類似黑皮諾，但酒體更為豐厚。這不難理解，因為黑皮諾是它的親株之一。「黑皮諾曾和一些不知名的葡萄品種雜交過，子株就是聖羅蘭。」布德梅爾說。

現在聖羅蘭比起十年前多了兩倍，可是現在奧地利卻只有兩千英畝上下耕種面積，因此仍屬珍稀。聖羅蘭難種是惡名昭彰的。釀酒師常形容它像是個瘋狂惹麻煩的愛人。「我向來是聖羅蘭支持者，」布德梅爾說，「可是去年我想著『這次我們說不定要分手了。』」

原因之一還有，一如在許多處葡萄酒區，都怪氣候變遷。比方，布德梅爾說，坎普河的平均氣溫從1960年代以來，升高了足足攝氏一度。「那是非常顯著的，」他說，「表示葡萄會提早兩週成熟。」

晚餐佐酒，是布德梅爾從酒窖深處挖出來的一瓶1950年聖羅蘭，瓶身長滿黑色黴菌，看似皮毛。吃晚飯時，我們開了這瓶酒，品嚐了這支六十五高齡，紅磚色的葡萄酒。不可思議，清新感猶存，散發著奇怪的香草糖和胡蘿蔔異香。這支葡萄酒應該需要拄著拐杖或助步器才能四處走動才對，可是它竟仍然生氣勃勃。

我何其有幸能品嚐到這支聖羅蘭。以奧地利葡萄酒來說，1950年已經是能品到，夠老的年分。有很多釀造於哈布斯堡王朝時期的珍貴葡萄酒，都在茨威格博士任教的克洛斯特新堡葡萄酒工藝學院，在1945年遭到轟炸時被摧毀殆盡。大戰接下來的十年裡，無疑是個動亂年代。從1945年直到1955年，奧地利被美國、英國、法國和蘇聯占領。坎普河與克雷姆斯的一眾酒區，成了蘇聯統治轄區的一部分。有很多釀酒師告訴過我，俄國人沒收喝光了1940至1950年代最上等的葡萄酒。「我們這裡沒有很多老酒是因為蘇聯的軍隊喝掉了。」在歌柏堡酒莊（Schloss Gobelsburg）時芭芭拉·科勒（Barbara Koller）說；那個酒莊就座落在布德梅爾酒莊往下走不遠處。「我希望他們喜歡。」克雷姆斯酒區的赫爾曼莫澤酒莊釀酒師馬丁·莫澤說；他向我展示他酒窖裡巨大的木門，上頭有精工雕刻的門楣，這扇門建造於1947年。「俄國人什麼都喝，」他說。「因此我的家族造了這扇厚重的門阻擋他們。」

在這段時期裡，朗根洛伊斯滿鎮的葡萄農，都不願意梯田上的葡萄園長得高過於小鎮。布德梅爾的父親以每英畝7塊奧幣買了很多梯田上的葡萄園，相當於1950年代時每英畝才25美分左右。那些梯田很多現在都成了奧地利最精良的特等葡萄園。那個晚上，在晚餐時，我們喝著一支那些葡萄園的酒，來自神聖的艾利根斯坦的2004年麗絲琳。大家都同意，十年的麗絲琳仍舊是個幼兒——還有二、三十年的陳放潛力。

布德梅爾的兒子文生也來同我們晚餐，還帶了幾個他的好哥兒們，以及紐約來的侍酒師，也是西村（West Village）「雙耳瓶」（Anfora）

葡萄酒吧的採購大衛‧福斯（David Foss）。我在本書中提過多次「時髦的紐約侍酒師」，以免你認為我一直在用虛構的名字掩人耳目，其實福斯就是其中一人。大多數時候我是充滿敬意下這麼用的。我始終很欽佩福斯這樣的人士，他們的酒單上一直都供應著奧地利紐伯格，或喬治亞的薩博維（Saperavi，晚紅蜜），或是自然農法培育的希農酒莊卡本內弗朗，或者是里斯本的混釀紅酒——但以非常幽默又淺顯易懂的話跟消費者溝通。

雙耳瓶原文「Anfora」源自希臘文「amphora」，意指自古以來用來發酵並貯放葡萄酒的陶瓶。福斯是自然葡萄酒的狂熱提倡者，也熱烈提倡奧地利和東歐的葡萄酒——難怪他在酒單上放了威利斯和齊達的酒。由於雙耳瓶的名號，這個葡萄酒吧以橘酒（Orange Wine，此為台灣坊間譯名，英譯為橘色葡萄酒）著稱，這類葡萄酒在酒徒圈廣受歡迎。「橘酒到底是什樣的酒？」餐桌上文生的一位哥兒們問道。福斯解釋，橘酒是葡萄連同果皮浸漬發酵而成的白葡萄酒。因為接觸了果皮，基本上是白葡萄酒釀成類似紅酒，創造出類似紅葡萄酒的骨架，而帶有橘色——在斯洛維尼亞邊界一帶的義大利酒區佛里烏利-威尼斯朱利亞（Friuli-Venezia Giulia），有時候稱之為琥珀色，有時稱之為銅黃色。

福斯在奧地利即將現身在名廚高登‧藍西（Gordon Ramsay）《地獄廚房》節目上，複習他的奧地利葡萄酒知識。他受製作單位所邀，改善波士頓郊區一家名叫「維也納酒店」的民宿餐飲。「這想必是一家奧地利餐館，可是他們傳來一張酒窖的照片，酒瓶看起來像是西班牙里奧哈、加州金粉黛，和義大利奇揚地酒！」福斯和我很投緣，接下來在奧地利好幾個晚上我們都混在一起，其中一晚在維也納一家葡萄酒吧「克萊莫」（Klemo）同飲1990年代上普倫多夫的珍釀藍佛朗克。

繼續與布德梅爾吃著晚餐，開了一瓶2002年的綠菲特麗娜，來自拉姆葡萄園，另一個特級葡萄園。這支不是幼兒，但是仍覺得太年輕。文生的一個哥兒們是朗根洛伊斯市長之子，滔滔聊著蒐藏古董車。可見，他蒐藏了一系列古董寶馬（BMW）。結果，我在少年時開的第一部車子是1980年的破寶馬。家父曾經歷過一段收購經典車的時期（他最初買

了一輛1964年中期的福特野馬），他和我分攤費用，用我夏天打工賺來的錢。什麼原因使十八歲的我迷上寶馬，如今是個謎，可是我猜肯定跟音樂頻道《Big '80s》和電影《華爾街》，以及片中主角戈登・蓋柯（Gordon Gekko）有關。那輛車太破了，不好開，上大學前就賣掉了。在我的修正主義自我幻想史裡，並不認為自己是個曾經開過寶馬的傢伙。總之，在與布德梅爾的晚宴上，我怯懦地提起自己曾擁有過一輛1980年的寶馬車。

「一輛318i？」汽車蒐藏家問。

「開天窗？」

「對，」我說，「應該是。」

「啊，」他說。「我們叫那輛車寶寶，太年輕了。」

這是一次奇怪的交流，試探我對古董車的品味，就像葡萄酒勢利眼對老葡萄酒的喜好一樣，用快速的評斷、排名和姿態來掂量我。喝完2002年的拉姆葡萄園綠菲特麗娜，仍然「年輕」——我思及人和他們的嗜好，管它是葡萄酒還是音樂，或藝術，或運動，或汽車。猶記得家父頭一次讓我開他珍貴的1964年中期的福特野馬敞篷車情形，那車一切維持原版，雖舊如新。他要我明白一事，就算只更換一個輪轂蓋，也要花好幾塊錢。

那天晚上，和朋友們結夥四處逛逛；往下走，沿著南澤西鄉的公路超速行駛，撞上了一個大坑洞。然後看著非常昂貴的輪轂蓋滾進一片漆黑的樹林。當我開車回到路上時，我逆向開著遠光燈，又撞上同一個大坑洞，另一個輪轂蓋掉了。我追著它衝進林子，我的小腿陷入在泥濘中，發現頭頂上被毒藤團團包圍，出手慌亂揮舞撥開，我的朋友歇斯底里大笑不止。我再也不想承擔駕駛那輛野馬的責任了。

如今，有時候在喝某一支較老的酒時，就會想起我的叔叔比爾——他在八十高齡辭世之際，我正當快寫完本書。比爾也是古董汽車蒐藏家，在美國東岸四處參加車展，贏得無數獎項。但是他不迷戀奢華的汽車；他蒐藏福斯汽車（Volkswagen）。他所開和展示的，是1970年代出廠的福斯金龜車，而且他有一面車牌上面的字就是「BUG」（金龜

子）。在比爾的葬禮上，有一張照片，上頭就是他那輛四十高齡的黃色敞篷金龜車停在沙灘上，而我的五個表兄弟站在後座比出和平的手勢。年輕的比爾坐在駕駛座上看起來威風極了，戴著太陽眼鏡，手臂擱在窗外，笑容燦爛，絲毫不在意渾身是沙的小孩弄髒他的沙發。比爾知道如何投身於他的嗜好，可是也不至於把它看得太過認真。

福斯汽車，當然是二十世紀美國流行文化的一個象徵，從電影《萬能金龜車》（The Love Bug），到伍茲塔克音樂藝術節（Woodstock），再到1990年代金龜車隆重重新上市。看似，幾乎沒有人會在意是納粹德國希特勒要發展的「國民大眾車」，縱使車款名稱裡的「Volk」（意謂國民）一字無異於某種種族主義和反猶太主義。就如同福斯汽車一樣，我認為更改茨威格博士在實驗室發明的不幸葡萄名稱，可能為時已晚。不過我仍然希望，有朝一日，茨威格或紅伯格──或你想怎麼稱呼這款我鍾愛的葡萄都行──已稍稍具有福斯汽車那種主流的成功了。

與布德梅爾吃完晚餐後隔晚，福斯和我都在布根蘭邦。我們在一家名為陶本科貝爾（Taubenkobel）的餐廳，與威利斯共進晚餐，這裡距離魯斯特約十分鐘，我又再次大啖聖馬丁烤鵝。威利斯帶來了一個年輕的酒商，是羅西·舒斯特酒莊（Rosi Schuster）的漢內斯·舒斯特（Hannes Schuster）；他正和對方合作一個新專案。威利斯和舒斯特在非常靠近匈牙利邊境的察格爾斯多夫（Zagersdorf），致力於保育一塊古老的葡萄種植區。化石葡萄種子的證據顯示，人們在這個地方釀造葡萄酒可能已經超過三千年。

他們的努力包括要復育一種茨威格葡萄，不過他們比較想要用紅伯格這個名稱。「為什麼？」我問。

「嗯，我們是匈牙利人，我們都用紅伯格這個名字。」

「真的嗎？」我說。

「呃，為什麼？」他最後才說，「為什麼呢？因為茨威格博士是納粹。大家都說，『噢，他是個好人，我們別去想這件事。』但是我們都知道他是納粹。大家都說『我們是頭一批受害者』，可是當希特勒侵門踏戶進村來，卻有十萬人在維也納向他舉杯致敬。」

葡萄酒不是藝術,它比藝術
更古老上等佳釀是在葡萄園裡釀成
不是在酒窖.

Chapter 10

灰皮諾、藍莓燉飯
和橘酒

Gray Pinot, Blueberry Risotto,
and Orange Wine

紫色的食物,對多數人而言,很是怪異。可是某一日下午,在義大利上阿迪傑的阿爾卑斯山區裡一家名叫皮爾霍夫(Pillhof)餐廳,我被招待了一道異樣的紫羅蘭顏色燉飯,是以新鮮藍莓烹調而成。我與紫色的藍莓燉飯(Risotto ai Mirtilli)初次邂逅,第一口並不那麼喜歡,可是一口接一口地吃著,讓我的腦袋沉浸在這種牛頭不對馬嘴的東西——欸,到頭來,它吃起來是鹹的——味道時,我對它的喜愛直線上升。快吃到一半時,我的心思從餐桌飄走了。我對熟透的仲夏藍莓有雙重意識流記憶,記得我在南澤西的童年時光,也記得我海外求學時笨拙學煮燉飯——為了贏得某位義大利小姐芳心,但不幸的是她始終不為所動。

對藍莓燉飯這道怪菜或許很難產生不由自主的有意識記憶。不過上阿迪傑(Alto Adige)確是個怪地方,這裡是義大利的一個角落,但當地人絕大多數卻講德語,而且他們稱這個地區叫南提洛自治省(South Tyrol),不是上阿迪傑。我吃藍莓燉飯的餐廳叫做阿皮亞諾(Appiano),但南提洛自治省的德語民眾則稱它為艾畔(Eppan)。事

實上，很多自認南提洛人的民眾仍深深緬懷著奧地利帝國，這個自己曾經隸屬的帝國在一次大戰戰敗後滅亡了。對義大利的矛盾，甚至敵意，在波扎諾揮之不去，原因可遠溯墨索里尼的義大利化法西斯計畫，嚴禁德語和文化，可以想像到這在此地有多麼不受歡迎。諷刺的是，義大利主要商業報紙《二十四小時太陽報》（Il Sole 24 Ore）經常將南提洛的日耳曼城鎮——從托斯卡尼一路綿延到翁布里亞——列為年度快樂村（Borghi Felici）排名的榜首。

很難想像，還有何處比義大利最北的酒莊有更美麗的葡萄園。這些葡萄園座落在十二世紀的修道院，諸如諾瓦切拉修道院（Abbazia di Novacella）或新施蒂夫特修道院（Kloster Neustift）。那裡位於海拔兩千英尺高，人們種植著希瓦那（Sylvaner）、慕勒-圖高（Müller-Thurgau），以及克納（Kerner）——麗絲琳與當地稱為斯奇亞瓦（Schiava）雜交的一種耐霜害葡萄，發明於1929年，名字源於十九世紀德國詩人賈斯汀努斯・克納（Justinus Andreas Christian Kerner）；詩人克納的成名作有一首飲酒歌〈起來，仍然醉醺醺〉（Wohlauf, noch getrunken）。我在古老的酒窖裡，在刻著奧地利皇帝法蘭茲・約瑟夫一世的橡木桶旁，品嚐葡萄酒。「你可以感受到酒裡的落雪。」諾瓦切拉修道院的釀酒師馮・克萊貝爾斯伯格（Urban von Klebelsberg）博士說。

吃藍莓燉飯的那一天，我是與萊蒂齊亞・帕西妮（Letizia Pasini）在皮爾霍夫餐廳的庭院共進午餐；她是科爾特倫齊奧（Colterenzio），亦稱恐怖丘（Schreckbichl）——如果你比較喜歡它的德文名字的話——釀酒合作社的外銷經理。「希望你明瞭上阿迪傑和義大利其他地方截然不同。」帕西妮說，我們一邊舀起紫色的米飯大快朵頤。

帕西妮和我早上閒逛在陡峭的葡萄園，然後在科爾特倫齊奧的玻璃試酒室品酒，這裡可以一望無際欣賞皚皚白雪的山頭。陽光燦爛明媚的上阿迪傑超凡脫俗美如仙境，一年日照長達三百天，再加上海拔高，使得這裡有完美的微氣候環境，能釀造出義大利最傑出的白葡萄酒。科爾特倫齊奧酒莊是合作社形式，用三百名小農在不到七百五十英畝的土地上生產的葡萄釀酒。不同於義大利其他地區的合作社等同廉價平庸的葡

萄酒，上阿迪傑的村莊合作社聲望卓著。帕西妮說這裡的合作社效果更好，是因為這個酒區擁有「德國思維」。「在這裡大家都更專心一致。這裡也更為嚴格。有更多的專業主義作風。」她說。「然而我們仍保有一點點地中海風情。」

在旅遊上阿迪傑期間，我曾多次領教過類似南提洛的「德國思維」這種情操，通常比較不那麼老練，「和他們在羅馬或米蘭相比，事情在這裡順利多了。」多年前在上阿迪傑最負盛名的一個酒莊，有位外銷經理這麼告訴過我。「沒有抱怨也不是說大話。事實就是這樣。」

如同上阿迪傑絕大多數酒莊一樣，科爾特倫齊奧種植很多不同品種的葡萄，上自聞名全球的黑皮諾、白皮諾和灰皮諾，下至稀有品種如拉格蘭（Lagrein）、斯奇亞瓦，還有介於其間的格烏茲塔明娜（Gewürztraminer）。品著酒，帕西妮開始宣揚白皮諾（Pinot Blanc）的奧妙，在這裡它稱為白皮諾（Pinot Bianco）或魏堡德（Weissburgunder），端看你講哪一種語言而定。「我的任務一直都是要讓白皮諾在美國變成下一支灰皮諾。我是說，拜託喔。都已經持續多久了？」

所有的皮諾家族成員——黑皮諾、白皮諾和灰皮諾——都是從單一品種變異而來的。灰皮諾意大利文稱為「Pinot Grigio」，因為它剛好是與粉灰色漿果雜交變異而來。（就連波扎諾講德語的人也不稱他們賺進斗金的葡萄是Grauburgunder〔德語意謂灰皮諾〕）。

灰皮諾的成名之路十分驚人。2000至2010年間，義大利的產量遽增超過了六成，種植面積高達四萬兩千英畝，大約可比氣泡酒波歇可爆炸性成長率。灰皮諾往往中庸，溫和不酸，散發檸檬氣息，適合夏季沙灘飲用或獵豔尋歡。對我來說，感覺喝它的時機像是直接從冰箱裡，也或許在割完草後，冰涼如百威淡啤酒。該怎麼解釋平淡無奇的灰皮諾在美國持續廣受歡迎的現象？它平衡了對《生活的甜蜜》（La Dolce Vita）[1]心嚮往之的美國夢，追求安全、走中間路線嗎？或許它是葡萄酒中的

---

1. 1960年義大利名導費里尼電影作品。

「賽百味」（Subway）托斯卡尼雞肉潛艇堡。不論如何，它持續蟬聯葡萄酒店暢銷霸主。我經常看到抱怨連連說買一瓶葡萄酒要超過10塊美金的人，走進店裡一擲23.99美金買一瓶聖瑪格麗塔（Santa Margherita）氣泡酒。其實，聖瑪格麗塔就是灰皮諾，好幾年來都是美國超過20美元以上的最暢銷葡萄酒，顛峰時每年銷售金額超過2500萬美元。

聖瑪格麗塔其實來自上阿迪傑──都是義大利語。奧地利的波扎諾血統並不適合聖瑪格麗塔的市場形象。如今很難想像，但是灰皮諾曾有一度是鮮為人知的品種。傳說，聖瑪格麗塔之所以成為美國人最熱衷的義大利白葡萄酒，是因為1979年某個夜晚，進口商安東尼‧特拉托（Anthony Terlato）對灰皮諾突然有了頓悟。「我感覺到，這個時期眾所周知的義大利白酒，比方說歐維特（Orvieto）、弗拉斯卡蒂（Frascati）、索阿韋（Soave），還有維蒂奇諾（Verdicchio）這些產區的酒，從來都沒賣超過5塊錢一瓶，」特拉托在2008年出版的回憶錄《品味：葡萄酒中的生活》（Taste: A Life in Wine）中寫道，「我返鄉去找一款白葡萄品種，要能在高級餐廳裡賣更高價位。」

回到米蘭的一個晚上，特拉托在晚餐時被招待了灰皮諾，從此改變了他的人生。隔日，他駕車去佛里烏利一個名叫波爾托格魯阿羅（Portogruaro）的小鎮，那裡靠近灰皮諾的出身地。那晚在下榻旅館的晚餐，他點了餐廳酒單上每一支灰皮諾，總共十八支。和餐廳店主一同試飲過十八款酒之後，他們一致推舉聖瑪格麗塔是最出色的一支。就在隔日，特拉托開車北去上阿迪傑，造訪聖瑪格麗塔的酒莊主人馬祖托伯爵（Count Marzotto）的宮殿，向伯爵提了買賣報價。數日間，伯爵簽了十年合約給特拉托，出口這些葡萄酒。「我蓄勢待發要將實際上鮮為人知的一款葡萄品種引介到美國市場，它大大優異於其他廣受歡迎的義大利白葡萄酒，」他在回憶錄中寫著。「不知道是一股幸運的傻氣使然，還是特拉托有訣竅，很懂得美國人的口味到底想要什麼，總之剩下的故事是締造了一頁青史。」2015年，聖瑪格麗塔和特拉托拆夥，但是在三十六年的商場上，這款葡萄酒為特拉托賺進滾滾錢財。如今，葡萄酒商店貨架上都貢獻給先前稀有的義大利白葡萄酒品種。

特拉托寫道，在波爾托格魯阿羅試飲十八支灰皮諾扭轉命運的那一天，他吃了一盤義大利麵，佐簡單的番茄醬汁，上面擺著新鮮羅勒葉。我好奇想著，要是他點的是我和帕西妮在皮爾霍夫餐廳院子裡吃的藍莓燉飯，情形會怎樣。我懷疑如果他心意已決，比方說，選了當時我們所喝的白皮諾或格烏茲塔明娜的話，那麼，會是哪支白葡萄酒為他帶來名利雙收，而灰皮諾將會苦吞殘酷的命運，始終不為美國人所識所愛。

白皮諾，而不是灰皮諾，才是上阿迪傑的日常餐酒──倘若你在酒吧點白葡萄酒，十之八九會是白皮諾。這款葡萄品種是1850年代被奧地利人帶來此地的。「上阿迪傑是幫維也納君主釀酒的主要酒區。」朱迪思・安特霍茲納（Judith Unterholzner）說；她在另一個村莊合作社特蘭諾酒莊（Cantina Terlano）工作。很多人認為白皮諾擁有強大的陳放潛力，而當我嚐到像特蘭諾酒莊的伏爾貝珍釀（Vorberg Riserva）這樣的酒時，很難不同意這個說法。我品嚐到的2011年珍釀成熟且口感滑順，2002年版則深沉帶堅果氣息。兩者都很容易被誤認為是布根地陳放的夏多內。

再來就是格烏茲塔明娜。葡萄酒不變的真理之一就是：格烏茲塔明娜，你不是愛它就是討厭它！很難想像還有哪一款葡萄酒，愛恨人數旗鼓相當。《華爾街日報》的葡萄酒專欄作家萊蒂・泰格寫到她與朋友舉辦格烏茲塔明娜試酒，是「這陣子以來的最兩極化的一場試酒會」。

在澤西島長大，人人都會有一種朋友，你知道的，就是有一點點過分的那種。你也知道這個型：大聲喧譁，噴一堆古龍水，露出有點太多的胸毛，戴著華麗的手錶，或者一條金鍊子，給小費出手闊綽。可是你和這傢伙出去時，他可能會膽怯，他很難和某些朋友合得來，因為有些人瞧不起他。然而，他從未停止給我驚奇──他仍想設法以霸道行為來引起很多人的矚目。偏偏就是有很多人喜歡這傢伙。我常常覺得，格烏茲塔明娜有點像這個哥兒們。

如果你不認為格烏茲塔明娜是個矮小的澤西人，想想我遇到的維也納釀酒師對格烏茲塔明娜的描述：「這就像你有滿滿一教室行為端正又安靜的好孩子，卻總有一個吵鬧脫序的小孩，粗暴喧譁。那個喧譁的小

孩正是格烏茲塔明娜！」沒錯，明白了。

　　總之，我偏偏愛上格烏茲塔明娜。沒錯，它既過度強勁有力，又欠缺細緻。可是沒有東西能有像它那種龍飛鳳舞般的玫瑰、丁香與荔枝的香氣，酒精與甜味，被少許清新的酸味和白堊質地礦石氣息平衡掉，它絕對是一支扣人心弦的酒。在找不到佐酒好搭檔時，格烏茲塔明娜是你的好哥兒們。辛辣的泰國食物，沒問題。臭烘烘的乳酪，沒問題。燻鮭魚，沒問題。花生醬，沒問題。藍莓燉飯，沒問題。我總是推薦大家，它是大多數美國秋季盛宴的最佳葡萄酒，比方說一頓吃進三千大卡的感恩節晚餐；對比口味混搭的大餐——火雞、地瓜、烤四季豆、抱子甘藍、蔓越莓醬、南瓜派——自此令人生畏的佐餐酒難題迎刃而解。格烏茲塔明娜終結難題。儘管如此，很多葡萄酒徒仍不信服。我不確定哪一個更令他們卻步：大膽的口味——事實上，格烏茲塔明娜酒精濃度幾乎總是14%或更高，還是只是名稱——還是一樣，對格烏茲塔明娜的恐懼。「要是美國人唸不出一支酒的名字，他們往往就不會常喝它，即使他們其實喜歡。」喝著科爾特倫齊奧酒莊的格烏茲塔明娜時，帕西妮這樣告訴我。如果我們用它的義大利名字「Traminer Aromatico」，說不定市場接受度會更高？

　　距離皮爾霍夫二十分鐘車程，就是詩情畫意的阿爾卑斯山村鎮塔明鎮（Tramin，義大利文Termeno）。塔明娜也是一款有過很多次變異配種的葡萄名稱。如同瑞士的海達一樣，塔明娜就是莎瓦涅，也就是我在前一章裡探討過的珍稀葡萄品種。格烏茲塔明娜字意是「辛辣的塔明娜」，據信，是塔明娜的變異種。塔明娜（或稱莎瓦涅）極其古老，很可能是黑皮諾、白蘇維濃和綠菲特麗娜等葡萄的親株。

　　然而，塔明鎮是不是塔明娜的發源地卻不得而知。以地為名的塔明娜起碼從十三世紀以來，就產出高品質的葡萄酒，不過那些酒可能都是與當地葡萄的混釀酒。德國葡萄酒歷史學家克里斯汀·克雷默（Christine Krämer）曾探討過塔明娜確實的發源地，她很有把握這種葡萄來自德國西南部。不管是誰，頭一個種植這種葡萄，並且命名它為塔明娜的人，可能是想利用塔明娜葡萄酒所帶來的名氣。

「塔明鎮的鎮長一直都告訴大家，這裡是格烏茲塔明娜的故里。可是我很懷疑。我認為它來自德國，」馬丁‧福拉多里‧霍夫斯塔特（Martin Foradori Hofstätter）說；他是塔明鎮的釀酒師。「但也沒關係，如果它來自德國。因為好過來自法國。」不論如何，霍夫斯塔特說，「格烏茲塔明娜就種在我的酒窖大門前面，所以我很注意它。」

由於超過十二個國家都種植格烏茲塔明娜，因此它被視為一款國際葡萄。比方說，鄰近德國邊境的法國酒區的阿爾薩斯，可能就是它最著名的產地。不過全球只有不到三萬英畝種植面積，所以格烏茲塔明娜依然不受葡萄酒徒熟知。其中一個原因可能是，全球的格烏茲塔明娜大多釀成甜味葡萄酒，有明顯殘餘的糖。「一般美國葡萄酒徒聽到格烏茲塔明娜這個字的時候，99.9%的人會說，『我不喜歡甜味的葡萄酒』。」霍夫斯塔特告訴我。但是上阿迪傑的格烏茲塔明娜之所以獨樹一格，最重要的是，它完全均衡無比又不甜，還散發微妙的花香與果香。

在塔明鎮上，我還拜訪了評價極高的埃琳娜‧瓦爾希酒莊（Elena Walch）的卡羅利納‧瓦爾希（Karolina Walch）；這個酒莊是瓦爾希的母親創立的。「我們真的相信格烏茲塔明娜是我們的品種。」瓦爾希告訴我。「而且對我們來說，它一直都是不甜的。」我們試飲了她的強烈的格烏茲塔明娜，還有她那優異的卡斯特林堡（Castel Ringberg）單一葡萄園的灰皮諾。當我說自己很驚喜這款灰皮諾如此之美妙又引人深思時，瓦爾希說，「是啊，沒錯，以我們身為發源地來說，是某些灰皮諾毀壞了灰皮諾的名聲。」瓦爾希告訴我，格烏茲塔明娜其實是酒莊在義大利境內最暢銷的酒。「義大利人喜愛芳香的白酒。」她說。

要如何說服美國人也愛芳香的格烏茲塔明娜呢？有一段時間，我一直以為格烏茲塔明娜真正需要的是重新命名。為何不？大眾和公司行號不也一直在改造自己嗎？甚至食物亦如是。或許格烏茲塔明娜就如同羽衣甘藍，這種低賤的蔬菜重新命名成了超級食物。也或許像「是拉差香甜辣椒醬」（Sriracha），曾經數十年來不過是個不起眼的泰式醬料，直到美國速食業者把它當成美乃滋用。也或許像南瓜香料，或鹽味焦糖，或抹茶，或任何味道，數年來無人聞問，如今無所不在。

後來發現，有人已經早我一步想到重新命名的點子。數年前，塔明娜酒莊（Cantina Tramin）擁有三百名農人的合作社，發起「格烏茲塔明娜文藝復興運動」，目標就是要展現這款葡萄酒的高度多樣性與食物百搭性。在塔明鎮時，我去參觀了泰爾梅酒廠酒廠，在與釀酒師威利・斯特爾茲（Willi Stürz）試酒時，我提到重新命名的事，「很多人仍認為格烏茲塔明娜很厚重又甜又複雜。可是其實它很順口好喝。」斯特爾茲說。

　　藉著格烏茲塔明娜文藝復興運動，泰爾梅酒廠整合了義大利、德國、丹麥、日本、泰國和美國九家餐廳的大廚和侍酒師。其目標是要消除一個觀念：格烏茲塔明娜很難佐餐。該活動裡，餐點上自番紅花燉飯到義大利麵佐燻鱒魚，下至梅花肉配雞油菌，乃至於生魚片、鮮干貝佐青蔥。這場活動也規劃了一個網頁，還有一本三十五頁厚的食譜。

　　「我們認為，格烏茲塔明娜是我們最重要的葡萄。可是我們覺得受到歧視。有太多次，人家會說，『噢，格烏茲塔明娜，我不喜歡。』」泰爾梅酒廠的公關經理岡瑟・法奇內爾（Günther Facchinell）——他的名字可能是波扎諾與上阿迪傑有史以來最完美的一個。

　　「釀造格烏茲塔明娜非常困難，」法奇內爾說，「需要炎熱的日子，需要太陽，需要空氣清新。如果你試飲格烏茲塔明娜，會嚐到好壞差異很大的結果。可能會是一次濃郁的香氣體驗，滋味大爆發。」

　　有一次，在我們稍後的試酒時，我努力想解釋我個人對格烏茲塔明娜的感覺，就好比它是我那澤西島的老哥兒們。斯特爾茲和法奇內爾滿臉狐疑地看著我，似乎一頭霧水。「我們寧可說格烏茲塔明娜是個女人。歌劇紅伶。」法奇內爾說。

　　這個想法或許可以解釋，泰爾梅酒廠聲望最高的格烏茲塔明娜葡萄園——Nussbaumer，官方網站上那首做作的詩：

裸露肌膚披上金絲，

彷彿日落時分在海灘上烤的蝦。

親愛的瞥了一眼輕聲歎息。

漫舞玫瑰，醉眼迷濛如飲火之歌。

「你不覺得它是女人嗎？」斯特爾茲問。

也許格烏茲塔明娜真正需要的神奇更名術是：將我的老舊滿頰鬍碴、戴著金鍊子的哥兒們，變成穿著沙龍明豔照人的紅伶。

● ● ●

我在腦海裡，開始把關於格烏茲塔明娜和奇妙愉快的藍莓燉飯混為一談。不論我有多麼喜歡從事新嘗試，我對傳統與真實性也頗敏感。在義大利各地旅行的歲月裡，我從未見過由漿果或任何水果製成的燉飯。但上阿迪傑有好幾個人向我保證，這是阿爾卑斯山區很典型的菜。最後終於有機會和皮爾霍夫的廚師丹尼爾·薩尼爾（Daniel Sanir）閒聊。「我喜歡做新的東西，」薩尼爾說，聳了聳肩。我問他，要說服義大利語的族群試試看藍莓燉飯會不會很困難。薩尼爾告訴我，是有點難度，可是這道菜通常會贏得大家歡心。「有時候客人會想，『我不知道，用藍莓燉飯很奇怪。』但是等他們吃到，九成的人都愛得不得了。」

我很感興趣，我翻閱經典暢銷食譜《銀匙》（Il Cucchiaio d'Argento）──基本上算是義大利版的《廚藝之樂》（The Joy of Cooking），查了幾個草莓、蘋果和藍莓燉飯的食譜。我到網路上搜索，二十世紀末義大利烹飪雜誌上有一大堆水果燉飯食譜。然而，再深入探究，向義大利朋友詢問時，我很快就恍然大悟，水果燉飯是個令人生畏的話題。大多數人立即關閉了討論，「水果燉飯？荒謬！」當我進一步逼問，有些人便承認說幾年前，漿果燉飯曾有過一次小小的流行，甚至電視烹飪節目也示範過。「但我從來沒有吃過，」那些人提高心防說。「這聽起來很奇怪。」提起水果燉飯這個話題時，我的朋友史蒂凡諾變得如此惱火，他喊道：噁心到吐！這是常見的粗鄙話，意思是「太可怕啦。」

在錯綜複雜的訊息裡，我得到一個結論，那就是水果燉飯絕非子虛烏有，只不過大多數義大利人不願討論它。也許它就像大衛·赫索霍夫（David Hasselhoff）[1]的音樂生涯在美國人心目中的感受一樣。因此，說

不定這樣是說得通的，因為在南提洛的人講的是德語。即使如此，我在當地依然遇上含混其詞的情況。一開始我寫電子郵件給「波扎諾創新發展營銷」（IDM Südtirol），它是推廣那個地區產品與觀光業的代理商，我問他們有關水果燉飯的事。公關人員回覆，但心防甚高，「我會建議『鹹肉燉飯』才是我們的真正代表性菜餚。」很幸運的是，我找到美食作家厄瑪・藍妮雅・派絲（Yrma Ylenia Pace），她編過生活雜誌《有條不紊的家居》（La Casa in Ordine），曾在她的部落格「甜蜜的火焰」（A Fiamma Dolce）寫過野漿果燉飯食譜。這份食譜其實曾在2015年米蘭展覽會獲獎。該展覽會是由一個大型的米食公司贊助，旨在「以義大利的材料，做出最美麗的燉飯」。住在上阿迪傑靠近特倫提諾的阿爾卑斯山區的派絲確定，多羅米提山（Dolomites，阿爾卑斯山的一部分）是有漿果燉飯這道菜的。

我所找到的漿果燉飯多半需要用到當地的阿爾卑斯山紅葡萄酒，這類酒我也趁著在上阿迪傑期間蒐羅了一番。灰皮諾可能是個廣為人知的名稱，但是格烏茲塔明娜卻大有爭議；阿爾卑斯山的紅葡萄如拉格蘭（Lagrein）和斯奇亞瓦（Schiava）堪為目前稀有性最高的代表。「上阿迪傑要想以我們的紅葡萄酒贏得名氣，要費一番努力。」瓦爾希告訴我。

「這些是為專家所釀的葡萄酒，」霍夫斯塔特說。他陳述自己1990年代時頭一回出差到美國。「賣冰給愛斯基摩人，都比賣掉一瓶拉格蘭容易多了。」許多年來依然如此，比方說產自南提洛的拉格蘭，都是德語世界裡最珍貴的紅葡萄酒。十四世紀神聖羅馬帝國皇帝查理四世（Charles IV）曾昭告天下，拉格蘭是最好的美酒佳釀。

在提洛（Tyrolean）葡萄品種當中，不論紅葡萄或白葡萄，拉格蘭對我似是最具未被開發潛能的一種葡萄，種植面積卻不到一千兩百英畝。帶著迷人的墨色，美好的酸度，還有柔和的單寧，拉格蘭比我們慣

---

1. 美國影集《海灘遊俠》男主角。後來改行做歌手，毀譽參半。

常所見果醬般、熟透了超級濃縮，或散發橡木味的紅葡萄酒清淡多了。它清新，有一股鹹味，內在散發礦石味，還有一股愉悅的絕妙感。這款鄉村酒的那股誘人優勢，正是我最喜愛的部分。「我稱之為……葡萄酒。我們說了太多酒的這個那個。我們應該享用更多像這樣的葡萄酒，誘人的葡萄酒，」霍夫斯塔特說。「然而我們的目的是掃除這款葡萄酒裡過多的粗鄙性。」在好的拉格蘭裡，你可以感覺到粗鄙與文雅在拉扯較勁。

我造訪圖爾霍夫堡（Castel Turmhof）。這裡是蒂芬布倫納（Tiefenbrunner）家族自1675年便擁有至今的產業。不過，這裡釀造葡萄酒遠在那個年代之前：羅馬帝國時期有個名叫「林汀格拉魯斯」（Linticlarus）的要塞，根據記載，早在十四世紀，特倫托大教堂（Cathedral of Trento）就從此地買酒。1857年，產自圖爾霍夫堡的八種葡萄酒被送到位於維也納的第一帝國奧地利農業展覽會參展，贏得了帝國試酒委員會的最高榮譽。在貼著蒂芬布倫納酒莊酒標的葡萄酒當中，最出名的是生長在海拔超過三千英尺處的慕勒-圖高（Müller-Thurgau葡萄釀製的費爾德馬紹爾・馮・芬納（Feldmarschall von Fenner）葡萄酒。正當蒂芬布倫納酒莊的白葡萄酒名聲漸大，我同時也發現了它的紅酒。我尤其深深著迷於拉格蘭珍釀酒，它靠著優異陳放性似乎正一步步邁向高級佳釀的領域。

蒂芬布倫納酒莊最新一代經營者克里斯多夫（Christof Tiefenbrunner），也倒了他的斯奇亞瓦給我品嚐；那是一支口感輕盈、獨特明亮富含單寧的紅酒，色澤幾乎近似玫瑰粉。斯奇亞瓦在當地德語俗諺中被稱為菲馬切（Vernatsch），曾幾何時是上阿迪傑地區的日常葡萄。即使到了今日，斯奇亞瓦種植面積仍是拉格蘭的兩倍。克里斯多夫說，近年和四十年前一樣，斯奇亞瓦占了酒莊產量的七成，不過現在已經不到五成了。「這種葡萄有一個問題是，同一個葡萄園適合斯奇亞瓦，也適合黑皮諾。因此，農人都除掉了斯奇亞瓦。」克里斯多夫說。黑皮諾，此地稱為皮諾奈諾（Pinot Nero），被引進上阿迪傑的方式，和它在幾乎每個地方都如出一轍。

蒂芬布倫納酒莊不是讚揚斯奇亞瓦（或稱菲馬切）日常價值的唯一酒莊。在特蘭諾酒莊時，安特霍茲納曾告訴我，「我們在波扎諾有一條黃金定律。從早上到中午，老人家都在喝白皮諾。可是等到教堂鐘聲敲響正午時分，他們立刻改喝斯奇亞瓦。」我可以第一手體驗這麼說，如果你想一杯就止，斯奇亞瓦是危險的葡萄酒。

你會漸漸在美國看到越來越有新意的葡萄酒單上出現斯奇亞瓦，通常是放在托林格（Trollinger）的名稱下，因為托林格是它的德文名字。我認為這種明亮、幾乎呈粉紅色澤，但構造上卻是紅酒的葡萄酒——就像皮埃蒙特的格里尼奧利諾（Grignolino），或是加納利群島（Canary）的黑麗詩丹（Listán Negro）——正是這種會在美國炸紅的葡萄酒。我認為，它是喜愛粉紅酒勇於冒險的酒徒，或甚至喜歡輕盈口感的黑皮諾的一些人，應該會採取的理智下一步。可是侍酒師和零售商會告訴你，美國排斥淡的紅葡萄酒。比方說《華爾街日報》專欄作家萊蒂・蒂格（Lettie Teague）就曾寫道，「對許多葡萄酒徒來說，淡紅酒令人厭惡，是一種可以缺席的葡萄酒。」蒂格的一位朋友告訴她，直言不諱，「淡紅酒聽起來徹頭徹尾不像美國。」對於我們這些喜歡斯奇亞瓦的人而言，這種川普式回應真令人無言嘆息。

就在我的上阿迪傑之旅快接近尾聲之際，我參觀了位於卡爾達羅省（Caldaro，德文稱Kaltern）的薩列格堡酒莊（Castel Sallegg）。自1851年以來，薩列格堡歷經了奧地利的雷納大公（Archduke Rainer），倫勃第王國-威尼斯共和國總督（Viceroy of the Kingdom of Lombardy-Venetia），到坎波夫蘭科公主（Princess of Campofranco），才轉手到今日的業主伯爵馮庫恩堡（Count von Kuenburg）。

薩列格堡座落在溫暖微氣候圍繞的卡達羅湖（Lake Caldaro），因此紅葡萄在此地生長格外優良。在參觀過伯爵歷史悠久的酒窖之後，我在陽光和煦的庭院，身處柳橙樹與鳥語啁啾，與釀酒師馬蒂亞斯・豪瑟（Matthias Hauser）試飲酒莊型錄上的佳釀。「此情此景簡直太美了，」我說。「我懷疑這是不是會影響我們的試酒？」

豪瑟笑著開玩笑，「實際上，會的，這些葡萄酒都是垃圾。但是你

不會發現的，因為氣氛這麼好，這麼迷人。」

這些葡萄酒的確非常出色，真的無關乎場景。拉格蘭葡萄酒輕輕帶過一絲強勁香草混著黑莓味，帶著一股遮掩不了的張力。比紹夫斯泰因堡（Burg Bischofstein）酒莊的斯奇亞瓦則是理想型的「非美國」淡紅酒，適合日常飲用——清脆、鋒利、富含鹹味和黑色水果味，簡樸但出乎意料的愉悅。它是會讓你丟開軟木塞的這種葡萄酒，抓一大盤鹹豬肉或火腿，下午時分忘卻工作種種。

倘若我是當今的安東尼·特拉托的話，在薩列格堡的院落裡品飲著斯奇亞瓦，我很可能會有同樣的頓悟。美國葡萄酒徒的口味倏乎變幻莫測。他們要更強勁、更難懂，但不要如此酒體豐滿濃烈又充滿橡木味的白酒和紅酒。他們要的是日常飲用的葡萄酒，比方說斯奇亞瓦，其關鍵字就是好喝。即使很多人目前會覺得這種葡萄酒一點也不美國，但像特拉托這樣的傢伙會有能力稍微有一點遠見。如果我是那種傢伙，我理所當然會給伯爵馮庫恩堡一個他拒絕不了的報價。

● ● ● ●

結束在上阿迪傑之旅，我駕車往東開了三個半鐘頭，穿過多羅米提山，途經聖克羅切湖，亦即我第一次在多拉達餐廳品到迪莫拉索葡萄酒的村鎮，接著直下波歇可氣泡酒區，取道維托里歐威尼托（Vittorio Veneto），也就是翁貝托·科斯莫和辛西亞·坎吉安大力推廣格萊拉氣泡酒（也稱波歇可）之處，再通過波爾托格魯阿羅；我在那裡與特拉托試飲了十八支灰皮諾。最後，我進入佛里烏利-威尼斯朱利亞自治區，一路奔馳直抵戈里齊亞，逼近斯洛維尼亞共和國邊境。真是好險，我搭上計程車前往飯店經理推薦的一家賭場，竟被載過了漏洞百出的邊境幾分鐘，進入了斯洛維尼亞。和上阿迪傑一樣，戈里齊亞一直是哈布斯堡王朝的領地，直到一次大戰才被義大利接管。

我特別喜愛這支名字佶屈聱牙的佛里烏利（Friulian）紅葡萄酒，它是以原生種葡萄釀成，比方紅梗雷弗斯科（Refosco dal Peduncolo

Rosso）和斯奇派蒂諾（Schioppettino）；後者在二十世紀時幾乎滅絕，但在某個熟悉的義大利語境裡又死而復生。灰皮諾也在佛里烏利大量生長。不過在這趟旅行裡，我特別專注在原生種佛里烏利白葡萄品種，尤其黃麗波拉（Ribolla Gialla）和弗里那諾（Friulano）。更特別一些的是，我對那些白葡萄被釀成橘色——或佛里烏利當地人往往稱之為銅色——葡萄酒的品種格外感興趣。橘酒可以用任何一種白葡萄釀成，不過，在過去十年間，但凡是充滿冒險精神的酒徒，都注意到橘酒是從這裡擴散出去的，就在這個義大利與斯洛維尼亞接壤處。

從戈里齊亞往北大約十五分鐘車程，就到了烏斯拉夫（Oslavia），我拜訪了兩位附近的釀酒師，斯坦尼斯勞斯・雷迪肯（Stanko Radikon）和鳩斯科・格拉夫納（Josko Gravner）。雷迪肯和格拉夫納都在1980年代時，就採取自然有機農法，秉持不干預主義釀造天然葡萄酒，是自然發展葡萄酒運動的早期先驅，該運動如今早蔚為葡萄界一股勢力。

格拉夫納的頓悟來自1987年加州的十日之旅，他當時試飲了超過千種的葡萄酒。他不喜歡喝到的酒。「回家後，我說，『我不喜歡葡萄酒這種趨勢。葡萄酒再也不是葡萄酒了。』我必須另闢蹊徑，不用實驗室出來的葡萄釀酒。當你知道葡萄酒裡面有超過三百多種添加物時，你再也不想喝那些酒了。在實驗室裡做酒，葡萄酒就失去了它的靈動妙音，它的詩意。」

格拉夫納做的第一件事就是拔掉自己所栽種的所有夏多內和灰皮諾。取而代之的是，他改種黃麗波拉（Ribolla Gialla）葡萄藤。「黃麗波拉生長在這裡已經有千年歷史，而且它只長在這裡。」接著他開始採用本土的野生酵母，停用硫化物，也不再過濾他的葡萄酒。「一旦葡萄酒過濾了，就只是一瓶飲料罷了。」在1990年代末，他前往喬治亞共和國朝聖，學到如何用陶器釀造葡萄酒，然後將這些陶土瓶帶回到烏斯拉夫。在他的酒莊裡，沒有鐵箱或木桶，只有單個微亮開放的房間，放著瓶身埋在地下只露出瓶口的陶罐。格拉夫納基本上將收成的葡萄倒進這些陶罐，讓葡萄自行展現化為美酒。

「這些葡萄酒難以捉摸，」我們在試酒時，格拉夫納告訴我，

「它們令人不安。」的確很難精切描述格拉夫納的黃麗波拉葡萄酒：一會兒散發堅果味，接著是蠟味，突然之間出現鹽味，又轉為氧化型（Oxidative）香氣複雜豐富，緊跟著是蘑菇氣息，再來是溫暖的橘子和杏桃乾，最後卻又回到堅果味。試酒時每分每秒，我心神變化多端──我愛它，也討厭它。有某一瞬間我以為格拉夫納是天才，接著……說不定是沒穿新衣的國王。這個人甚至發明了他自己的葡萄酒杯，差不多就像盛放冰塊的大矮酒杯，因為他相信那樣能最完美凸顯他的葡萄酒。我犯了個錯，稱呼這些葡萄酒是「橘色」，被他罵了一頓。「我們不稱它們是橘色，」他說。「我們稱之為琥珀色。」

路的另一頭，雷迪肯不像格拉夫納那麼教條，儘管他也遵循嚴格的自然葡萄酒釀造法。他告訴我，他父親鼓勵他種植古老的原生品種葡萄。「你必須種黃麗波拉，因為這是當地的品種，它會讓你滿意的。」可是，雷迪肯同時種了灰皮諾、夏多內、還有白蘇維濃。不同於格拉夫納，雷迪肯不用喬治亞的陶罐，而是用巨大的斯洛維尼亞古老橡木桶，來釀製他的橘酒，而且他讓葡萄酒陳放五至七年之久。

或許他最優良的葡萄酒，是來自弗里那諾葡萄；在越過邊境斯洛維尼亞，這種葡萄被稱為拉萬（Ravan），而在它的發源地法國西南地區則稱為蘇維濃納斯（Sauvignonasse）。事實上，為何會用弗里那諾這個名字，根本毫無章法可循。十九世紀時，弗里那諾在義大利稱為托卡依（Tokaji），接著，從1930年代起，改稱多卡・弗里那諾（Tocai Friulano）。然而，到了二十一世紀初，匈牙利向歐盟抱怨義大利人採用多卡・弗里那諾這個名字──想盡辦法要捍衛托卡依這個名稱，因為托卡依是匈牙利頗負盛名的法定原產地名稱。2008年，義大利釀酒師被迫正式改稱這種葡萄為弗里那諾。諷刺的是，就在同一年代，匈牙利人也向歐盟抱怨，說阿爾薩斯、法國的釀酒師稱灰皮諾「多卡」（Tokay）。自2007年起，多卡這個名字遭到禁用，而阿爾薩斯人必須將灰皮諾標示為「Pinot Gris」。

「橘酒（Orange Wine）？它不過就是用白葡萄釀成的紅葡萄酒，」他說，無可奈何聳聳肩。雷迪肯其人如酒標，同樣十足嘻皮笑

臉。他稱呼他的一支葡萄酒是「Orange」。他最著稱的橘酒，以百分之百弗里那諾葡萄釀成，酒標寫著「解渴」（Jakot）——把「Tokaj」反過來，打臉歐盟和匈牙利。「解渴」也是一支令人不安的葡萄酒：清新又充滿鮮活的酸度，可是一會兒是松林，下一瞬間變成薄荷菸，接下去是一片黑巧克力，再下來是一大把杏仁果。我喜歡嗎？重要嗎？我告訴雷迪肯，我在費城某餐廳酒單上看見過「解渴」，標價是98美金一支，他瑟縮了一下說，「太貴了。」

雷迪肯在2016年9月因癌症過世，那時我正在撰寫本書。葡萄酒作家阿西莫夫在《紐約時報》上一則訃聞寫道，「他的葡萄酒體現了某種程度的美感與真理，那正是葡萄酒愛好者每次開瓶時所追求的。」那日午後，我僅僅與這位男士共處了兩個鐘頭。但是我清楚記得在試飲結束後他告訴我，而且跟我說再會：「這些是未來的葡萄酒，因為他們是天然的。」

在實驗室裡做酒，葡萄酒就失去它的靈動妙音。
它的詩意、未來的葡萄酒是天然的。

Part.3

以稀有為賣點

SELLING
OBSCURITY

但是你至今仍保存好酒。

But thou hast kept the good wine until now.

——約翰福音（JOHN）2:10

Chapter 11

等待孽子
巴斯塔多

Waiting for
Bastardo

多年以前，我去了西班牙洛格羅尼奧（Logroño），它位於里奧哈（Rioja）的中心位置，出席「數位葡萄酒交流會議」（Digital Wine Communications Conference）。當時正值我終於放棄雞尾酒專欄不久，離開《華盛頓郵報》去追尋葡萄酒（歷經兩年不能忍受地遊說我的編輯卻徒勞）。數位葡萄酒交流會議先前名稱是「歐洲葡萄酒部落客會議」（European Wine Blogger Conference），但是活動早已改變方針以遷就迅速崛起的「內容創作者」行業；這些人既非葡萄酒記者，亦非葡萄酒業界行銷人員，而是存在於諮詢服務與自由寫作這塊灰色地帶裡的人士。會議中最棒的時段是試飲陳年的里奧哈，以及其他的西班牙葡萄酒。大多數時間我都不去參加座談會，比如「全球品牌在社交方面的挑戰」。老實說，我有一點急切想找兼差工作，而且已經接洽到英國飲酒雜誌的一位編輯，他正在找專欄作家。泰半時間，他和我就是在洛格羅尼奧美妙的西班牙餐酒館（Tapas Bars），大啖風乾里肌（Embuchados）、辣味番茄醬拌馬鈴薯（Patatas Bravas）、加利西亞風味章魚，大口喝著所有葡萄酒。

會議的最後一天，葡萄酒馬賽克社團主辦了一場盛大的品酒會議，由維拉莫茲博士和他的共同作者哈定審核評分，主題是「天然的伊比利葡萄品種」。他倆的書《釀酒葡萄》已經出版，而這是我第一次聽到葡萄酒馬賽克的名號，以及它在搶救天然葡萄的任務。我抵達會場時有點遲到，坐在後頭，鄰座是一位上了年紀的英國葡萄酒作家，羅伯特・喬塞夫（Robert Joseph）；他的小組討論會是「何謂葡萄酒傳播，誰是葡萄酒傳播者？」我聽完了全場。喬塞夫自以為是那種說真話冷嘲熱諷的人，他的簡報內容大多在臭罵我們是「自大傲慢」的作家，不願談論流行的葡萄，例如灰皮諾，還有大眾品牌，如黃尾袋鼠（Yellow Tail）、赤足（Barefoot）、窈窕淑女（Skinny Girl）、杯子蛋糕（Cupcake）、藥房（Apothic）。他責難我們不夠平民化，告訴我們應該更多多效法電影影評家羅傑・伊伯特（Roger Ebert），因為他稱許超級英雄大片如《蜘蛛人》，還有廣泛的喜劇如《門當父不對》（Meet the Fockers）。終場時，他說我們的工作並不重要，因為在他的社交媒體關注者當中有位「辦公室的比爾」，可能會是比我們任何一個都更有影響力的葡萄酒傳播者。一切聽似很憤世嫉俗：大多數消費者都對葡萄酒感到非常失望，所以你應該要投其所好。

　　在盛大的試酒會上，維拉莫茲博士和哈定展示了十支葡萄酒。我特別著迷於珍稀古老的葡萄牙品種：維特（Vital）、阿瓦里浩（Alvarelhão）、多瑞加芙米亞（Touriga Fêmea）、白夫人（Jampal），還有安桃娃（Antao Vaz）。我曾去過葡萄牙不下十二次，可是我從未聽說過任何這些葡萄品種。其實，安桃娃清新、清脆，又散發成熟杏桃和蜂蜜的芳香，而白夫人有著煙燻味和豐滿的酒體，令人愉悅，兩者皆是白葡萄酒，因而更顯珍稀。

　　正當我就要陷入試酒的冥想心靈境界之際，喬塞夫開始放大嗓門──對著我──帶著先前同樣冷嘲熱諷多瑞加芙米亞的語氣。「我們捐了多少來贊助這次慈善會？」他說。一開始，我努力不去理他。環繞我們周圍的人都聽得見喬塞夫的激烈質問，我不想讓人以為我們是一起來的。可是他沒打住，更大聲。「我們現在已經花了四十分鐘在同一支葡

萄酒上面了！」

「你不喜歡白夫人嗎？」我囁嚅著問，不自在地東張西望，希望能平撫責難。但一切徒勞。

「呃，或許我們應該花四十分鐘體驗更多非極度明顯的味道。」

我不知道該如何是好。喬塞夫在英國葡萄酒寫作圈子裡赫赫有名。他任職《星期日電訊報》葡萄酒通訊記者十六年，曾出版過二十八本書。他的會議介紹上說，他是「酒鬼聯誼會」（Chevaliers du Tastevin）、布根地葡萄酒愛好者的祕密社團成員，同時也是會員專屬的「波爾多兄弟會」、梅多克邦坦普斯（Bontemps du Médoc）和格拉夫總司令部會員。對於一個苛責其他葡萄酒作家應該平民化並聊聊黃尾袋鼠與赤足葡萄酒的傢伙，那些會員資格顯得相當浮誇。但當時的我幾乎一無所悉。而且，我算哪根蔥吼他閉嘴？我在葡萄酒界裡沒有資格。也許，赫赫有名的葡萄酒作家理應是無恥混球吧？

「我真心喜歡這個酒，」我說，指了指這款細緻、年輕、低酒精的阿瓦里浩（Alvarelhão）。「可能稍微有點微妙，但是如果你再喝一小口，再多想一下……」

「哈！」他打斷我。「如果你關在監牢裡，你只會喝到水，就對它一直念念不忘。」

受夠了數位葡萄酒交流會議，在他們倒多瑞加芙米亞（Touriga Fêmea）之前，我離開了會場。一直到兩年後，在瑞士吃瑞克雷乳酪，我才終於得見維拉莫茲博士。

隔日，在抵達機場發現從畢爾包返家的班機，因為風災歐洲關閉好幾個機場而延遲七小時時，我依然還在回想著這幕情景。在那七小時當中我花了五個鐘頭半，擠在數百人隊伍裡，在漢莎航空櫃檯前，而兩位受寵若驚的工作人員前所未見的慢吞吞，努力幫三百多名乘客轉機。隊伍艱難往前挪動，我無助地看著起飛螢幕上一班又一班飛機起飛離去，飛往巴黎，往倫敦，往馬德里，往里斯本，所有航線都不到我的家鄉。我在早上有個重要的會議要開，而且還要參加兒子生平第一場足球賽，我答應要去當教練的。一個鐘頭又一個鐘頭過去，我明白自己兩樣都趕

不上了。等到我排到隊伍前面時，飛越大西洋的班機要隔日才有，於是我換了一班傍晚去法蘭克福的飛機。我拿到一張手寫的旅館抵用券，和一張免費晚餐券。

旅行具有奇異的能力，可以將最平淡無奇的，變成最刺激的。非常適合寫作。但對於不需要那麼多戲劇性刺激的事，這也可能不是那麼好。在旅行與工作的宏偉計畫裡，這些相對之下都不算什麼。在多年旅行途中，我曾搭上兩架差一點墜毀的班機，還曾旁觀政治示威中逮捕演變成暴力動亂事件，也曾成了好幾起重大犯罪事件的受害者。

這次的旅行中斷甚至不同於把我困在冰島的火山爆發意外。對航班延誤七小時，我的典型反應通常只是飆罵，打幾通無用憤怒的電話給航空公司，最終只能沉重嘆息，然後喝酒。

到達法蘭克福機場時，天已黑下著雨，計程車把我載到位於郊區一個名叫默費爾登（Mörfelden）工業區中心的一家旅館。登記入住後，我向兒子解釋我無法及時趕回家踢足球，聽完我老闆對我缺席會議的深感沮喪，然後我下樓到過分明亮的餐廳，抓起一份菜單。我一團糟。這趟旅行理應有助於展開葡萄酒生涯。可是沒有。事實上，它讓我覺得葡萄酒這東西不適合我。不論如何，我超級需要食物慰藉，而第一個向我召喚的就是維也納炸牛排。為什麼？我不知道。可能我懷念起在澤西島時，母親的老式乾酪小牛肉。也許它有別於我這些日子以來吃到想吐的西班牙小菜。不論如何，我點了維也納炸牛排，並且拿出我的抵用券。嚴苛的服務生冷笑著指向角落可憐巴巴的自助餐檯：一些走味的麵包、凍結的湯、一盤放了好幾個小時橡皮似的雞肉。這顯然是漢莎航空公司抵用餐券的滯留旅客特餐。

我把服務生叫了回來。「拜託，先生，」我說。「我累了一天，我真的需要吃的是這道維也納炸牛排。」

「這要21歐元，」他說，「那邊的食物是免費的。」

一整天來我多半冷靜淡定，但我突然之間完全失去理性衝動大叫大吼。「聽清楚，我不在乎要付什麼錢，」我說，音量提高，「我要你給我這道維也納炸牛排。立刻馬上現在。拜託。」嚴苛的服務生態度

一百八十度轉變，臉上浮現同理心。他點了點頭，寫下我點的菜，連忙取走菜單。過了數分鐘，他端上炸牛排。連同牛排，還送來一瓶萊茵黑森（Rheinhessen）的麗絲琳。

「先生，」他說，「我很抱歉無法兌現你的抵用券。我問了經理，他說我可以給你這支麗絲琳做抵用。」我默默謝了謝他，目光迴避開，滿臉泛紅。

我狼吞虎嚥炸牛排，一口飲盡葡萄酒。不是最棒的炸牛排和麗絲琳，不過出於某些怪異的理由，我的雙眼婆娑，淚滴滿頰。這是挫折的淚水，但也是極度窘迫的淚水。旅途中在我腦袋裡增強的戲劇性，自私地置這位服務生於棘手的專業困境裡。他不過是想要確定我清楚地了解自己不要吃免費食物罷了。我當然不是這家機場旅館頭一個激動的滯留乘客，過去勢必有過誤會和抱怨。在默費爾登這個討厭的夜晚，他不需要經理找他碴。同時，我也把此時此刻變成了焦慮煩躁的頓悟。或許，只有某個讀了太多旅遊書的可笑傢伙，才會在機場旅館孤伶伶吃著炸牛排時，想起薩德‧卡普欽斯基（Ryszard Kapuściński），可是我想起了卡普欽斯基的經典大作《足球戰爭》（The Soccer War）裡面的一句話：「這個世界上有那麼多廢話，然後突然間，就有了誠實與仁慈。」

這一整個情節，突如其來卻安靜地轉變，從平淡到跌宕，從愚蠢到美麗，從憂鬱到滑稽，從無關緊要到深切，都是些通常會發生在我的葡萄酒旅行的事。葡萄酒以高深莫測的方式展現自己。德國文化批評家華特‧班雅明（Walter Benjamin）曾說，「我想要寫直接出自事物的東西，好比葡萄酒出自葡萄那樣。」我相信班雅明是在呼麻很嗨的時候說出這番話的，所以，說不定我誤解他，但我想要這麼做。總之，我在寫雞尾酒時，有一點高談闊論——好聽一點是「固執己見」——和喬塞夫沒兩樣。這是在雞尾酒領域工作的人，有著華麗的調酒個性，華麗的蒸餾酒，以及狂野，但未必始終真實的烈酒故事。有什麼細節並不重要。而且雞尾酒的確定性更容易搞定。

但葡萄酒全然不同。我要學習的。想了解葡萄酒的一切是不可能的。而且，總是有某人、某專家會告訴你，你錯了。因此，葡萄酒總難

免摻雜一點懷疑。你可以不予理會，可以順其自然，可是懷疑始終在那裡。那就是葡萄酒總教人抓狂的原因。同時，我也開始明白，每個人，即使是最重要的守門人，都會在判斷葡萄酒和給出意見上擺出超有自信的姿態，但說不定他們自己疑惑重重。就連派克都曾說，「我的個人哲學是，你什麼都無法確定。」從這個角度來看，我很同情老一輩葡萄酒作家如喬塞夫者流。對於整個職業生涯都投傾注於嚴肅的高級美酒評論上的人，嘗試珍稀葡萄品種有多麼令人惴惴不安，尤其，如果他們以前從未喝過的話。

●●●

正當吃著我的炸牛排，喝著我的麗絲琳，我回想起喬塞夫嘲笑的葡萄牙酒。倘若這個像伙真是個平民主義葡萄酒聖戰士，一個消費宣導者，要引導人們鑑賞高價值的葡萄酒，那麼葡萄牙葡萄酒才真的應該在他的搜索範圍內。

我老是會遇到那些固守不切實際要求，想找「每瓶10塊美金以下的出色佳釀」的人。這個不超過10元美金的妄想念頭常常令我感到挫折萬分，因為幾乎不可能找到一支酒，同時都能兼顧品質與好喝，而且沒有一大堆添加劑或化合物。我幾乎始終都在提倡，要大家把價位調高到起碼15至20美金的範圍內。一瓶9塊99分美金的葡萄酒——釀製過程不良又有太多人工添加——所帶來的不好價值，往往可能和某些29塊99分美金過度野心勃勃的葡萄酒一樣。不過，葡萄牙是例外，這個國家經常生產不到15塊美金的葡萄酒，卻具有真正道地的價值。而這也是它們在美國不見蹤跡令我始終大惑不解之處。

我如飢似渴盼望葡萄牙高價值葡萄酒能有令人眼花撩亂的崛起，不論是來自斗羅河谷（Douro Valley）酒鄉，抑或來自較鮮為人知的酒區，如阿連特茹（Alentejo）、杜奧（Dão）、百拉達（Bairrada）、塞圖巴（Setúbal）。我痴痴期盼與《等待果陀》（Waiting for Godot）半斤八兩，如今已漫漫過了二十年。然而我很有耐性，始終樂觀。我之所以欣

叛逆的葡萄

賞葡萄牙釀酒師的原因在於，他們一直固守著他們的古老品種葡萄——葡萄牙擁有將近八十種土生土長的葡萄。

我抱著依稀希望，年輕一輩終將會接納葡萄牙的酒。「葡萄牙葡萄酒協會」（Wines of Portugal）市場總監魏努諾（Nuno Vale）告訴我，美國銷售的葡萄牙葡萄酒，43%都是千禧世代所消費（遠遠高於所有葡萄酒市場26%的平均消費率）。「眼前，酒徒都想要探索新品種，」魏努諾說。「他們充滿好奇，想要擁有新的體驗。」當然，同時，魏努諾也希望，葡萄牙能改變其觀念，從「廉價」（氣泡酒9塊99分的綠葡萄酒）轉為「價值」。

那麼，為何沒有更多消費者擁抱葡萄牙的葡萄酒？也許，他們只是被不熟悉的葡萄品種嚇跑而已，比方阿瑞圖（Arinto）、依克加多（Encruzado）、國產多瑞加（Touriga Nacional）、特林加岱拉（Trincadeira）——亦稱紅阿瑪瑞拉（Tinta Amarela）。而有一款大家都熟知的伊比利葡萄田帕尼優（Tempranillo），在葡萄牙卻有全然不同的名字：葡萄牙北部稱為羅麗紅（Tinta Roriz），葡萄牙南部卻叫做阿拉哥斯（Aragonez）。同樣的，阿爾巴利諾（Albariño）在這裡叫做阿瓦里諾（Alvarinho）；在西班牙以碧兒索（Bierzo）和加利西亞著稱的門西亞（Mencia），葡萄牙語稱為珍拿（Jaen）。

甚至，有一款備受文藝青年青睞的特盧梭（Trousseau），在葡萄牙卻叫做巴斯塔多（Bastardo）——事實上，葡萄牙栽種的特盧梭或巴斯塔多，十倍於朱羅地區——也就是讓這種葡萄聲名大噪的法國山區。在葡萄牙，巴斯塔多泰半用於波特酒混釀，但也漸漸開始有以自己的酒標銷售。當然，葡萄名叫特盧梭，很可能比叫做巴斯塔多更受歡迎。而如今，我在酒單上看到最多的葡萄牙葡萄品種居然是巴加（Baga），帶有青苔氣息，森林地面和野漿果的奇特味道。《釀酒葡萄》的作者其實說巴加「富有爭議性」，並且說「不是愛它就是厭惡它」，而且它既能「釀成最出色的酒，也能釀出最糟的酒」。只有勇於冒險犯難的葡萄酒徒，方能與那樣的葡萄墜入愛河。不管怎麼說，我能深信不渝。我會等待消費者擁抱巴斯塔多和巴加。

縱使姑且先將奇怪的葡萄放一邊，但是還有個欠缺地理學意識的問題在。如果你對某些人說「葡萄牙」這個詞，他們會一臉茫然。「葡萄牙？嗯，要一路往南美洲直下，是嗎？」

不過，我的家族和葡萄牙的葡萄酒有著深刻奇異的淵源。對我們而言，葡萄牙葡萄酒總是讓我們聯想起貝德福德‧拉斯卡爾（Bedford Rascal），一輛青綠色廂型貨車，是我父母在1992年夏天出於瘋狂，租來作為家族的葡萄牙自駕之旅的多功能休旅車。就在我大學畢業後，至於家父母——以前從未去過歐洲——如何規劃這趟行程至今仍是一團謎。

他們以為從紅眼班機租車公司拿到很好的折扣，用小型房車的價錢，租到一整輛休旅車！這輛租來的車相當於一瓶9塊99分美金的葡萄酒！沒多久，我的興奮就無影無蹤了。在機場的停車場裡，家父搔著頭嘟囔著，「這輛車看起來像裝了輪子的啤酒罐。」因為貝德福德‧拉斯卡爾，我們學會到汽車設計和一些專門術語。舉例來說，我們學到，汽車很可能會設計成五個小至中等身材的人坐得一點都不舒適，卻得忍住笑用「休旅車」這個字眼來稱呼這輛汽車。我們學到，一輛汽車有可能設計成沒有引擎蓋，而且把電池、油表，還有其他重要的液體藏在後座椅子底下，卻仍勉強稱這輛汽車叫做小賽車。最後，一輛能合法行駛高速公路的汽車，居然有可能配備吸氣閥桿，就是你家裡修草坪用的同類東西。

在整整一週美好的時光裡，我們以四十英里的最高時速開蕩在鄉間。經過被吸氣閥桿搞得慌張忙亂之後，家父恍然大悟，如果以某種方式卡住吸氣閥桿，就可以把車速提高到時速四十五英里。這種方法的缺點是，下一次等我們要發動汽車時，引擎會發不動。每日清早，我的哥哥和我都得幫我父親從高處往下推車，來幫助引擎發動。所幸，我們住的旅館好幾個都在山頂。我們每天假期的展開方式，就是家母帶著小弟弟拎著行李跑下陡峭的鵝卵石馬路，跳進行進間的老爺車的後座。

正待快離開里斯本時，我們減慢速度想收容了一名搭便車的路人，一個拄著拐杖飽經風霜的可愛老人。可是，等我們在路肩停好車，老人

見到他要坐的車時，他用力揮動雙臂，用拐杖轟走我們。

他一定曉得我們有所不知的事情，因為大約一個鐘頭過後，我們開在太加斯河（Tejo River）上要過橋時，這輛老爺車劈啪聲大作。由於家父認定貝德福德・拉斯卡爾「只是需要喘一口氣」，我們不得不停在一個名叫塞圖巴（Setúbal）的小鎮，它是個小漁村，位於里斯本半島南部海岸。我們決定去吃晚餐，隨意挑了一家碼頭附近貼著磁磚的傳統餐館，走了進去。在1992年當時，我們可能是走進這家餐館的第一個美國人家，進到餐館裡，唯一的聲音是電視機裡的足球賽。

一開始，幫我點菜的服務生粗聲粗氣不耐煩，尤其我們比手劃腳，而我努力講著一些可笑笨拙的葡萄牙片語──我從錄音帶上學來的。滿面冰霜的店主端來一大壺又澀又難以入口的紅葡萄酒，聞起來像渾身濕透的狗。帶著一臉大大不屑，他問道，「你們是英國人？」

「不，不是，」我說，「我們是美國人。」

突然間，有什麼事情不對勁，往後我再也不曾有過這樣的經歷。一知道我們是美國人，店主的臉龐閃閃生輝，笑容燦爛，把他太太和兒子都叫了過來。「他們是美國人。」他說，似乎大大鬆了一口氣，我們不是在夏季成群結隊攻占葡萄牙、喝個酩酊大醉晒傷的英國佬。

整個氣氛轉眼大不同。招待的肉和乳酪一盤接一盤端出來。店主取走大壺廉價劣質葡萄酒。他兒子送上一瓶酒窖裡的酒，開瓶讓家父試飲。

「哇，告訴他這酒太美妙了。」我爸爸說，滿懷驚喜。我相信，帳單來的時候，這瓶酒是4塊錢美金。

在1992年那個時候，大多數美國人知道的葡萄牙葡萄酒是蜜桃紅（Mateus）；這款甜味有氣泡的粉紅酒，以傻氣的燒瓶造型著稱。蜜桃紅（順帶提一句，剛好是伊拉克獨裁者海珊的最愛）在1980年代晚期，囊括了葡萄牙出口餐酒差不多一半的數量。

店主開瓶倒給我們的是「小鸚鵡」（Periquita），塞圖巴最負盛名的葡萄酒，由荷西・瑪麗亞・達・豐塞卡（José Maria da Fonseca）酒廠出產，使用原生種葡萄卡斯特勞（Castelão）釀製，那是葡萄牙產量最

多的品種。二十五年後，「小鸚鵡」——由美國鉅商棕櫚灣國際（Palm Bay International）公司進口——至今仍是美國最普遍常見的葡萄牙葡萄酒，而且依舊花不到10塊錢美金一瓶就能買到。那日與我的家人在一起喝它，美妙不可言喻：不甜、單寧味足，有煙燻味、神祕、質樸。那是酒杯裡絕不會錯認的古老歐洲。我們喝了兩瓶，將老爺車惹的麻煩事拋到九霄雲外，然後就在附近旅館住了一晚。

隔天，我們開車穿越阿連特茹（Alentejo）。它的字面意思就是「在塔古斯（Tagus）之外」；塔古斯是太加斯河的別稱，阿連特茹位於里斯本以東一個小時多一點車程，多年來遊客只管取道這裡前往阿爾加維（Algarve）海灘，對它視而不見。相較之下，阿連特茹是葡萄牙最貧窮、人口最稀少的大區，是個美麗而哀愁的地方，夏季豔陽高照熱得發燙，冬季涼颼颼，遍地葡萄園和橄欖園、古堡廢墟和小山村。由於駕著老爺車旅行阿連特茹已是二十五年多的事，我重返過此地無數次了。沒什麼改變。

這些日子以來，葡萄酒徒公認阿連特茹是葡萄牙最具實驗精神的葡萄酒區，更加趕上新世界葡萄酒區的水準，如澳洲或阿根廷。這樣的說法大致是衝著阿連特茹最負盛名的最大酒莊艾斯波瀾（Esporao）而來，該酒莊有一位高瞻遠矚的澳洲籍釀酒師巴佛史托克（David Baverstock）。艾斯波瀾酒莊的時髦設計酒標，對我在「葡萄酒地理學」備課做的試酒活動裡那些千禧世代年輕人，相當具有吸引力。

然而，倘若你去過阿連特茹旅行，會浮現另一番截然不同的畫面。這裡的鄉間小路一望無際櫛比鱗次是撕掉樹皮的樹木。從枝條以下光禿禿的黝黑樹幹，緊緊依偎在道路邊，彷彿是集中在一起企圖逃離鮮綠和金黃平原的空曠。這些樹木都是軟木橡樹，它們的樹皮被撕掉拿去做了葡萄酒的軟木塞。葡萄牙是全球首屈一指的軟木塞供應大國，而阿連特茹是供應重鎮。生產軟木塞需要耐性加上信心。在2018年種下的樹，要到2058年方能產出可用的軟木塞。而阿連特茹在1990年代期間，栽種了數千棵新的軟木橡橡樹，即使使用非軟木塞封口，譬如螺絲蓋和其他人造合成品越來越蔚為主流。不妨想一想，有個固執不堪的國家，提早

四十年種植一項作物，而這個作物也許會在未來被螺絲蓋取而代之。一旦你稍微想了想這件事，你就能以正確的心態去體驗阿連特茹，還有，葡萄牙的葡萄酒，大體上來說。

● ● ●

回到默費爾登那個深惡痛絕的夜晚，我私下自嘲吃炸牛排時何等心煩意亂。現在我覺得自己很蠢，雖然我的的確確吃著垃圾食物也樂在其中。我知道，你們當中有些人讀這道以小牛肉烹調的菜會覺得生氣。在更開明的朋友圈裡，坦承我吃小牛肉會隱約不安。我通常低調淡化處理。「耶，藍月時我可能吃那麼一次小牛肉。」我大概會這樣說。當然，大家都有不吃小牛肉的正當理由。商業化的小牛肉廠商多年來都沒有在飼養和對待動物方面，偏袒過小牛肉愛好者，因此我確實會盡我所能找尋有良心的廠商。我也十分敬重為何有些人不吃小牛肉。不過事實是這樣：我愛小牛肉，裹上麵包粉的小牛肉排是我記憶當中最喜歡的食物，也是我從童年直到今天持續愛吃的食物。我也愛義大利版本的米蘭炸豬排（Cotoletta alla Milanese），我在十九歲海外遊學倫巴底時第一次吃到它。事實上，就如同葡萄的發源地，人們對於先有維也納炸牛排，還是先有米蘭炸豬排，迭有爭議。米蘭和歐洲泰半地區一樣，都曾是奧地利帝國領地。多年來傳說，是知名的約瑟夫·拉德茨基·馮拉德茨伯爵（Field Marshal Joseph Radetzky）在十九世紀中葉打勝仗之後，把這道菜的食譜從義大利帶回奧地利。

或許，炸牛排使我有點想起傳統——好的和壞的都有——想起一干帝國如何衰亡，想起在變遷與動盪之中，微不足道的歡樂始終不懈。小牛肉對任何人而言都算不上垃圾食物，但就如許多人對奇怪又亂七八糟的哈布斯堡念念不忘一樣。小牛肉，一如葡萄酒，像一樁蠢得不值得爭論的事一樣。不過，從另一方面來看，它似乎剛好又像是我們應該一直討論的那種事情一樣。

服務生再度出現問道，「一切都好嗎，先生？」

「都好，都好，」我向他保證。

「非常謝謝你，一切都非常好。」

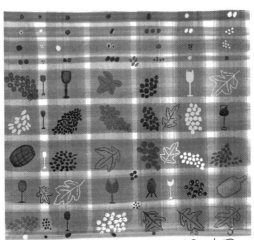

我欣賞葡萄牙釀酒師，他們一直固
守著他們的古老品種葡萄。葡萄牙
擁有將近80種土生土長的葡萄.

Chapter 12

錢尼也喜歡的
波特酒

The Same Port
Dick Cheney Likes

那夜在默費爾登，不是我第一次解構我的人生以便重建它。十年之前我首次這麼做，辭掉費城一份浮誇城市雜誌的餐飲評論工作。我說我辭去餐廳評論差事，看似輕描淡寫。我的辭職一舉，帶著1960年代佛教僧侶自焚抗議的精神——只除了我的抗議不是針對任何冠冕堂皇的事，比方不義之戰或爭取人權。只不過出於長期難以置信的自毀結果。不論如何，我落得無所事事，但我已謀得一份差旅案子要寫葡萄牙海港城波多（Porto），重點放在參觀該城知名的波特酒旅館。我邀請哥哥泰勒同行前往波多，在家族老爺車貝德福德·拉斯卡爾壯遊多年之後，到波多暢飲波特酒（Port）。這趟差旅要品酒，並且寫旅遊加飲酒，很快就成了我生命中的天命召喚。可是當時我還一無所知。

泰勒和我在一個靜謐的週日傍晚抵達波多，下過一場雨，斗羅河（Douro）沿岸的鵝卵石巷弄又亮又滑，在燈火輝煌下閃閃發光。渡過斗羅河，在加亞新城（Vila Nova de Gaia）郊區裡，歷歷可見巨大的燈箱招牌，都是聲名遠播的波特酒大品牌公司的英國名稱——科伯恩（Cockburn）、伯梅斯特（Burmester）、泰樂酒莊（Taylor's）、道斯酒

莊（Dow's）、葛拉漢（Graham's），還有酒標有個陰沉黑帽人影的桑德曼（Sandeman）。

隔日我們參觀了葛拉漢的波特酒旅館，它座落在山上俯瞰著斗羅河。我們品飲了評價很高的2000年分酒，我們很喜歡。參觀時，我們發現有一間特殊的酒窖，獻給這麼些年來曾造訪的知名貴賓。每一位特別的貴賓都受邀將一支二十年茶色波特（Tawny Port）酒液潑在「適得其所」的一個木桶上——這些木桶分別標示著「首相」、「大使」、「皇帝」、「球星」等等。一些備受尊榮的傑出人士包括板球明星格雷厄姆・艾倫・古奇（Graham Alan Gooch）、王牌獵人（Big-game hunting）、西蒙・弗萊徹（Simon Fletcher），阿蓋爾公爵（the Duke of Argyl），以及英國陸軍少將約翰・諾布爾・肯尼迪（John Noble Kennedy）——也是如今辛巴威（Zimbabwe）前身英屬南羅得西亞（British Southern Rhodesia）的殖民州長（Colonial Governor），都到此一遊。

毫不意外的，許多波特旅館內部都看似殘留著不合時宜的大英帝國遺風。大英帝國字十七世紀末以來便掌控著波特酒的貿易，由於當時禁止葡萄酒從敵國法蘭西進口到英格蘭。英國子民非喝酒不可，轉而設法從葡萄牙進口加烈葡萄酒。到了1703年，英國與葡萄牙兩國簽署了梅休因條約（Methuen Treaty），降低關稅，使得波特酒驟然普及化。1756年，斗羅河谷的產酒區被劃定出疆界，成為全球第三古老的法定葡萄酒區。該處所產葡萄酒取道斗羅河運送到波多進行陳放。1806年時，葡萄牙政府立契轉讓土地，使得英國的波特酒廠商得以建造工廠大廈（Factory House）——紳士俱樂部，至今仍在——連同其他的宏偉建築，例如波多板球與草地網球俱樂部（Oporto Cricket and Lawn Tennis Club），還有波多英國學校（Oporto British School，英國人出於某些原因稱波多為「奧波多」）。長話短說就是：就像波爾多或布根地或香檳區一樣，波多作為高級葡萄酒產地也擁有嚴格的老派資格。

一想到波多，我就會想到自己起先粗笨地一心一意想「附庸風雅」，或說什麼都要趕「時髦」。回想我三十郎當歲時，波特酒猶如成

為鑑賞家的快車。「我想要一杯芳塞卡酒莊（Fonseca）1966年的波特酒。」我會這樣對服務生說，就好像一般人在點甜點一樣。我承認我一直都對波特酒有點難以忍受。可是我的確也愛上了波特酒，而且最後它成了我真正了解的第一款葡萄酒。

稍後，坐在泰樂酒莊（Taylor）、佛萊格特（Fladgate）和耶特曼（Yeatman）俱樂部似的品酒廊，泰勒與我一杯杯喝著白波特酒、多支晚裝瓶的年分酒，一款單一年分茶色波特酒（Colheita Port），一款二十年的年分酒，還有1994年的年分酒——很多人奉為二十世紀最偉大的波特酒。品著酒時，外面有隻開屏孔雀漫步英式花園裡。為反對而反對，我們判斷我們喜歡的二十年茶色波特酒更甚於二十世紀最偉大的年分酒，雖說這是擺姿態，主要是出於我們不認為自己是那種嚮往一瓶300美元波特酒的人。「這款茶色波特不僅只是一支日常餐酒。」我說，視而不見它其實也要價一瓶50美金。

啜飲著茶色波特酒，我漫步走進書房想看看喝泰樂酒莊波特酒的知名人士，都是些什麼模樣。可是事實著實教我大吃一驚。縱然我和美國前副總統錢尼（Richard Cheney）意見不合得很，但我倆對波特酒的品味倒是相當一致。在錢尼隔壁的相片是一張泛黃的剪報，1990年10月6日的倫敦《每日快報》（Daily Express）文章，大標題寫著「錢尼的波特酒處於風暴之中」。記者的評語是，第一次波斯灣戰爭期間，美國在沙烏地阿拉伯的駐軍短缺飲酒。「我可以得到一個結論，那就是美國國防部在酒精攝取量上面從未如此節制過。」錢尼曾經自己費力扛著泰樂酒莊的波特酒到沙漠去。為了不從這篇文章杠下太多結論，且容我指出另一位有明文記載的泰樂酒莊波特酒愛好者：卡斯楚。有朝一日，說不定我們可以在波特旅館外的民意酒廊裡，達成政治共識？只能這麼盼望著。

我可以繼續和你分享品飲泰樂酒莊茶色波特酒（Tawny Port）或葛拉漢年分酒的心得感想，告訴你有醇美的成熟水果味，葡萄乾與桑椹的芬芳氣息。不過，既然我已經置入階級與殖民主義、地緣政治等等元素在我的波特品酒裡，你還會在乎嗎？我能要求你把那些元素從你的大腦

裡抹除乾淨嗎？即使我們能做得到，那又與我們的品酒有何關係？和我們的關鍵官能有何干係？要是我們辦不到又該如何？這和我在維也納那晚發現茨威格祕辛所問的問題，如出一轍。

回到品酒廊時，我的哥哥剛剛品完他的茶色波特酒。

「順道一問，」我說。「不想打斷你，但是我們都喜歡錢尼也愛的同一款波特酒。」

「真倒楣。」他說。「可是這蠢貨真的很好喝。」

參觀完泰樂酒莊，我們慢慢移步走回河邊吃午餐。我們想嚐嚐道地的東西。可是最道地的東西卻是牛肚；泰勒完全不吃的東西。在整個葡萄牙，波多的人是出了名的「牛肚饕客」，這也說明了為何波多的市場小販如此精於給胃壁加上裡襯。傳說，十四世紀時，波多的居民自私地把高級肉食都給了葡萄牙的探險家，探險家發現了新大陸，卻讓家鄉同胞只剩下牛肚可食。我反芻再三，完全不確定那則寓言故事到底給了什麼教誨。

看到有個叫做阿迪加和長老會（Adega e Presuntaria）的地方，有石牆，還有十多隻煙燻火腿掛在吧檯上方，我就決定吃頓大餐應該不錯。我們點了乳酪、塞拉（Serra da Estrela）和特林喬（Terrincho）兩種羊乳酪，以及一種以稀有黑毛野豬製成的香腸，食物全放在木板上就上桌。我們喝的是一支不可思議，強勁、酒體豐滿的紅葡萄酒，來自斗羅河谷酒區，就是我一直以來想在美國找到的這種葡萄酒。它是用與波特酒同款的古老葡萄混釀而成——國產多瑞加（Touriga Nacional）、法國多瑞加（Touriga Franca）、羅麗紅（Tinta Roriz）、巴羅卡紅（Tinta Barroca），以及卡奧紅（Tinta Cão）。

我不得不承認，縱使我的差旅任務是喝波特酒，但我卻偏好不甜、未加烈[1]的斗羅餐酒，就像這一款。它讓我不安又困惑。我以為我應當會愛波特酒，視之為正經的高級美酒。然而，即使是那一日，我都能分

---

1. 波特酒是在發酵過程中添加白蘭地，稱之為「加烈」，來強迫葡萄酒中止發酵，因為酒中的糖分還沒被酵母菌消化完，故波特酒都略帶甜味。波特酒的酒精度大約17%至22%。

辨出自己對波特酒的喜愛程度直線滑落。和大多數人一樣，似乎如此。當然，你可以在多數的葡萄酒店找到波特酒，至少現在如此。可是，它的銷售量嚴重衰退。根據一些產業估算，波特酒的銷售量比過去十年下滑了超過25%。倘若波特酒的這種趨勢不變，越來越不受大家青睞，那麼真的可能會衰退成罕見酒。就好像眼睜睜看著另一個葡萄酒帝國衰亡一樣。對千禧世代的未來兒孫輩來說，很可能就成了異國奇特如那些名稱上有變音符的葡萄酒下場一樣。

縱使我鮮少喝波特酒，但我仍然給波特廠商很大好評。數百年以來，它們保存了原生種葡萄。不消說，倘若沒有波特酒，國產多瑞加、巴羅卡紅、卡奧紅和其他葡萄品種，早就被淘汰殆盡了。既然它們如今受到保護，我們終究得以享用斗羅河谷品質最精良，也是我一直在期待的佐餐紅酒。

服務生慫恿我們再點一道餐廳推薦菜：米蘭德沙牛排（Posta Mirandesa），據說是從只吃天然飼料，自由放養在山後上杜羅省（Trás-os-Montes）偏遠山區的小牛尾部的牛排。沒錯，又吃了另一道小牛肉菜餚。我想到，就像波特酒一樣，人們在過去的幾十年中消費了更多的小牛肉。五十年前，美國人每年平均吃大概四磅的小牛肉。現在呢？平均年消費量不到半磅。

在等小牛肉上桌時，泰勒和我回想起另一幕家族駕著老爺車遍遊葡萄牙的情景。那是在我們的旅程接近尾聲時，我們曾一度來到阿爾加維。有一個晚上，泰勒和我拿走鑰匙，用慣常的接電方式啟動引擎，一路直奔附近的酒吧。我們把還在空轉的老爺車留在外面，不久就和某個葡萄牙男子一起喝著酒，他告訴我們，應該繼續前往下一個村子，那裡有迪斯可舞廳，年輕人都愛的。

我知道這個男子並不是說約翰・屈伏塔（John Travolta）指天劃地還有發光彩球的那種迪斯可，可是泰勒聽不懂，他拒絕去什麼勞什子迪斯可。（至今我仍不懂原因何在——或許他害怕被迫穿上白色西裝推擠喧鬧吧。）緊要關頭要一決勝負。在外頭，我們威爾森家族的緊張氣氛高漲到前所未有的地步，我和我哥哥之間要進行初中以來史無前例頭一場

比腕力對決。這將決定誰來指揮老爺車，以及是否要去迪斯可。正當捉對廝殺蓄勢待發，老爺車發出喘息聲，劈里啪啦熄火了。勞駕了酒吧裡所有壯漢助一臂之力才幫我們發動引擎。

幾天後我們的最後一站來到濱海小鎮薩格里斯（Sagres）。不幸，薩格里斯的旅館不在山上。次日早晨，我們要從法魯（Faro）飛往馬德拉（Madeira），而家父要求我們在凌晨五點以前都不能睡覺，維持至少四小時時間開車。家父一整晚都沒睡，擔心害怕最糟的狀況，結果偏就發生。老爺車再也發不動了。

我們推了又推，推了又推，可是最後再也找不到斜坡可推。我們把老爺車遺棄在旅館附近，叫了輛計程車。我們的駕駛來了，開著一輛大大的黃色賓士。我們，還有我們的行李，擺放得十分裕如，而他載著我們高速奔往法魯的機場。這一趟大約花了一個鐘頭時間。在機場，我們嫌惡地把老爺車鑰匙甩在租車店櫃檯上。一臉百無聊賴的租車店員似乎半點也不驚訝，抽著菸撢著菸灰。我們打開一張地圖告訴他們老爺車所在位置。

多年以後，在加亞新城的阿迪加和長老會，泰勒與我相視同笑當年不光彩的爭吵，就在此時服務生端來了巨大的小牛肉排。我從未見過或嚐過這樣的小牛肉——濃濃大蒜味、酸醋味，還帶著一絲嗆辣的胡椒味，很厚但十分嫩的肉。一點都不像家鄉那些蒼白、索然無味、不合道德標準的小牛肉。小牛肉可能不是日常食物，可是像這樣烹調實為令人驚豔無比。

吃完午餐後，我們都點了杯三十年的茶色波特酒（Tawny），色澤如老舊的紅磚。就如同巨無霸牛排一樣，茶色波特酒也充分表達著自我放縱的調調：渾厚、黏滯、豐盛，散發一層又一層的核桃、巧克力和焦糖氣味。也許，波特酒，既甜又厚重又老派，有點像是葡萄酒界的小牛肉。和我的哥哥分享完小牛排和家族老爺車冒險故事後，那支三十年陳年波特酒依然感覺很重要，依然是非常出色的高級佳釀。

●●●

和哥哥一同旅行好幾年之後，2009年春天，波多的酒商一致宣布2007年是波特酒最好的一支年分酒。年分酒是讓波特酒之所以仍是高級佳釀的原因之一，而且每十年也只有少數幾次，因此，該宣布事關重大，至少在瘋迷波特酒人數逐漸萎縮的情形下是如此。之前的年分酒是兩年前公布的，在2003年。自2007年以來，只有兩支年分酒，分別是2011和2014年。2009年4月，有一大堆人受邀到紐約曼哈頓中城的四季酒店，參加這批由十一家頂尖酒商所釀造的2007年分波特品酒預演會。

　　我自然也受邀參加。可能是因為，在當時，我是一名雞尾酒專欄作家的緣故。和大多數葡萄酒作家不同的是，我可能是少數報導波特酒的作家之一，那時波特酒被視為時髦雞尾酒酒吧的調酒基酒。也或許我之所以受邀是因為出於錯誤。在當時，我並不會急於付出200美金買任何一種酒，除非那瓶酒裡有保證許我三個願望的精靈。不管怎麼說，我當然也不會錯過這麼一場活動，即使只是為了讓我哥哥嫉妒我。我興奮莫名，坦白說，以至於最後記錯日期，提前在週五從費城搭巴士南下。在四季酒店自我介紹時，餐廳經理狠瞪了瞪我。站在他後頭的人大聲說道，「品酒會是在星期一！」所以要我在星期一得再來一趟。

　　一到會場每個人都會收到的官方品酒筆記黑皮書說道，「這是葡萄酒日曆上一個特殊的場合」。都是波特酒品牌名人錄，包括葛拉漢酒莊、泰樂酒莊、高樂福（Croft）、芳塞卡酒莊、諾瓦酒莊（Quinta do Noval）。酒廠在私人餐會包廂周邊設置小店鋪。每家公司都提供一杯它們的2007年分酒，還有至少一杯更陳年的年分波特酒──經典酒如葛拉漢的1970年、泰樂的1977年，以及芳塞卡的1985年──供人揣想2007年分酒在陳放後的滋味如何。包廂裡放著一排吐酒桶。服務生川流不止端來前菜。

　　我們的主辦人是美食社交名人安東尼·迪亞斯·布魯（Anthony Dias Blue），曾是《好胃口》（Bon Appetit）的葡萄酒與烈酒編輯，而今舉辦著這類高級品酒會。穿著雙排釦西裝的布魯指出，和他的南加州故鄉不同，那裡大家都穿短褲跶著夾腳拖來品酒會──這裡的人衣冠楚

楚又正式。我想那意謂著我們大多數人（包括我在內）都不厭其煩帶了外套，而且有些人（不包括我）還打了領帶。大約有四分之三的出席來賓年紀都比我大起碼二十歲。

經過兩小時多的試飲，布魯向大家介紹魯伯特·辛明頓（Rupert Symington）；辛明頓家族自十九世紀以來就開始釀造波特酒，並且擁有葛拉漢酒莊、道斯酒莊、諾瓦酒莊，以及戰神波特酒（Warre's Ports），接著他走向包廂角落的講台。辛明頓是那種有貴族氣息的英國年輕小伙子，美國人本能上會被他吸引。

辛明頓替所有波特酒廠商發言。「宣布一支年分酒是一項艱難的決定，」他說。「每十年大約只有三次機會我們會決定把賭注押在單一年分上面。」或許，如同辛明頓自己所講的，時值全球經濟崩潰之際，春天的禮拜一下午，在四季酒店推薦傳統奢侈品如年分波特酒，顯得極其不協調嗎？「嗯，」他說，「我們已經釀成了這款葡萄酒。去他的金融危機！」

「年分波特酒常春藤盟校」（The Ivy League），辛明頓如此這般稱呼手上十一支波特酒。「這些酒代表安全帶，」他說，「這些酒禁得起時間的考驗，這才是真正的重點。」那意謂著辛明頓的潛在聽眾是打算成箱買進這東西的人，然後他們會蒐藏在酒窖裡幾十年。

辛明頓的幾個姪兒也站上講台，接下來的時段是問答。《美食與葡萄酒》的作者禮貌提了個問題，有關2007年分酒生長狀況，以及它們之所以出類拔萃的原因為何（那年不合時令，7、8月酷寒，接著9月初格外炎熱）。然後，當無人再提問之後，有一名非常高大的男子，操著英國腔大聲說，「你什麼時候宣布2007年的價錢？」

「我不知道，」辛明頓說。「應該這麼說，還有爭議。此時此刻，陪審團還不在。」他沒說出口的是：在波特酒銷售驟然下滑的經濟氣候下，該如何給一支年分波特酒定價？

甚至高端的年分波特酒的價格也都停滯不前。當然，知名的年分酒（譬如泰樂酒莊的1977年，或葛拉漢的1970年）可以飆到兩、三百美金。不過，那要如何和，比方說波爾多評價極高的2009或2010年，做比

叛逆的葡萄

較呢？哪一支會超過一千美金？高級的干邑葡萄酒售價在五千甚至更高價格。在那些酒的旁邊，年分波特酒開始有點看起來不合時宜，所謂另一個年代的「奢侈品」——有點像是一輛龐然大物凱迪拉克，或是起居室裡的撞球台，還是鋼筆一樣。好比品酒家詹姆斯・索克林（James Suckling）在2009年1-2月號的《葡萄酒觀察家》雜誌上的提問，「誰還喝年分波特酒？」

波特酒的名聲全有賴於年分酒，咸信有一些年分具有高深莫測的品質，如1947、1955、1963、1966、1970、1977、1985、1994。當然，強調年分，給了裝腔作勢的人一條成為鑑賞家的捷徑。喜劇演員安迪・鮑洛維茲（Andy Borowitz）曾在《美食與葡萄酒》雜誌的年分波特酒專題上探討了這個現象。「世上沒有其他飲料擁有這股力量，使我看起來像是個無所不知完美無缺的人，」鮑洛維茲寫道，他還補充道，他在六分鐘內就學會了波特酒的一切，只消牢記三個日期和四大酒廠。「毫無疑問，當大家聽到我一飲而盡芳塞卡的1970年分酒，或泰樂酒莊1963年分酒時，他們就會以為我已經琢磨精通了葡萄酒、雪茄、古玩和希臘神話後，才懂波特酒。」

年分波特酒（Vintage Port）仍只占全球波特酒供應量的2%而已。所有的波特酒釀酒葡萄都栽種在全世界最古老的法定產區，斗羅河谷，而且波特酒要貯放並陳放在加亞新城。探究其餘的八成波特酒，你會發現它們是各式各樣有意思的葡萄酒：茶色波特酒（Tawny Port），在橡木桶裡醇化十到四十年；單一年分茶色波特（Colheita Port），必須放在木桶醇化多年；晚裝瓶年分酒（Late-Bottle Vintages）被貯放在木桶裡陳放了四到六年。這些酒多半是買了就馬上能喝的，而且可以喝上好幾個禮拜，不像年分波特酒已經在瓶中陳放了，需在開瓶後一兩天內喝完。

《醒酒器》雜誌恰在波特年分酒宣布之前，刊登了一篇文章探討波特酒銷量衰退的問題，葡萄牙葡萄酒巨擘蘇加比酒廠（Sogrape）的董事費雷拉（Francisco de Sousa Ferreira）坦承，「我們必須自我改造。」在美國，那意謂著努力說服美國酒徒把波特酒當作雞尾酒原料，而不是晚餐後的飲用酒。這年頭，你會看到很多報章雜誌文章都在說，「你真的

不需要是個老扣扣的英國人才能享受波特酒」，也不需要把波特酒變成頹廢象徵。

這一點近似於雪莉酒（Sherry）操作手法，那是另一款加烈葡萄酒，產自伊比利半島，傳統上是老扣扣的英國人在喝的，而且銷售量停滯不前。對雪莉酒來說，走雞尾酒路線儼然是成功的，而且不論何處的嬉皮人士似乎都很擁戴干型雪莉酒（Fino）、香氣雪莉酒（Manzanilla）和奶油雪莉（Amontillado）的表現。不過，多數波特酒都是甜的葡萄酒，而且在越來越盛行的新一代不甜的雞尾酒裡較少運用到。在這樣一個時代裡，我曾寫過一篇文章，建議葡萄酒可以當作「費城蘇格蘭人」（Philadelphia Scotchman）這類雞尾酒的基酒（該款雞尾酒裡有蘋果白蘭地、柳橙汁和薑汁汽水），或者「普林斯頓」（Princeton，裡頭含有琴酒、波特酒、柳橙苦味酒），抑或「完美梨」（Perfect Pear，裡頭含有干邑葡萄酒、波特酒、搗爛的梨）。我甚至建議混合四十年的茶色波特酒、白甘蔗蘭姆酒（Rhum Agricole）和一點點苦味酒，我稱之為──聽好囉──中年危機，「以紅色敞篷車來裝飾它」（我會待在這裡一整個禮拜，吃小牛肉）。

不幸的是，嘗試使波特酒普及化，也意謂著要開發很多劣質的低價酒，貼上異想天開的酒標吸引更新更年輕或更非傳統型的酒徒（白話一點說就是：美國人，大概是女性，喝灰皮諾、義大利波歇可氣泡酒，並剛開始嘗試義大利開胃酒）。高樂福酒莊（Croft）最近剛推出「高樂福粉紅酒」（17塊美金，史上第一支粉紅波特酒），慫恿酒徒要冰冰喝或加冰塊喝。戰神波特酒也推出「買得起」的「至尊」（Otima）十年茶色波特酒（大約26塊美金）瞄準分眾市場，慫恿消費者冰涼後當作開胃酒飲用。「一個晚上喝不完一瓶酒？至尊系列極為適合日常飲用或辦活動的酒徒，因為它可以在開瓶後放冷藏維持酒質達三個月之久。」還有一款諾瓦黑波特（Noval Black），一瓶20美金的精選紅寶石波特，陳放三年，由四百年歷史的諾瓦酒莊出品，是這些雞尾酒波特當中的翹楚。諾瓦酒莊的驚人一舉是，雇用了知名的調酒師吉姆·米漢（Jim Meehan）而非侍酒師，來當他的品牌大使。

在扮演調酒作家時，我真的拜訪過葛拉漢酒莊位於加亞新城的波特酒旅館（聽說就在女王生日隔天）。參觀過家族酒窖，見識到二十世紀初以來塵封的稀有酒之後，辛明頓漫不經心地吹捧起該公司的「六顆葡萄」品牌，那是針對雞尾酒群眾的市場目標所推出的15美金左右的波特。辛明頓談到，「美國是少數你可以進行草根行銷的地方。」可是美國的波特酒知識之低落，令人苦惱。很多高級餐館即使在甜點菜單上有昂貴的年分波特酒，都不見得了解那些波特是不是應該在開瓶後一兩個晚上內喝掉。「我走進餐廳，」辛明頓說，「看到他們有十瓶年分波特酒，全數開了瓶，沒有醒酒，就放在燈光下。」

聽到辛明頓這類實實在在的行家描述奔走於美國各大城鎮，從餐廳到酒吧推銷酒，有點令人沮喪；他拚命推銷暢飲，展示如何以波特酒搭配乳酪和巧克力——無非不是草根行銷之策。「真的，」他說，深深嘆息著，「我認為波特酒最好還是單獨飲用。」

在俯瞰斗羅河與波多城的奢華餐廳裡，有一場盛大午宴。席間我受邀參加由葡萄牙機場免稅店銷售人員舉辦的派對，他們一直都向觀光客銷售大量的波特酒。菜單上沒有15美金的「六顆葡萄」。辛明頓開了一瓶1937年的戰神科爾希塔茶色波特酒。真的，如英國紳士所言，獨特非凡。我想到，我喝的這支酒裝桶的那一年，是興登堡號汽船化為灰燼的同一年，也和畢卡索名畫《格爾尼卡》（Guernica）在西班牙內戰期間被炸毀的同一年，也是全球最後一隻峇里虎在印尼被獵人射殺身亡的同一年。彷彿是一架時光機，而我永難忘懷。戰神1937年的單一年分茶色波特酒，不同於雞尾酒款的波特酒，要室溫不加冰塊享用。

●●●

在四季酒店餐廳裡的私人包廂，做完簡報和問答之後，大家都認真地回頭去品酒。我試飲了主辦方提供的2007年十一支酒。也許在此我應該提到，2007年的確是個優秀驚人的年分，與其他近期的年分酒相比，這一年產出的波特酒有一股獨特的清新感與酸味，單寧酒體結構很強勁

卻也仍然有絲綢般的滑順。許多支酒，比方錯綜複雜富有花香與尤加利氣息的葛拉漢，清新又乾淨的諾瓦，富果醬味和茴香氣息的史密斯伍德豪斯酒莊（Smith Woodhouse），還有泰樂酒莊罕見的「瓦吉拉斯．維尼亞．維拉」（Vargellas Vinha Velha，只有兩百箱的產量）──都是立即可喝很容易入口的酒，很年輕，但通常前所未聞。

品著酒，腦中又閃過2007年不合時令的涼夏裡，我造訪時辛明頓曾告訴過我，多虧那年才有這支年分酒：「我們努力想要說服大家年分波特酒要趁新鮮時喝。」就連《葡萄酒觀察家》的酒評家索克林都寫道，「我認為可以在六至八年後開始享用這些酒。」說不定，這支年分酒是檢驗那個說法的第一支酒？

活動接近尾聲時，我不期而遇有著英國腔的高大男子，就是曾大聲問辛明頓定價問題的那位。他自我介紹是朱立安．威斯曼（Julian Wisema），投資銀行家，也是波特酒狂熱分子，與我相同年紀，住在紐約，有個網站「波特酒論壇」（The Port Forum）。「你覺得如何呢？」

「我們今天幹嘛還要喝這些酒？」威斯曼說。「它們還要二、三十年才能喝不是？」

我大表異議，提議說可以試試看提早一點，不要等二十年，雖然威斯曼是個有人緣的傢伙，好男人──但立刻感覺出來我與他不同一氣。「如果你在六年後打開這當中最好的一瓶酒，」他抗議道，「你將永遠品嚐到1966年芳塞卡該有的滋味。」

我問他，他印象中最理想的波特酒是什麼，他據以評斷其他酒的典範。「1966年芳塞卡，這不用說。」

「你第一次喝到1966年芳塞卡是什麼時候？」

「我十九歲時。」

我知道他沒有要我，而且他壓根兒不是鮑洛維茲所謂的裝腔作勢之流，因此我毫無疑問肯定這支年分波特──在他出生前裝瓶的酒，之後年紀輕輕便品嚐到它，如今在人生過了大半之後仍念念不忘──絕對是他曾經也可能是終此一生最出色的波特酒。這也同時意味著對他非常深奧的東西。在十九歲時，你可能會覺得你可以一生都痛飲1966年芳塞

卡。而後來你才了解事情可能並非如此。

　　品酒會過後幾日，我登入「波特酒論壇」網頁，瀏覽大家對2007年分酒的討論。熱烈有力，我發現。當然，最大的提問就是，應該買這些酒嗎？英國伯克郡（Berkshire）的「AHB」寫道：「我想要這樣的年分酒嗎？……是的，我會在六十好幾時，當這些酒熟成，傳給我的子孫，卻依然留存到2030年代。」

　　好幾個論壇會員興奮表示，2007年可能真的要新鮮享用，不必等候幾十年，可是其他的波特酒狂熱分子對此不屑一顧，和威斯曼一樣。英國劍橋的評論者「湯姆叔叔」說，「消費者未必都接受要趁新鮮喝掉珍貴的酒，而且不管是誰，看待一支新的年分酒應該更重視這支酒在熟成時的可能表現，而非它們有無能力讓我們當下感到滿意。」

　　這則回應讓我停下來思考耐性，思考否定當下滿意，也思考優雅的陳放。我思考著賭上金錢和歲月，盼望著，可能再一次，品嚐到昇華的什麼東西。或許這是了解年分波特酒的關鍵，或許酒商應該要傳授這樣的課程。如果能這樣，那麼它們在美國何以銷售毫無起色，就一點也不奇怪了。

波特酒既甜又厚重又老派.
數百年來,它們保存了多瑞加.巴羅
卡紅.卡奧紅等等原生種葡萄.

來一杯獨角獸
葡萄酒

Pouring the
Unicorn Wine

旅行很長一段時間，最後我終於回到家得到舒展。依舊，惴惴不安。我的腦袋充斥著我造訪過的所有葡萄、地區和釀酒師，那些我體驗過的特殊葡萄酒。可是我還無能為力把一切理出頭緒。在這麼短暫的時間裡，天殺的葡萄這個故事長得太大，大過於派克之於新世代侍酒師和葡萄酒狂熱分子的單純對抗。

我開始在週六午後開課傳授葡萄酒知識，地點在費城的魚城社區（Fishtown），一家名叫「魯特」（Root）的酒吧。魚城是費城對威廉斯堡（Williamsburg）、布魯克林的呼應，是曾幾何時破敗倒楣的勞工階級，經過了青春活力與金錢中產階級化的社區。魯特的葡萄酒單滿是我旅途所見的酒，例如法國薩瓦省的雅克奎爾、德國的施埃博、上阿迪傑的克納，還有葡萄牙的巴加，而且它比費城或多數城市的多數餐廳更具冒險精神。魯特同時也有幾瓶可堪視為珍稀的酒，只會出現在最前衛的葡萄酒單上，比方說土耳其卡帕多奇亞（Cappadoci）的埃米爾（Emir）、西班牙安達魯西亞的廷蒂拉（Tintilla）。「我們想要在酒單上放幾支令人難忘的酒。」店主克瑞格・魯特說。「俄勒岡州的黑皮諾

可能很美味，但歸根究柢，它就是黑皮諾。一切盡在意料中。我們想要的葡萄酒是那種讓人出乎意料的。」

葡萄酒行家圈子裡，都用到一個名詞來形容許多人追捧的這種珍稀或罕見或難得一遇的葡萄酒：獨角獸葡萄酒（Unicorn Wine）。在紐約和舊金山這類城市裡，侍酒師和葡萄酒作家的獨角獸葡萄酒想法格外顯得時髦；在那些地區這個名詞最初是用來指涉一生只一次的格外傳奇之特定年分酒，通常出自已經辭世的釀酒師之手。在網站「饕客」上面，高調的侍酒師，也是葡萄酒作家兼播客主李維・達頓（Levi Dalton）稱「獨角獸葡萄酒」是「受到曼哈頓把持的葡萄酒新類型——是一生只一遇的葡萄酒，每個侍酒師夢寐以求，值得吹噓、嚐過方能瞑目的酒。」

然而，獨角獸葡萄酒很快就成了隨便一種難得一遇或鮮為人知的葡萄酒，自然而然也在社群媒體上，發展出它專屬的「＃獨角獸葡萄酒」（#unicornwine）主題標籤。年輕的葡萄酒徒認為，獨角獸葡萄酒開始振興了老一代的高級佳釀。當然，和高級佳釀一樣，獨角獸葡萄酒的定義也一直在改變。對我而言，獨角獸葡萄酒的定義，可能迥異於布魯克林時髦侍酒師，也或者不同於剛剛初嚐義大利氣泡酒和灰皮諾的年輕人。

既然獨角獸葡萄酒是個捉摸不定的名詞，那麼魯特酒吧的葡萄酒單上那瓶瓦拉・普爾加（Vara y Pulgar）廷蒂拉應可滿足某些人的定義（雖然很可能無法滿足某些葡萄酒極客）。淡紅廷蒂拉（Tintilla de Rota）是一種紅葡萄，生長在西班牙南部濱海區加的斯附近的白堊土；那裡最著稱的是用來釀造雪莉酒的白葡萄。在安達魯西亞，大家本以為這款葡萄在十九世紀末已經因為根瘤蚜疫病而滅絕了。不過釀酒師阿爾貝托・奧爾特（Alberto Orte）竟在二十一世紀初發現它的行蹤；他在一處廢棄的葡萄園發現它後，搶救成功，並在相隔一百年之後再度釀造出第一瓶百分之百的廷蒂拉。廷蒂拉也自那時起被鑑定就是格拉西亞諾（Graciano），後者只用來生產里奧哈混釀酒（Rioja Blends）——即使如此它依然非常珍稀。

然而，縱然在魯特這樣的地方，在如魚城這般中產階級化的社區

裡，在優渥的三十歲人士當中，大家竟只敢嘗試這些另闢蹊徑的葡萄酒而已。「我發現到，如果珍稀葡萄的名稱容易發音，就會賣得好。」魯特說，指著巴加（Baga）和埃米爾（Emir）——這兩款都是四個字母，也都賣得很好。相反地，雅克奎爾（Jacquère）——在阿爾卑斯山區時葡萄酒馬賽克成員曾告訴我「沒那麼珍稀」的葡萄——銷售冷淡。「大家沒辦法發音，」魯特說。這種消費者行為似乎違背了加拿大布洛克大學的研究，因為研究中顯示，葡萄酒徒會高估難發音的葡萄酒。

我在魯特開的週六課程廣受歡迎，雖然銷售一空的課程仍是眾所熟悉的主題：巴羅洛和芭芭萊斯科、托斯卡尼葡萄酒、西班牙葡萄酒，以及假日氣泡酒之類。我們有個核心小組，他們最後自稱「魚城葡萄酒俱樂部」，全員全勤。一開始，魚城葡萄酒俱樂部和我的大學部學生同樣一無所知，他們的品味偏向老生常談的黑皮諾和卡本內蘇維濃。但不多久，我們就開始喝起灰皮諾以外的義大利白葡萄酒，比方說迪莫拉索（Timorasso），一款幾乎滅絕的葡萄酒，卻是我旅居義大利時曾經改變我人生的酒；也喝起法蘭吉娜（Falanghina），一款古老的葡萄，生長在維蘇威火山的火山土壤裡，咸信它就是羅馬人的法勒諾（Falernian）葡萄，最知名的古代葡萄酒。我最偏愛的一堂課名叫「朝聖者不喝卡本內弗朗（但你可以）：感恩節的葡萄酒、佐餐酒難題」，課堂裡我們品嚐了雅克奎爾、希諾瑪洛（Xinomavro）、嘉美（Gamay），以及土耳其的埃米爾——它的進口商實際上就在提倡「＃吃火雞配土耳其酒」（#drinkturkeywithturkey）。到了聖誕節，魚城葡萄酒俱樂部在魯特聚餐，穿著醜醜的毛衣，暢飲羅亞爾河谷的卡本內弗朗、巴加和廷蒂拉（Tintilla），而僅僅數月前他們才在酒吧裡訂購了馬爾貝克和灰皮諾。我們有一個簡訊群組，經常互相貼圖交流我們所發現和品嚐到的珍稀葡萄酒。

有一天，我收到一則簡訊，發信者是麥可・麥考利；在賓州經營葡萄酒遊獵之旅，也是特里亞葡萄酒餐廳的經營合夥人。他告訴我最近從科拉雷斯（Colares）取得一批稀有的葡萄牙葡萄酒。科拉雷斯靠近里斯本，擁有稀有的小小十二英畝的葡萄園，座落在俯瞰大西洋的懸崖上。

科拉雷斯是全球最古老的葡萄酒區之一，以擁有少數根瘤蚜疫病肆虐前的歐洲葡萄藤自豪，它們毋需嫁接在北美的葡萄砧木上求存活。這批紅葡萄酒產自一種默默無聞的葡萄，稱為拉米斯科（Ramisco），單寧與酸味特重，需要長年陳放。雖然當地被譽為「葡萄牙的波爾多」，但倖存的葡萄園如今也面臨被房地產開發商改建濱海住宅的危機。科拉雷斯可能真的要從葡萄酒區名單上被除名了。

為了重振雄風，科拉雷斯象徵著現代葡萄酒極客熱愛並追求的一切：珍稀葡萄與酒區，出色的背景故事，撲面而來的單寧與酸味，是一種幾近於滅絕的葡萄酒。對於鑑賞家來說，點一杯科拉雷斯葡萄酒，然後貼一張圖再加上「＃獨角獸葡萄酒」標籤，根本不費吹灰之力。不過麥考利卻想訴諸更多，不止於那些泡泡裡頭的東西。換言之，「呦，你到底要在費城怎麼賣科拉雷斯啊？」

那就是麥考利打從2004年以來一直在設法解決的葡萄酒銷售難題，那一年他的第一家特里亞（Tria）葡萄酒吧開張，酒單上洋洋灑灑超過二十四種以杯販售的葡萄酒。如今特里亞已經有了三個據點，儼然費城佬最有可能點一杯加納利群島黑麗詩丹（Listán Negro）的所在，或者他們會點西南法居宏頌（Jurançon）大蒙仙，或是佛里烏利-威尼斯朱利亞的雷弗斯科（Refosco），抑或賽希爾（Sercial）葡萄釀製的馬德拉，彷如點用納帕谷的夏多內或澳洲希哈一樣。「你有了一批追隨者，」麥考利告訴我，「大家來特里亞都知道他們是來找一樣的葡萄酒。」

由於特里亞是我在當地的出沒巢穴，我以它為範本說明在任何城市可以怎麼做葡萄酒銷售，只要那些餐廳、酒吧和零售商不再故步自封，要擁抱新事物，並且和它們的消費者多一點有趣的溝通即可。特里亞在賓州這類酒精管制州裡經營，價格較高而分配量較小，應該會使得它的成功更吸引在紐約和舊金山這類城市以外地區酒商的注意。它所傳達的訊息是：如果你能在賓州賣極客葡萄酒，那麼，你應該能在任何地方賣酒。

「很多餐廳都會找藉口，『這些葡萄酒行不通。賣不掉，』」麥考利說。「我不同意。消費者會趕上你設定給他們的門檻。」比方說，

麥考利告訴我，最近幾年的春季和夏季他的兩支暢銷產品是查科莉酒（Txakolí），這是產自西班牙北部巴斯克地區（Basque）的氣泡淡酒，以西班牙白蘇黎（Hondarrabi Zuri）葡萄釀成。另一支暢銷酒是奧地利黃色麝香葡萄，我在維也納無數小酒館都曾嚐過；就是我在毛雷爾與斯塔德曼酒莊沃夫剛飲酒，而他追憶起湯姆·謝立克的游泳池那次。「在當代此刻，這些葡萄酒有很多對我們而言是怪異的。可是它們都是傳統的葡萄酒，而且真沒那麼怪異。」麥考利說。「我們只不過是重新發掘了它們而已。只要你向消費者解釋這一點，他們就會了解，也會很安心去點這些酒。它們不只是時尚的葡萄酒而已。」

公平一點來說，黃色麝香葡萄的暢銷，即使在奧地利家鄉都是個令人頭痛的事。「Gelber Muskateller」的德文字面意思就是「黃色麝香葡萄」，它其實是一款古老的品種，也稱為小粒白麝香（Muscat Blanc à Petits Grains）。每一次我告訴在奧地利的釀酒師說，黃色麝香葡萄非常暢銷，他們會看著我彷彿我有三個頭。不過我們不要忘記，就在沒多久前，綠菲特麗娜（Gruner Veltliner）都尚且奇怪新穎，只有極客才喝。事實上，假如我們澈底誠實以對，把綠菲特麗娜放在特定餐廳和酒吧的某些酒單上，仍然會被認為太大膽冒進了。舉例來說，魯特在酒單上有很多綠菲特麗娜。可是，我們在上奧地利與德國葡萄酒——名稱叫「別害怕變音符」——這兩堂課時，兩次都要拜託大家出席，不像西班牙或義大利課那樣。

儘管如此，小粒白麝香是深奧葡萄酒的最佳範例，在特里亞酒吧擁有一群主流追隨者超過十年。麥考利在2007年首次供應它，從此以後就一直放在春季的酒單上。「客人最後會開始對它有需求。他們會說『你還有沒有那個小粒種？』這種事從來不曾發生在白蘇維濃之類葡萄酒身上，而每一年春天我們起碼要買進十箱。今年我們就賣了二十五箱。永遠都銷售一空毫無問題。」

麥考利不奢望小粒白麝香或科拉雷斯或查科莉酒能篡奪舊有可靠產品的地位。「這些葡萄酒在這裡不是為了要淘汰尋常葡萄酒，」他說，「它們在這裡是為了輔助作用。有空間容納一塊上好的紐約客牛排，也

還有空間容納牛舌。」特里亞始終列出十二種主流葡萄在酒單上，緊鄰極客的東西。

麥考利這樣的葡萄酒銷售商常提到「教育」，雖然很清楚他們所謂的教育，定義不同於我們大學課堂。他們的教育必須以銷售為目的。「我們聊分享，不是銷售；關於服務者與客人之間如何展開一段對話。」除此以外，要花一點額外的努力去凸顯並提倡一支大家並不熟悉的葡萄酒，比方說特里亞酒吧會舉辦「瘋狂星期五」活動，午餐時段供應特價折扣葡萄酒。星期天，特里亞酒吧則有「週日學校」促銷活動，第一杯罕見葡萄酒只要5塊錢。曾有那麼一個禮拜天，加亞克白酒——洛得樂（Len de L'el，也譯作千里目）葡萄與莫札克（Mauzac）葡萄混釀而成——特價5塊錢，寫在卡片上，用迴紋針夾在酒單上頭（內容包含這支葡萄酒的故事，並解釋了加亞克（Gaillac）發音應作「蓋－牙克」）。

提到極客去賣不熟悉的葡萄酒，我立刻回想起在米蘭的某個晚上，我在一家名叫拉西卡（La Cieca，直譯為盲人）的酒吧，在一個很狹長、很容易錯過的路邊接縫處。它的酒單上囊括了整個義大利難得一見的葡萄酒，很是驚人。不只這樣，拉西卡最吸引人的是一塊稱之為「盲品葡萄酒」（Vini alla Cieca）的黑板，都是一系列高深莫測的葡萄酒，標價從5塊到9塊歐元不等。若你猜中了神祕葡萄酒的酒區和葡萄品種，那杯酒就免費招待。但是有個機關，所有這些高深莫測的酒都盛在黑色酒杯裡，使得這場遊戲格外困難也更加好玩。這個活動同時也具有商業目的：縱使我猜中了低價的兩款酒，但我最後掏出的歐元是我在一般酒吧消費的兩倍——因為我貪心想猜中全部五款酒……接著又貪圖更多。

在有關教育、分享和說故事、極客的討論裡，自然有個巨大的問題會糾纏著那些販售另闢蹊徑葡萄酒的人：我是否真的能從前所未聞的葡萄酒上面賣到錢？對麥考利而言，供應珍稀葡萄酒不僅有利可圖，而且特里亞酒吧還獲得很大的成功。「你未必要在無人聞問的東西上訂一個很低的毛利，」他說。「有時候，陌生的東西擁有更好的價值。你可以賺到更多錢，而客人會得到更好的價值。」此外，他補充道，「這些葡

萄酒讓人生和工作變得更加有趣。」

獨角獸葡萄酒事業，無疑的，並非全然都好玩又是遊戲。它也有競爭性。倘若你的葡萄酒吧以供應獨特葡萄酒著稱，那麼消費者很快就會希望到這裡能找到新的酒，他們聞所未聞的——而且是在別處找不到的。魯特堅持他的經銷商要獨賣給他，費城除了他以外沒有其他店有的酒。「我們的第一個問題是：我們喜歡嗎？」他說。「我們的第二個問題是：多少錢？接下來問題是：還有誰在賣？」這麼做會造成某些緊張狀況。比如，魯特曾迷上酒單上的埃米爾，產自土耳其卡帕多奇亞的圖拉森酒莊（Turasan），據說該酒莊歷史至少有七千年之久。很多人相信卡帕多奇亞的埃米爾真的是拜占庭（Byzantium）史上的葡萄酒。這支酒通常以杯販售，我常喝。

感恩節過後數週，我剛好來到特里亞，見到酒單上有支同樣來自圖拉森酒莊的埃米爾，錯將此事告訴了魯特先生。那年年底，魯特酒吧的酒單上沒有了它，也再不見它蹤跡。

●●●

在中產階級化的魚城教授週六午後課程時，我會住在郊區；獨角獸葡萄酒的風潮尚未吹到那裡蔚為時尚。魚城葡萄酒俱樂部探討品飲的葡萄酒，和我的泰半鄰居所體驗到的大不相同。

有個週末，我的朋友瑞克邀我去他家酒窖品酒。瑞克約末四十多歲，和我差不多，是我兒子小威的小聯盟教練。他是個很棒很慷慨的傢伙，對葡萄酒非常有興趣。1990年代還是個青年時，瑞克就已經有一位年長的導師，介紹葡萄酒給他，引領他走上藏酒的路。在那個年頭裡，和每個人一樣瑞克蒐藏了高級佳釀——波爾多、納帕谷卡本內、超級托斯卡尼——一如派克告訴他們的那樣。

瑞克越來越擔心，他的葡萄酒有一些開始在生命邊緣搖搖欲墜，因為他目前的住家沒有前一個房子擁有專用的酒窖。所以我們在他地下室裡成堆箱子裡四處翻找——地下室涼爽陰暗，很適合貯放美酒。我們決

定要開一瓶1982年的李維玻荷堡（Château Léoville Poyferré），來自波爾多聖朱利安（Saint-Julien），一瓶1997年的奧內拉亞（Ornellaia），來自波爾蓋里（Bolgheri）的超級托斯卡尼，還有一瓶1989年納帕谷鄧恩酒莊（Dunn Vineyards）的卡本內蘇維濃。就現今那幾支酒的價錢分別大約300、250和100美金而言，我應該再次提一下瑞克真是個慷慨的傢伙。我們小心翼翼打開軟木塞，讓葡萄酒透透氣。

同時，我也打開我帶來的入門酒，一支萊茵黑森的麗絲琳——比起那個孤伶伶的夜晚我在默費爾登過境旅館喝的好太多了。這支是凱勒·馮迪爾（Keller Von der Fels），由克勞斯·皮特·凱勒（Klaus-Peter Keller）出品，他堪稱德國最傑出的釀酒師。凱勒釀過一支我放在個人難忘的獨角獸葡萄酒單上的佳釀，他的「G-Max麗絲琳」，售價從800至1400不等。2009年的特大瓶裝拍賣價超過4000美金。我曾拜訪過凱勒一次，與他同坐在廚房餐檯上，但他沒有倒那支酒給我喝。

我帶來給瑞克的不是那支酒。我帶的2015年凱勒·馮迪爾（Von der Fels）是凱勒最標準的裝瓶方式，售價不到30美金。不過它仍是我所知道最有價值的麗絲琳，有爆發力，散發煙味（Stony），且帶有野花的氣泡雞尾酒氣息，以及檸檬草辛香與煙燻葡萄柚的基調。彷彿輕快走上一座美麗的山間斜坡，悠閒地，大概是屬於「藍色方塊」（Blue Square，意謂中級雪道，斜率在25-40%之間）那種，不是黑鑽石（Black Diamond，知名登山用品品牌）攀岩等級那種。縱使是那樣的價格，但它是一支你可以陳放至少五至七年的葡萄酒。

雖然這支馮迪爾麗絲琳是不甜的（德文標示Trocken），瑞克在小啜之前帶著懷疑，「呃，麗絲琳……我不知道……我總以為麗絲琳都是甜的。」

不幸的是，他的反應正是任何喜歡麗絲琳的酒徒很常見的。當我們在說「貴族品種葡萄」時，我們往往忘了麗絲琳也是其中一員。但是在主流聲望當中，麗絲琳卻遠遠不及黑皮諾、夏多內和卡本內蘇維濃，甚至人氣更遠不如梅洛和白蘇維濃。麗絲琳這種葡萄，既不罕見又不珍稀，它其實是廣為栽種的白葡萄酒品種。可是麗絲琳卻很兩極

化又長期遭到誤解。魯特先生說，他多半時候都放棄以杯販售麗絲琳，反倒現在改為供應的是麗絲琳後代子孫，克納（Kerner）和施埃博（Scheurebe）。它們賣得好太多了，他說，因為它們沒有麗絲琳的缺點包袱——甜味。

實際上，我曾在費城的私人葡萄酒課程裡分享過凱勒・馮迪爾，而且從出席的十二位學員中的半數人那裡，收到——就字面上的意思——嫌惡的反應：「喔我的老天，這酒太甜了！……」可是其餘半數的人都喜歡它，包括有一位說，「這好像新鮮的砂礫，怎麼這麼美妙！」那場品酒會是由魚城葡萄酒俱樂部的一位成員主辦的，他是擁戴麗絲琳的律師——也因為這樣他得了個「甜甜的喬依」這樣的暱稱。

早在侍酒師提及獨角獸葡萄酒之前，早在葡萄酒吧販售鮮為人知的深奧葡萄酒之前，葡萄酒鑑賞家就在敦促消費者要重新看待麗絲琳。其實，從2008至2014年，每年6月都是「麗絲琳之夏」（Summer of Riesling）。細究麗絲琳流行的潮起潮落，就是最好的例子，可以說明要教育酒徒欣賞種種複雜的葡萄酒，真的困難重重。

麗絲琳之夏發起人是保羅・格列科（Paul Grieco），他在紐約東村開設的「風土」（Terroir）葡萄酒吧革命性格十足，在2000年中期至晚期影響了整個葡萄酒文化。品酒作家博尼在2017年《Punch》網站上寫的略傳中描述，在侍酒師角色「已成為表演藝術」的年頭裡，格列科是「第一位龐克侍酒師」。如今，年輕／刺青／狂野／顏值／髮型／時髦，儼然侍酒師的先決條件。然而，格列科是最早的一個。博尼補充道，「這麼說也不為過，曾幾何時，風土是美國『您的葡萄酒』酒吧。它改變了我們聊葡萄酒的方式，這一路走來啟發了數十個仿效處。」格列科最偉大的成就就是麗絲琳之夏，他以非常龐克的時尚風格，將整個夏季都拿來做按杯販售麗絲琳葡萄酒的活動，基本上是強迫他的消費者。麗絲琳之夏很快就獲得「德國葡萄酒協會」（Wines of Germany）大力支持，蔓延全國。任何酒吧只要願意在酒單上按杯供應三種麗絲琳，都可以參加。麗絲琳酒單通常設計得很龐克風，而且會附送麗絲琳英文刺青貼紙。有好幾年之久，在時髦葡萄酒徒圈子裡，沒有任何東西

比麗絲琳更酷。

　　可是世事難料，幾乎是彈指間風雲變色。就在2014年麗絲琳之夏接近落幕時，似乎出現了一股怪異的文化反撲，抵制麗絲琳。二十一世紀前十年間麗絲琳顯著成長之後，它的銷量在2013和2014年皆一蹶不振，同時有多家葡萄酒商業雜誌都認為麗絲琳的暢銷寶座，易位給了甜膩惹厭的麝香酒（Moscato）。銷量之外，麗絲琳同時也不再是文化運動，風光不再。討厭者浮現了。HBO頻道的節目《上周今夜秀》（Last Week Tonight），主持人約翰・奧利佛在短劇提及應該要設定無人猜得到的荒謬密碼以策安全時，補了致命一擊；為博君一笑的密碼組合有一則「麗絲琳很美味」。又過了不久，HBO的電視影集《女孩我最大》（Girls）的女主角漢娜（Hannah）的母親大吼出毀滅性的台詞：「麗絲琳太甜了，沒有人會喜歡它！」在那個當下，她把對剛出櫃的老公的一腔怒氣轉嫁到麗絲琳上面，又在後來的晚餐派對裡連續好幾分鐘重複這句情緒用語，深中要害。對那些銷售麗絲琳的人來說，著實令人慌張不安，尤其是七年來的麗絲琳之夏鎖定的那群人剛好是約翰・奧利佛和《女孩我最大》的觀眾群。更有甚者，如果你是個熱愛麗絲琳的酒徒（像我這樣），「麗絲琳太甜了」這句話令人尷尬，因為我們已經聽到太多太多次了──不管酒徒用了多少方法澄清都無濟於事。

　　諸如一切讓我萬分沮喪。我是麗絲琳之夏的鐵粉。可是，美國的麗絲琳傳教士在做宣傳時犯了幾個錯。他們沒有引導酒徒去嚐更不甜的麗絲琳，反而促使酒徒接觸更甜的酒款，教導大家用德國傳統的「糖度」作為每年的入門酒；也就是說，錯綜複雜的「超級品質葡萄酒」的稱號，根據的是熟成程度與必要的重量來做分級：晚摘（Kabinett）、遲採收（Spätles）、精選（Auslese）、逐粒精選（Beerenauslese）。所有這些葡萄都含有一定的糖分，即使是最不甜的晚摘，也可能相當甜。很多侍酒師的教育方法是給消費者倒甜的葡萄酒，然後再試圖用星際大戰絕地武士的心靈花招說，「這不是你想要的甜味葡萄酒。」要不就是責難消費者，「你敢說它是甜的！」

　　舉個例子，在風土酒吧的酒單上，就存在一股積極宣揚甜葡萄酒的

主張：「人類史上最偉大的葡萄酒始終都是甜的。」對於麗絲琳，格列科可沒矯揉造作，「沒錯，德國的樣酒裡，是有一些甜的成分。但是誰會在乎？在美國，我們愛說不甜的，可是卻喝甜的。別不承認，紐約市小學生不算，有人一直都在喝可樂、沙士和果汁不是？」

然而有個麻煩的事實擾亂了傳教士的訊息。回到麗絲琳的精神故鄉，德國人全面壓倒性都偏愛不甜的麗絲琳。越來越多酒廠酒標上都停用傳統的甜度分級制。術語令人困惑的甜味風格已經處於垂死掙扎邊緣。「不甜（Trocken）的酒全面攻占德國，」廣受好評的摩澤爾酒區（Mosel）釀酒師塞爾巴哈・奧斯特（Selbach-Oster）告訴我。「你可以用更甜的麗絲琳把母牛引回家來。你可以聊它們寫它們。可是把它們放上酒架，大家還是要買不甜的。」

我同樣也記錄著綠菲特麗娜（Grüner Veltliner）、波特酒（Port）、灰皮諾（Pinot Grigio）、波歇可（Prosecco）氣泡酒和其他酒，它們在時尚潮流裡的起起落落。只是，正當德國人在過去二十年來不再青睞甜的麗絲琳的同時，奇怪的事情發生了：美國侍酒師承繼了老派的甜味風格衣缽。「美國人保住了麗絲琳傳統的甜味風格生生不息。」萊茵高地區沃洛斯堡的行銷經理克里斯多福・考曼（Christof Cottmann）說。舊金山頂尖的侍酒師拉賈・帕爾（Rajat Par）在出版於2010年的著作《侍酒師的祕密》（Secrets of the Sommeliers）中的感慨，堪稱美國人對不甜麗絲琳崛起的典型。「不幸，德國年輕酒徒幾乎已經放棄了半干型（off dry）風格，偏愛嚴峻銳利，幾近於毫無樂趣可言的口味。誰來拯救半干風格？侍酒師。」帕爾所謂的「半干」風格，就是多數一般人所謂的甜味。

最後一季的麗絲琳之夏快告終時，關於麗絲琳甜味與干型的爭辯益發火熱。銷售過多支德國葡萄酒的泰瑞・泰斯，斥責德國人自己在德國境內偏愛的那種麗絲琳。泰斯在《紐約時報》上大表不滿，說甜味麗絲琳在德國被不甜的麗絲琳淘汰──泰斯稱之為「高度侵略性物種想吞噬所有其他一切」。令泰斯十分沮喪的是，口味由甜轉干的改變舉國皆然：「德國境內無處不在的干型酒，是該國傾向於大規模不可動搖的集

體作為的曖昧例子。」

　　凡此種種都是我年復一年開始畏懼麗絲琳之夏的原因。它令人覺得好像我們美國人是傻瓜，喝著德國人不想要而出口的甜酒。每當我去到那些時髦的地方，看到它們的夏季麗絲琳酒單時，我總是會問，「有沒有什麼是不甜的？」服務生或侍酒師語氣古板嚴厲地說，「嗯，麗絲琳一直都有一點甜味。」

　　「是啊，是啊，」我會說，「為何不乾脆給我一點都不甜的？」無可避免，他們會給我倒一些有含糖量很高酒體虛弱的酒，如晚摘酒。有一回，有位特別自命不凡的服務生，給我的「干型」選項是2011年的沃洛斯堡遲採收酒，酒精濃度只有8%，含有幾乎高達二十克的糖分。我知道青菜蘿蔔各有所愛，但我不接受任何人跟我說那支酒不是甜的。而當我在沃洛斯堡品嚐同一支酒時，考曼告訴我，「這支酒在德國一點市場都沒有。」

　　當然，問題不在德國人偏好干型酒，而在美國侍酒師不斷鼓吹要你喝傳統的甜酒。事實上，產自奧地利或阿爾薩斯的麗絲琳絕大多數都是干型的。問題就是，泰斯、帕爾和格里科這些傳教士其實都讓酒徒感到一片混亂。我常聽到有人告訴我，他們對麗絲琳有興趣，想要喜愛它，可是卻發現自己看著商店的貨架或酒單，一頭霧水：這支是甜的還是干型？有經驗的葡萄酒徒不是白痴。他們可以分辨品嚐到的葡萄酒是不是甜的——而且很多人就是不喜歡。經歷過太多次甜味驚奇的洗禮之後，他們乾脆跳過所有的麗絲琳。所以，何不給他們干型麗絲琳，省省你的力氣別說服他們改喝甜的。

　　很多美國的麗絲琳狂熱分子會在酒標上找尋「Trocken」（干型）一字。謝天謝地，干型確保你可以喝到相當不甜的酒，雖然說干型依然含有幾克的糖分。另一種確保喝到干型酒的方式是，察看一下酒精含量。奧斯特告訴我，「如果酒精濃度是個位數，就是甜的。如果是十位數，起碼是偏干或是干型的。」

　　比起那些我們常見放在麗絲琳酒瓶後面，標示干到甜度範圍的小線圖，通常還附上一到五甚至一到十的數字表，這個方法似乎更準確。我

從不覺得這些圖表有用，因為它們幾乎無法解決「這支酒有多甜？」的基本問題。

幾年前，國際麗絲琳基金會（一個眾星雲集的多國機構，確實存在）開始推動一項通用的甜度表。根據這個系統，葡萄酒含糖量與酸度的比例是一比一的話，就標示為「干型」。看似很有說服力，但你要知道，這意謂一支九克含糖量（相對酸度是九克）的葡萄酒會被標示為干型。同樣的，必然還有酸鹼值的計量。如果含糖量與酸度是一比一，可是酸鹼值超過三點五，現在就會被歸類為「中度干型」。對於像我這樣高中化學幾乎被當的傢伙，凡此一切只會使我腦袋幾乎要爆炸。

我見過一個被麗絲琳搞得心力交瘁的例子。那是在「風土師」（Terroirist）葡萄酒網站上的一則留言，寫在〈尋找美國最偉大的麗絲琳〉（Searching for America's Greatest Riesling）的特別報導底下，留言者署名布魯斯：

我認為大眾對麗絲琳的疑慮不在於這款酒很多都「太甜」，而在於對我們多數人來說，沒有辦法看著酒瓶，知道哪支是甜的──有些酒瓶可能寫著「半干」（Off Dry），但那通常表示是甜的。絕大部分的酒都沒有蛛絲馬跡可循。

布魯斯立刻招致另一位留言者的撻伐；自稱是專業麗絲琳行家告訴他，德國葡萄酒「很簡單，連我的六歲孫子都會唸『Hochgewächs』（德語的高級酒），並且建議他不止要學干型這個詞，還要懂得Halbtrocken（半干）、Fruchtige（果酒）、Liebliche（半甜型）。針對這個留言布魯斯回應：

但願如你所知這般簡單。今天早上我去了全食超市，讀了它家十支德國麗絲琳的酒標。企圖找尋你所提到的四個形容詞，只找到「Trocken」這個詞，其他三個統統沒有。有一支酒有甜度標示線圖。其他八支什麼都沒有。這就是我在過去三十年來的經驗。

我這才知道，含糖量的科學測量，與你我感受一支酒甜不甜，兩者有很大的差異。我喝過如此之多麗絲琳，有的含糖量少之又少或根本是零，可是別人喝了第一口之後卻告訴我，「這酒是甜的。」

　　有時候，我會漫不經心說，「你確定你嚐到甜味？還是說，是果味？兩種有差別。」也有的時候，我會聳聳肩或尷尬地暗暗竊笑。

　　或許麗絲琳注定要一直引人困惑。那似乎是摩澤爾酒區（Mosel）散發的訊息，瞧它陡峭寒涼的葡萄園，它可是德國甜味麗絲琳的堡壘重鎮。在恩斯特‧盧森（Ernst Loosen）的盧森酒莊的試酒窖裡，俯瞰著摩澤爾河，我們討論起甜味和干型的區別，盧森先生就變得興致勃勃。「麗絲琳的問題是，它不止一種風貌。我們從沒有要擺脫作為一支甜味葡萄酒的絕境。」盧森說。「我討厭非黑即白的二分法。但是對待葡萄酒徒，他們要的始終就是非黑即白。」

　　往河的上游一點，就是奧斯特酒莊（Selbach-Oster），奧斯特曾告訴我，「如今甜味是動輒得咎的。我們會說『果味』（Fruity）不說甜味。」奧斯特興高采烈說著話，很冷靜，顯而易見，甜味與干型麗絲琳永無止盡的爭辯不過是芝麻綠豆。「這感覺好像宗教。他們要你回答聖經或古蘭經的問題一樣。是非黑即白的事，但是葡萄酒偏不是黑白問題。」彷彿要劃重點似的，我們品嚐了奧斯特的透明版2001年塞爾廷堡（Zeltinger Schlossberg）遲採收干型麗絲琳。竟然同時又甜又不甜。就好像童年時嚼著最新鮮最美味的夏末蜜桃的回憶般。這種麗絲琳就是品酒家一直以來所謂的「震顫」。「均衡與甜味之間有所不同。」奧斯特說。「假以時日，甜味會慢慢消解不見。二十年後，甜味卻又結合起來。」

　　德國其餘地區，隨著氣候變遷，座落在萊茵高或那赫（Nahe）、萊茵黑森等地的絕大多數葡萄酒莊，要做出酒精濃度高達12%或13%毫無問題，因此他們就能釀造優異的干型麗絲琳。酒莊也有了驚人的改良。早期，在1980年代時，干型麗絲琳猶如純粹的酸，葡萄酒會刮掉你牙齒上的琺瑯質。「我們習慣稱那些是『三人葡萄酒』，因為要兩個人把你按住，還有一個人把酒灌進你的嘴裡。」考曼說。

然而那都是數十年前的往事了。現在，參觀萊茵黑森時，我嚐過越來越多年輕創新釀酒師的產品，他們只要干型，不要比較甜的含糖葡萄酒。這些釀酒師當中有很多人都受到德國各大城葡萄酒吧的追捧。不過很多人告訴我，說他們的美國進口商，比方說泰斯，仍堅持只選比較甜的葡萄酒，而且有時候甚至拒絕品嚐他們的干型酒。

　　在萊茵黑森的溫格特·維特曼（Weingut Wittmann），品嚐到菲力浦·維特曼（Philipp Wittmann）精緻的葡萄酒，令我難以相信真有過那樣的日子。「這裡專注做干型葡萄酒，」維特曼說，「在今天的萊茵黑森地區，你會看到很多人只做干型麗絲琳。我們有很好的酸度、新鮮度，而且有清涼的尾韻，酒精濃度也恰到好處。」

　　萊茵黑森路上有個小村落，就是凱勒酒莊莊主克勞斯·皮特·凱勒（Klaus-Peter Keller）的住處。日落萊茵黑森，在最後一季麗絲琳之夏結束前幾個月，某個寒涼3月午後時分，凱勒曾深深嘆了一口氣說，「也許這就是為什麼麗絲琳一直都屬於極客所愛的原因。」當時我們就坐在他的廚房餐桌上，品飲著幾支妙不可言的陳年馮迪爾（Von der Fels）年分酒；他嘆氣是因為我們談到了，當然是這樣，甜度與干型議題。他明顯感到疲憊，我也是。對他而言，這是去國多時返鄉後的第一次，而他的旅行包括了去紐約傳播「麗絲琳病毒」。

　　凱勒耐著性子聽我漫無目的說著對干型白葡萄酒的偏好。接著，似乎想溫和插個話，他拿出一支2007年逐粒精選麗絲琳──最甜的一款麗絲琳。這支酒的釀造者，在所有人當中，偏偏是他十歲大的兒子，是一支令人「震顫」的甜酒。我們品酒時，凱勒笑著，非常之驕傲。

　　「到最後，我們都會相信同一種宗教：好的葡萄酒。」他說。

　　「當然，宗教戰爭始終不斷。」我說。

　　他啜了一口又嘆氣了。「宗教戰爭對誰都不是好事。」

● ● ●

　　回到瑞克的房子，我們乾掉了杯裡的馮迪爾。我看得出來瑞克不是

很滿意，但禮貌上不該表示意見。「很好，我想我不是個那麼喜歡白葡萄酒的傢伙。」他說。

我了解瑞克想說什麼。成長過程中，我是個費城老鷹隊的球迷，那種赤貧窮困的球迷。老鷹隊的球迷討厭所有其他隊的球迷——尤其達拉斯牛仔隊、紐約巨人隊——對加州球隊球迷，例如舊金山49人隊，有一種奇怪的鄙視類型。從很小的時候起，我就敏銳地意識到，悠閒的49人隊粉絲被稱為夏多內飲者，而「Chardonnay」這個字眼發音就像是念詛咒一樣。其含意很明顯：真正的男子漢不會喝白葡萄酒。

不用說，隨著我長大開始愛上葡萄酒不要藍帶啤酒，更常待在有葡萄酒單的酒吧，而不是野格聖鹿（Jägermeister）利口酒販賣機前，白葡萄酒帶給我的歡樂程度驚人驟增。大家都說時代改變了，很多人喜歡麗絲琳和阿爾巴利諾，甚至是夏布利法定產區或蒙哈榭（Montrachet）酒區的夏多內。在教授葡萄酒課程時，我有很多志同道合二、三十歲的哥兒們，他們敏於學習，但也有很多人固守白葡萄酒的想法。「呃，我真的不喜歡白酒。」他們會說。或者，「葡萄酒的首要職責是紅酒。」要是他們想故作聰明的話。或者，「我只有和女朋友在一起時喝白酒。」往往，到了快下課時，在他們已經第一次試飲過很棒的白酒之後，他們才會改弦易轍。最好的範例就是我的朋友「甜甜的喬依」，他曾告訴我，在加入魚城葡萄酒俱樂部成為會員之前，他只喝伏特加。

但仍有很大一部分人抗拒白葡萄酒。老生常談的想法「真正男子漢不喝白酒」，很悲哀依然健在活蹦亂跳。我有些金融業朋友主張，在業務交際晚餐時提到要點白酒，簡直是給自己的事業找死。我曾經很認真地努力想改變這件事，甚至寫了一篇文章刊登在男性雜誌《MAXIM》上，題目叫做〈真正的男子漢喝麗絲琳〉。

眼下，瑞克和我開了兩瓶比較老的酒，我們覺得另一支已經醒好了酒，便一頭栽進晚上重頭戲，開喝了。

不是我慣常喝的那種葡萄酒，不過我可以很清楚地說，1997年的奧內拉亞和1989年的鄧恩酒莊卡本內蘇維濃兩支酒都出色極了。尤其，鄧恩酒莊的卡本內美不勝收，酒體結構很棒，很多清新生動的果味，以及

深奧的泥土氣息、青草芳香。在新鮮的時候，這支酒就已經非常好又強勁，而如今彷若有了年紀的運動員，超越了顛峰，他的賽事現在是健身與體驗。13%的酒精濃度，加上很多可理解的鹹味基調，很貼切提醒人加州並非總是出產高酒精濃度的水果炸彈。這支酒讓我回想起我年輕時家父所喝的那種葡萄酒。

接著我們繼續喝李維玻荷堡，那是法國波爾多法定酒區，由法王拿破崙三世制訂的，被視為二級名莊（Deuxièmes Crus）——只屈居於一級名莊之下。李維玻荷堡1982年分酒，那一年就是派克打造全球品酒聲譽的一年。幾乎所有其他品酒家都宣稱1982年是波爾多很糟糕的年分，太過成熟，酸度過低。可是派克獨排眾議推舉1982年的波爾多，特別是二級、三級和四級酒莊的產品，因為那些年以來一直都有很好的價值。他竟然說中了。波爾多1982年分酒是最受歡迎售價最高的一支酒。

我們品嚐的李維玻荷堡被派克評分95分，他在2009年曾再度試飲，而當時，他說這支酒仍可以再陳放二十到二十五年。「作工精湛，」派克寫著，「濃度令人驚嘆，滿載的勁道。」而九年之前，在2000年時，派克曾寫到這支酒還沒有準備好。「需要耐性，」他告訴讀者，承諾他們「充滿潛力」。

我愧於承認——在我對波爾多所做的一切——羞愧，還有我對派克所做的一切——羞愧，我真愛這支酒。它就是葡萄酒該具足的一切：極其清新，但陳放多年削弱了張揚的果味和「黏嘴」的發達單寧，如今果味鋪陳出更多鹹味基調，秋天森林泥土氣息與潮濕石頭氣息浮現而出。這支葡萄酒深奧濃郁又淵博。它如此深奧以至於令我深感不安於自己對派克的看法。那些懷疑又再度開始作祟。不管我對派克關於我深愛的「天殺的葡萄」的感覺錯得有多離譜，很久以前他對波爾多葡萄酒的觀點完全是正確的，尤其像1982年的李維玻荷堡。時代和口味或有變遷，可是關於那支酒的某些東西是普世皆然，不可言喻的。

更耐人尋味的是，在這支酒完全成熟的這個階段，我們能嚐到它的唯一辦法就是，像對於瑞克這樣的人（或者任何向他買酒者），陳放在酒窖裡三十五年。倘若瑞克在2000年或2009年打開它，或在現在之前的

任何時間開了瓶，我們就享用不到這樣一個曠世巨作了。事實上，派克早就預測到三十五年，的確有他的一套。

關於葡萄酒有些事情常被忽略：時間。遍觀歷史，偉大的葡萄酒、高級佳釀始終都需要陳放。獨特的地方所產的獨特葡萄，當然也會創造出特殊的葡萄酒。不過長時間陳放也能辦到。我始終記得配著解構的義大利培根蛋麵喝的迪莫拉索（Timorasso），或是佐瑞克雷乳酪的希貝恰（Himbertscha），抑或在蘇黎世早晨喝的夏斯拉（Chasselas），還有莫利昂多的小胭脂紅（Petit Rouge），以及瓦萊達阿歐斯塔大區的科娜琳（Cornalin），或者是甘波茲克申的紅基夫娜（Rotgipfler）、金粉黛（Zierfandler），還是薩列格堡的斯奇亞瓦（Schiava）。不過，布德梅爾酒莊的1950年聖羅蘭（Sankt Laurent）——就是在朗根洛伊斯討論茨威格博士和老爺車時喝的那支酒——多了一層獨角獸葡萄酒的意味。同樣的，雖然我喜歡黑蒙德斯（Mondeuse Noire），但是我在阿爾卑斯山，與馬賽克小組成員喝的格里薩德1989陳年聖克里斯多夫修道院，把葡萄酒從珍稀推進到獨角獸境界。

可是，每每在思及獨角獸葡萄酒時，我自然也會記起那些未必以珍稀葡萄釀製的酒。其他，歲月扮演關鍵角色。就像運氣。你未必要是侍酒師才能玩獨角獸的遊戲。2015年的某個夜晚，我正在紐澤西一家葡萄酒店蒐羅阿爾薩斯酒價，就在這個時候，我找到了兩支意想不到的酒，上面滿布塵埃。第一支是2004年辛德·溫貝希特酒莊（Domaine Zind-Humbrecht）的「溫布勒園」（Clos Windsbuhl）灰皮諾，是我有生以來嚐過最迷人的葡萄酒之一——想當然耳是最出色的灰皮諾：飽滿、豐滿、金黃，而且不可思議帶著煙燻鹹味，像是營火烤過的水蜜桃泡進大海裡。第二支是2001年皮埃爾·斯帕爾的麗絲琳舍嫩堡（Pierre Sparr Riesling Schoenenbourg），來自阿爾薩斯最大的葡萄園。那是一支麗絲琳，狂野騷亂，新鮮，很酸又很甜。然而，經過了十四年陳放在酒瓶中，已經成熟芳醇，有著足球籌火的芳香，以及蜂蜜與蘋果皮的氣息，卻依然守住了它的明亮活潑，散發煙燻的尾韻。好比飲進秋日最後幾日溫煦晴朗。它們泛黃的標籤分別標著23塊99和20塊99美元。

打開瑞克的1982年李維玻荷堡時，看得出來瑞克特別開心。我坐到他的庭院去，在春風裡，觀察著這支酒在兩個鐘頭內的變化。我問他，為什麼他不再蒐藏1990年代晚期的葡萄酒。他告訴我，他結婚有小孩之後，搬進他太太故鄉的這個家，必須省吃儉用，因為有更重要的事情要做。最近，他考慮要重拾藏酒嗜好。「可是像是波爾多葡萄酒和納帕谷的卡本內變得這麼昂貴，」他說，「我不知道要怎麼買得下手。」瑞克還年輕，身體健康，可以輕易再活個四十年。他可以酩酊暢飲1980年代到1990年代的波爾多、納帕谷和超級托斯卡尼。可是之後呢？

那個晚上我沒有說出口，不過，他可以有一個選擇，就是蒐藏鮮為人知的葡萄釀造的紅酒，譬如我們在本書裡談到的那些，像是布根蘭邦的藍佛朗克（Blaufränkisch）、薩瓦省的蒙德斯（Mondeuse）、翁布里亞的蒙特法爾科・薩格朗蒂諾（Montefalco Sagrantino），還是上阿迪傑的拉格蘭（Lagrein）。正如同在特里亞酒吧麥考利的葡萄酒單上，另闢蹊徑的葡萄酒能帶來更好的價值。

或者，瑞克可以在他未來的酒窖裡蒐藏家父那個世代幾乎想都想不到的酒：白葡萄酒而非紅酒。面臨天文數字的售價，或許年輕藏酒家會捨棄波爾多、布根地、巴羅洛、布魯內羅這些經典紅酒，開始在酒窖裡堆放起麗絲琳，或羅亞爾河的白肖楠，或上阿迪傑的白皮諾，抑或奧地利的綠菲特麗娜。特別是麗絲琳，長年陳放潛力無限。舉例來說，我會永遠都記得喝到1988年奧地利瓦豪河谷的尼古拉霍夫陶瓶（Nikolaihof Vom Stein）麗絲琳的情景，那支酒放在巨大的七百年歷史橡木桶裡已經陳放超過十年，而那個釀酒的酒莊自羅馬時代就存在至今。那支酒就好像在古老的森林裡，在一個美麗的石頭裡敲到一顆有魔法的杏子。

或許麗絲琳的釀酒廠必須像瑞克一樣好好思考一番。也或許，與其努力要把消費者的口味從干型改為甜味，不如讓消費者見識到這些葡萄酒陳放有多麼美好。有太多次，我們只是過早就喝掉精采萬分的單一葡萄園麗絲琳。只要這些麗絲琳陳放個五年十年或更多年，嚇人的酸味和一小部分的含糖量就會自己均衡掉。它們會變得絕頂獨特，讓人意想不到。你捨棄掉瓶中物，是只有光陰能造就的東西。我們直覺上知道偉

大的紅酒是如此。沒有人會在1987、1992或甚至2002年，就打開1982年的李維玻荷堡；首先，那支酒的單寧可能會撕爛你的臉。但是經過幾十年，單寧變得柔和，消失了。

巴羅洛酒莊，和許多葡萄酒名莊一樣，很懂得凸顯其葡萄酒。根據法律，巴羅洛因為新鮮時單寧濃度驚人，在採收之後必須陳放三十八個月才能使用，其他起碼要在橡木桶裡貯存十八個月。若要成為所謂的巴羅洛珍釀（Barolo Riserva）則表示採收後必須陳放六十二個月，或五年以上。換句話說，每個酒莊都得在酒窖裡貯藏一瓶瓶每個年分的葡萄酒至少五年。而即使時間到了，我們仍會被告知要再陳放十年或二十年。也許頂級的麗絲琳可以重拾同樣的風尚。

與巴羅洛或布根地或波爾多相比，麗絲琳會帶來難以置信的價值。姑且不談卡通化獨角獸的例子，比方凱勒的千元G-Max，能陳放二十年但售價低於50塊美金的麗絲琳比比皆是，更多的是能陳放十年售價大約在30至35美元者。

我不知道瑞克是否有必要考慮麗絲琳。不過我認為像「甜甜的喬依」這樣的人，年紀比瑞克和我小十歲，可能有朝一日會這麼做。在甜甜的喬依舉辦的葡萄酒試飲派對上，他的半數朋友都極其討厭麗絲琳，會後，他告訴我，他從未喝過我提供的德國巴哈拉赫（Bacharach）1998年晚摘干型拉岑貝格酒莊（Weingut Ratzenberger）。這支酒十足令人困惑，既是干型，卻又是晚摘，這表示很晚才採收，完全熟透，含糖量很高，可是卻在釀酒技術上做成干型。讓人大惑不解，讓甜甜的喬依的一些朋友很感驚惶，他們駁斥，「這簡直是甜點，不是葡萄酒！」

「哪個人不愛這支酒的，別倒掉，拿給我喝，」甜甜的喬依說。他當著對方的面喝掉了六杯。後來，他問我那支麗絲琳多少錢，聽到我說34塊美金，他說，「等我成了事務所合夥人，我要在我的酒窖裡擺那支酒。」說不定二十年後，喬依遷居郊區，領著他的孩子打起小聯盟棒球時，他能大方邀請鄰居到他家開懷暢飲。

Chapter 14

往前看，
往東看

Looking Forward,
Looking Eastward

「我想讓你試一下玉法克（Juhfark）。」塔拉・哈蒙德（Tara Hammond）說。她在美國紐約東村和兩名室友合租的公寓裡翻箱倒櫃。「欸，玉法克去哪兒了？噢，我不是常常都這麼亂的。」哈蒙德麻雀大客廳裡每一英尺見方都擠滿箱子，那裡面可能都是備受矚目的珍稀葡萄酒。那是下雨的午後時分，我們試飲著喬治亞共和國的基西（Kisi）、白羽（Rkatsiteli）、薩博維（Saperavi），匈牙利的卡達卡（Kadarka）和弗明（Furmint），以及波士尼亞的茲瓦卡（Žilavka）。我說，之前喝過的克羅埃西亞的格拉塞維納（Graševina）和匈牙利的歐拉麗絲琳（Olaszrizling）也是珍稀葡萄酒，但哈蒙德揮揮手不屑一顧，說：「噢，格拉塞維納和歐拉麗絲琳只不過是威爾斯麗絲琳（Welschriesling）的別名罷了。」

她開了另一箱酒。「啊，找到了！哇，太好了，我們有玉法克！」

玉法克是匈牙利的白葡萄，名字的意思是「綿羊尾巴」，因為這種葡萄串很長，形狀很卷曲。哈蒙德的這支玉法克來自一個名叫索姆洛（Somló）的酒區，地處史前時代一座水底火山的玄武岩斜坡上。索姆

洛自十一世紀以來就廣受好評，尤其深獲維也納哈布斯堡皇室青睞。索姆洛是皇室的婚禮御用葡萄酒。

在廚房餐檯上，哈蒙德倒給我玉法克，遞給我一張試飲表，我大聲唸出上面的東西：「此酒最名聞遐邇的事蹟是，魚水交歡前飲用玉法克可一舉得男。」

「魚水交歡！」她說。「我以前從來沒有聽過這個。」

哈蒙德三十出頭，近來成為藍色多瑙河進口商（Blue Danube Imports）的紐約業務經理，該公司專進口中歐與東歐的葡萄酒——特別是前奧匈帝國的葡萄酒。我是透過在奧地利旅遊時消磨很多時光的大衛·福斯認識她。哈蒙德除了在藍色多瑙河工作，她還是雙耳瓶與它的姊妹餐廳「靈魂」（dell'anima）的飲料總監，也同時在攻讀她在葡萄酒與烈酒基金會（Wine & Spirit Education Trust）的學位；那個資格是成為葡萄酒大師的墊腳石。對於前途無限的人來說，這般忙碌喧囂的角色是相當常見的。

我們理當在雙耳瓶餐廳試飲這支酒的，那裡的酒單上有好幾支藍色多瑙河（Blue Danube）葡萄酒，可是今日有人包場。此外，哈蒙德有點遲到，因為她在皇后區的倉庫樓梯摔了一跤，打破了一整箱葡萄酒。所幸她安然無恙，但我到達時，她指著瑜伽褲上的紅葡萄酒漬給我看。「我猜這是我為何單身的原因。」她開玩笑說。

哈蒙德不但在紐約葡萄酒界建立了口碑，而且眼界很高，捧著碗看著藍藍天空，緊盯著會阻礙葡萄酒界的東西（隨你用自己的經商老生常談來形容）。而毫無疑問的是，當我快在完成本書時，葡萄酒界卻把目光轉移到東方，望向斯拉夫的葡萄酒區，那裡一度藏身鐵幕背後，或更往東去，直抵高加索。最時髦前衛的酒單，上面的葡萄酒有的來自匈牙利、斯洛維尼亞、克羅埃西亞、喬治亞，還有亞美尼亞。「我之所以做這行一部分原因是因為有趣。」哈蒙德說。她已經是這些東方葡萄酒的傳教士。那日午後在她的公寓裡的試飲期間，感覺我正親眼見識到葡萄酒革命的種子和原料。

我來到紐約是為了惠特尼雙年展（Whitney Biennial），展中都是年

輕一輩尚未出名的藝術家作品。我對當代藝術界裡正在發生或即將要發生的事情，很感好奇。我經常為了類似的理由造訪紐約的葡萄酒場景。就如費城這麼一個有朝一日能成為前衛城市的地方，但始終落後人家一年。就如郊區不論有多麼美好，有時候在未來幾年後才來，或說不定永遠都不來。

在奧地利布根蘭邦消磨時光之後，匈牙利的葡萄酒最令我感到興奮。我曾與邊界相距數英里遠，而且如今覺得從未跨越邊界真是笨得可以。不過，2000年代晚期我在《華盛頓郵報》寫專欄時，曾受匈牙利參展之邀到匈牙利大使館，試飲匈牙利的白蘭地，之後還有好幾次又去品嚐那個國家最好的葡萄酒。因此，我覺得好像起碼有基本了解。

我所知的匈牙利葡萄酒，一直都是歐洲宮廷最夢寐以求的佳釀。特別是甜美的皇家酒莊托卡依（Tokaji）出品的貴腐酒（Aszú Wines），它以弗明（Furmint）、哈勒威盧（Hárslevelü）、 黃色麝香葡萄（Gelber Muskateller），還有其他幾種遭「葡萄孢屬」（Botrytis）灰菌感染的葡萄釀成。這種灰菌導致葡萄萎縮近似葡萄乾，並濃縮出一股具有蜂蜜味道的花蜜基調。托卡伊鄰近斯洛伐克邊界，恰是喀爾巴阡山脈（Carpathian Mountain）山腳庇蔭處，是世上最古老的葡萄法定名產區，早先已是葡萄酒樞紐，而且比波爾多還要早一百二十年。可以說，托卡伊是高級佳釀的起源。托卡伊葡萄酒被路易十四用於凡爾賽皇宮的宮廷裡，奧地利皇帝法蘭茲·約瑟夫一世曾經致贈數瓶托卡伊給大不列顛維多利亞女皇當生日賀禮——看她活了幾個月，就送幾瓶。1900年，女皇八十一歲最後一次生日時收到了九百七十二瓶。

儘管這些日子以來幾乎很少人喜歡托卡伊，但是可想而知，我在哈蒙德公寓品飲的匈牙利葡萄酒全數都是干型。我們喝的那支2012年玉法克如此豐盈華美，充滿火山灰氣息，但是酸度又讓人精神一振——難以置信這麼一支高深莫測的葡萄酒零售價居然不到25美元。這支酒出自號稱「神氣活現的索姆洛老人」的素人釀酒師菲克特·倍拉（Fekete Béla），他至今仍以徒手方式栽種他的十英畝葡萄園。哈德蒙和我還喝了倍拉的2011年歐拉麗絲琳，一款白葡萄酒界的匈牙利舉重運動員，富

有香料植物氣息、鹽水味、煙燻味，簡直像是雞尾酒「骯髒馬丁尼」（Dirty Martin，帶有鹹味）。它的零售價：20美元。「以這種價錢你根本買不到像這樣的葡萄酒。」哈德蒙說，瞬間切換成業務模式。

接下來我們繼續喝一支用卡達卡（Kadarka）釀成的葡萄酒，那是一種薄皮紅葡萄，據說是突厥人傳進匈牙利的。這支2015年的埃斯泰爾鮑爾酒莊（Eszterbauer）的卡達卡，不折不扣就是我所喜愛的這種好喝易飲、有辛辣味、酒體輕盈、不美國的紅酒。酒標上寫著「索戈爾」（Sogor），我問哈德蒙那是不是酒區。「嗯，」她說，「是酒區……或者表示姊夫（妹夫、連襟）之間的愛？」其實，她把筆電上的字唸出來，「索戈爾」是匈牙利文的「姊夫」，是向埃斯泰爾鮑爾家族裡的兩個人物致敬，這個家族自1746年以來就投入葡萄酒釀造業。原來，這個酒區就是塞克薩德（Szekszárd），我們相視而笑。這些都是莫測高深、非眾所周知的葡萄酒，而我之所以最欣賞哈德蒙的一點就是——不同於很多侍酒師——她很樂意承認她並不記得大大小小一切資訊。那樣子，她就像我們任何一個熱愛珍稀葡萄酒的人，永遠想盡辦法要學更多。

比方說，那個午後時光，我就學到了卡克法蘭克（Kékfrankos）是匈牙利對藍佛朗克（Blaufränkisch）的稱呼，我的老朋友藍色法蘭克（Blue Frank）。哈蒙德又同時倒了2013年的普菲尼斯酒莊（Pfneiszl）藍佛朗克，這支是兩姊妹所釀，比爾吉特（Birgit）和凱特琳（Katrin），她們生在奧地利也長在當地，但她們的祖父母為躲避共產主義，逃到了匈牙利索戈爾。歷經數年之後，終於在1993年，家族在布根蘭邦新錫德爾湖南岸，打造一座葡萄酒莊，重新恢復祖傳的匈牙利葡萄園。這款匈牙利版本的藍佛朗克更清淡，比起溫暖的紅酒產區中布蘭根邦的很多酒，較不那麼莫測高深，更容易入口，卻仍有扣人心弦的單寧，還有鮮明的香草基調。

我們品嚐的酒裡面，有幾支的味道很難確切描述出來。克羅埃西亞的格拉塞維納（亦即歐拉麗絲琳或威爾斯麗絲琳）的味道，像是某種奇異的熱帶水果味道，揉合著一股異國帶香氣的植物氣息。

「很像我從未吃過的某種水果，」哈德蒙說。

「是呀，」我說，「也很像某種我從沒嚐過的香草。」

「好比西方文明，我們知道我們知道的，」她說。

「這些不是西方的葡萄酒。」我大表贊同，可是想要知道所謂東方的葡萄酒是以什麼做成的。「呃，」她說，「我認為，它們沒有很多我們熟悉的原始水果味。」

當我們接著試飲喬治亞的葡萄酒時，這一點格外明顯；喬治亞號稱釀酒技術的發源地，遠在公元前6000年就開始釀酒。「那裡的酒商曾在葡萄園裡找到古劍碎片，還有各種瘋狂的東西。」哈德蒙說。傳統的喬治亞釀酒方式是用大型陶器，黏土製成的瓶罐，讓酒放在裡面發酵並陳放，而且通常還要把瓶罐埋在地下——如同我參觀佛里烏利的格拉夫納酒莊學到的那樣。陶罐葡萄酒一般都連同葡萄皮一起浸漬發酵，因此，白葡萄酒會被歸類為時髦的「橘酒」。由於哈德蒙曾在雙耳瓶工作好幾年，早在任職藍色多瑙河的工作之前，她便已對這種風格的葡萄酒毫不陌生。

她又倒給我一杯陶罐葡萄酒，來自喬治亞的卡赫季州（Kakheit），用的釀酒葡萄是白羽（Rkatsiteli）。雖然美國人尚未聽說過白羽，但這種葡萄其實在前蘇聯共和國非常普遍，種植面積超過十萬英畝——這還是1980年代時，蘇維埃領導人戈巴契夫（Mikhail Gorbachev）下令連根剷除數百萬株葡萄藤後的數字。白羽有種泥土和鹹味基調。還有更怪異的陶罐葡萄酒是以極其非比尋常的基西葡萄釀成，其栽種面積不到一百二十五英畝。基西香氣濃郁，很像婚禮現場一大盆刺鼻的花籃，而入口甚至更怪異。這是一支白葡萄酒，卻有單寧味，而且感覺和品嚐起來就彷彿在舔一個陶瓦（terra-cotta）花盆——雖說未必是不好的。

最後，哈蒙德倒了一支喬治亞的紅葡萄酒，以薩博維（Saperavi）葡萄釀製，這種葡萄生長在前蘇聯共和國境內，面積超過一萬英畝。薩博維字意是「染」，是一種獨一無二的葡萄，是少數果皮與果汁裡面都含有色素的稀有葡萄。正常情況下，大多數紅葡萄的果汁是白色的——而紅葡萄酒的顏色通常將其果汁與其紅色果皮一同浸漬所致。這支特殊的薩博維葡萄酒出自多奇酒莊（Doqi），也是以陶罐釀造（Doqi的字意

就是陶罐水瓶），除了也有花朵奇香之外，單寧還很濃郁黏稠「耐嚼」
（Chewy），我很喜歡它的豐富感和尾韻綿長。不到20美元，不知何故
有種古董葡萄酒的氣息。

在試酒中途，哈德蒙的室友從臥房探出頭來，喝了一杯水，又回房
消失無蹤。她正在做一本女性刊物叫做《蘇西》（Susie）雜誌。哈德蒙
的另一名室友不在家，她是花藝師。我問她，她的室友們是否都喜歡公
寓裡應有盡有的所有瘋狂深奧的葡萄酒。她說不。事實上，她的花藝
師室友常帶回家橡木味的馬爾貝克。「我快受夠了！我告訴她，『總有
一天我要偷偷跑進你的房間，在你的床上撒滿粉紅色康乃馨看你有多喜
歡！』」

●●●

那日下午，哈德蒙招待我的所有葡萄酒令我惴惴不安，不過是最正
面的那種。我覺得，這些葡萄再一次重新啟動我的葡萄酒指南針往某個
富有意義的方向前進。我知道吾道不孤，因為有一群人數越來越多的葡
萄酒極客都在發掘並討論它們，而且我們會開始在思想前衛的酒單上見
到它們。其實，看到中歐與東歐，還有高加索的葡萄，開始影響著家鄉
美國的葡萄農，令人感到很有趣。

其中一支很成功的美國國產葡萄酒是白羽，由紐約上州中西部五
指湖（Finger Lakes）的康斯坦丁·法蘭克（Konstantin Frank）酒莊出
品。我到肘湖（Keuka Lake，五指湖之一）拜會過弗雷德·法蘭克（Fred
Frank），他是該酒莊釀酒師，也是康斯坦丁的孫兒。他告訴我，白羽
會成功合情合理。他的祖父從烏克蘭移民落戶到五指湖，那裡遍地葡
萄。老法蘭克一直都在研究寒帶氣候的葡萄，找尋能在五指湖微型氣候
下──寒冷，但是深水湖終年不結凍，調節了隆冬的氣溫又能在夏季維
持涼爽──生長的品種。

沒有從波爾多和布根地──種植卡本內蘇維濃、梅洛、夏多內和黑
皮諾──找線索，五指湖酒莊反而一直深受德國與奧地利葡萄品種吸

引。五指湖麗絲琳常被當作北美洲最優良的品種，而多年來小法蘭克也一直拿其他有變音符的品種，諸如格烏茲塔明娜和綠菲特麗娜。「我們在這裡經營了六十年，學到了北歐品種表現最出色。」小法蘭克說。「很難用水晶球做預言，不過這一點也是葡萄酒事業之所以有意思的地方。至少我們不會生產出另一支納帕谷的夏多內，酒精濃度15%，橡木味道濃郁得好像在嚼二乘四英寸的木板。」

還有個格外有趣的實驗是白羽的紅色喬治亞表親，薩博維。小法蘭克沒有用陶罐陳放他的薩博維，而是放在法國橡木桶裡十五個月。小法蘭克的薩博維比喬治亞黏土容器釀出的成品，更濃稠、色澤更深、果味更濃，卻相當迷人；喬治亞版本的薩博維飽滿，像熟透的桑椹裹著巧克力和香料。「這些喬治亞的葡萄在美國還默默無聞。」他說。「可是從現在開始十年後，喬治亞很可能成為下一個智利。」小法蘭克在這裡沒有說出來的是：誰曉得呢，說不定二十年或五十年後，擁有寒涼氣候的五指湖，管他是德國還是斯拉夫葡萄，會取代納帕谷或索諾瑪，成為北美葡萄酒一流的產區。隨著氣候變遷持續，可能性也越來越高。

同時我也很驚訝於，在我旅途中所見到的另一款竟然也生長在五指湖：藍色法蘭克（Blue Frank）。在紐約上州地區，藍色法蘭克並不是藍佛朗克（Blaufränkisch）或卡克法蘭克（Kékfrankos）的別稱，而是藍伯格（Lemberger）葡萄，一如在德文的名稱。「沒錯，但即使如此，仍具有臭乳酪的含意在其中。」小法蘭克說。根據他的計算，五指湖目前至少有四分之三的釀酒師都種了藍伯格。僅次於卡本內弗朗，藍伯格堪稱這個酒區裡最重要的紅葡萄品種。

往東行四十分鐘就到了塞內卡湖（Seneca Lake），我去那裡參觀奔狐酒莊（Fox Run Vineyards）；該酒莊除了遠近馳名的麗絲琳，還有五指湖最出色的藍伯格／布勞弗恩基施／卡克法蘭克。我拜會了奔狐酒莊的釀酒師彼得‧貝爾（Peter Bell），他是個瘦長、精神奕奕的傢伙，告訴我：「我們在這裡尋求線性關係。你大可說我是一個釀造皮包骨葡萄酒的皮包骨傢伙。」他補充，「你得喜歡酸味才會喜歡我們的酒。可是那卻是派克不愛的。」

貝爾幻想自己是個反潮流的人。我問起，為何布勞弗恩基施能在五指湖這裡生長得那麼好，他回答：「聽著，我不是個懷疑風土條件說的人。在五指湖這裡，沒有什麼風土條件問題，這裡全都是冰河。它會賦予葡萄酒什麼滋味嗎？別扯了。」聽到我對地點感到萬分驚訝，他說，「我沒有宗教信仰。但也不是經驗論。我需要證據。我不靠信念運作。」

　　「等一下，」我說。「你一定有某種信念。你曾在紐約上州栽種一種名叫做藍伯格的葡萄，那是想要賣給美國人的。」

　　他盯著我看了好一會兒，笑了。「說得好。」他說。

　　後來，我問他，為什麼選擇把這種葡萄叫做藍伯格，而不是稱做作布勞弗恩基施。「我不知道，」他說。「二十年前，這種葡萄來到五指湖時，就叫這個名字。說真的，兩個名字我都討厭。變音符爛透了。」

● ● ●

　　也許，寄望那種葡萄源自前奧匈帝國或前蘇聯共和國有朝一日成為國際品種廣為栽種，是不切實際的想法。不過倘若你眼光放遠，也就不那麼荒謬。

　　某個週末，我受到史密斯學會（Smithsonian Associates）之邀，去華府參加一個教育活動，稱之為「葡萄酒文明的起源：從古代藤蔓到現代的呈現」。這場活動有一位發表人是助我研究葡萄藤的良師偶像，維拉莫茲博士。自從在瑞士瓦萊州共享瑞克雷乳酪晚餐之後，我就一直沒有見到他，可是我一直熱切想跟他聯絡。

　　活動前一晚在喬治亞大使館舉辦的歡迎會上，我見到了維拉莫茲博士；會上，我們品嚐了很多支喬治亞的葡萄酒。維拉莫茲博士聊起他第一次去喬治亞的事，那是2003年，當時他見到很多與世隔絕的釀酒師，從未聽聞過卡本內蘇維濃、黑皮諾或夏多內。歡迎會結束後，他和我跑到第十四街上，一家號稱國際小吃街的餐廳「羅盤玫瑰」（Compass Rose），在炭烤羊肉串、夏威夷生魚蓋飯、烤雞串，還有亞洲蒸包子

一大堆大雜燴當中，我們點了兩道喬治亞的菜餚：烤豆子「羅比奧」（Lobio），以及傳統的喬治亞乳酪烤餅卡查普里（Khachapuri），服務生還在烤餅裡面打了一顆新鮮的蛋攪拌進去。羅盤玫瑰的指定餐酒是喬治亞的薩博維紅酒，和一支喬治亞的白酒，以白羽加上一種名叫慕茲瓦尼（Mtsvane）的葡萄混釀成。其實，酒單上差不多有二十支喬治亞的葡萄酒，包括四支橘酒（列在琥珀葡萄酒〔Amber Wine〕分類底下）。有那麼一瞬間，我感到一陣迷離，想著：我是不是走進了某個平行宇宙，在那裡面我們所知道的法國和義大利的東西，全數被喬治亞共和的東西取而代之了？最近，珍稀不再像從前那麼珍稀了。

我們點了一支波士尼亞的茲拉卡（Žilavka）白葡萄酒，戴著鼻環的調酒師幫我倒的酒；她告訴我，她是藝術家。維拉莫茲博士是從里斯本開完葡萄酒會議後直奔華府的，因此他興奮地聊著葡萄牙葡萄酒的潛力無限。等史密斯學會的發表會結束後，隔日他就得飛去瑞士。我問起過世的格蘭奇一生都在看顧，位於山頂博登酒莊的「空中的葡萄藤」，在他去世後誰來接手。他說，今年會有一群鄰近的葡萄農志工來幫助格蘭奇的遺孀幹活兒。「我不知道之後會怎樣。」他說。然後他又告訴我另一個震驚的消息，阿歐斯塔谷的莫里安多最近將他的「葡萄母藤」——自1906年迄今的葡萄藤，我永難忘懷它們所釀成的既美麗又哀傷的薩克斯·梅雷斯（Souches Meres）——出租給另一位釀酒師。莫里安多不再釀造薩克斯·梅雷斯了。

我們在羅盤玫瑰喝的波士尼亞的茲拉卡，可惜，沒那麼令人難忘。嚐起來有一點點像是一支充滿菸屁股的花瓶。喝完第一杯之後，維拉莫茲博士問我是否喜歡茲拉卡，我笑了笑，聳聳肩，他也做同樣動作。我們都不願承認我們不喜歡它。這感覺無異於在阿爾卑斯山時，家父傳簡訊給我問道，「葡萄酒好嗎？」每回遇上陰陽怪氣鮮為人知但我不喜歡的珍稀葡萄酒時，我依然會有負疚感，彷彿我讓需要朋友的陌生人失望。

「我想我還要喝另一支酒。」維拉莫茲博士說，點了一支年輕的布勞弗恩基施，出自朱迪思·貝克（Judith Beck）酒莊，那是布根蘭邦的

一家自然農法釀酒廠。我們兩個一致同意這支酒太美妙了：富有泥土氣息，清新又帶勁，好喝易飲，帶一點怪趣、銳利辛辣。

然而，戴著鼻環的調酒師似乎很擔心我們不想喝光我們的茲拉卡。我們向她保證一切都很好，只不過那支酒和我們合不來，還建議她倒給其他可能會欣賞它的客人喝。她告訴我們，朱迪思·貝克的布勞弗恩基施是新的酒款，她都尚未一親芳澤。我們請她嚐了一小口。「非常清淡。」她說，晃杯小啜。很難分辨「非常清淡」是不是好事。

●●●

隔日早晨，「葡萄酒文明的起源」講座在史密斯學會黃銅圓頂的里普利中心（Ripley Center）地下室舉行。數十名史密斯學會成員，從中老齡到年輕青壯人士皆有。我們的主持人大衛·富雷（David Fure）在《侍酒師雜誌》（Sommelier Journal）寫專欄，是那種老美國釀酒師諷刺漫畫，時不時故作輕鬆提到他在倫敦蘇活區住了很多年，言下之意葡萄酒是「具有無數表情的享樂飲料」。整整一天，在講座與講座之間，我們品嚐了世上最古老的葡萄酒文化：喬治亞、亞美尼亞、土耳其、以色列、巴勒斯坦和黎巴嫩。

第一位講者是派翠克·麥戈文（Patrick McGovern），是葡萄酒界赫赫有名的古代飲料考古學家，也是好多本專書作者，包括《古代葡萄酒：尋找葡萄栽培的起源》（Ancient Wine）。麥戈文是生物分子考古學先驅，他在賓州大學的實驗室發現了世上最早的酒精飲料在中國，年代可以遠溯公元前7000年。他同時也是狗魚頭啤酒廠（Dogfish Head Brewery）負責古麥酒的顧問。不意外的，他被稱為「古麥酒、古葡萄酒和極端飲料的印第安那·瓊斯」。（給好萊塢的附註：考古界是否需要有個新的俠盜偶像英雄？）

麥戈文放了葡萄酒罐的幻燈片給我們看，酒罐來自伊朗，年代是公元前3500年，其中有個公元前3000年的彩繪埃及雙耳罐，描繪著人們在採摘長在格架上的葡萄。「但凡動物幾乎都愛糖和酒精。」麥戈文說。

「不過，人類特別適合飲用發酵過的飲料。」他主張，最早的人類很可能會吃胡亂發酵的水果。如同羅蘭・維利希在布蘭根邦喝著布勞弗恩基施時，曾告訴我的：葡萄酒比藝術更古老。

但是，研究者遇到的一個大問題似乎是：葡萄藤在何時何地首度被馴化？主辦歡迎會的喬治亞人會很樂意居功，說大約是公元前6000年發生在喬治亞的，而他們的證據是在陶罐裡發現的一堆化石化的葡萄籽。不過麥戈文卻熟練地提出反對意見。他告訴我們，最古老的葡萄籽經過碳定年法檢測，歷史只有公元前2000年，而喬治亞最古老的陶罐年代大約是公元前800年——很悠久，「但是跟公元前6000年還差很遠。」麥戈文說，他反而支持位於土耳其東南方的安納托利亞（Anatolia）才是葡萄酒的發源地，那裡介於底格里斯河與幼發拉底河之間，也就是所謂的「肥沃月彎」，因為那裡在西元前7000年至9000年前便已經發展出農業。那裡出土的古代葡萄酒罐有葡萄酒殘渣，可追溯至新石器時代。

縱使我們不清楚葡萄酒起源的一切，有件事倒是清楚的：一旦最早的文明製造飲用第一支葡萄酒，就迅速被第一位葡萄酒評論家與守門人繼起追捧，他們判斷、評分並幫它的滋味分級。麥戈文向我們展示了古埃及的葡萄酒容器，上面圖畫著豐收的一年，位置在釀造葡萄酒的尼羅河沿岸，還有擁有葡萄園的法老名諱。「那些是世上第一批酒標。」他說。無庸置疑，葡萄酒產自特定年分、地點，而法老享有更高聲望。

緊接在麥戈文講座之後，是品飲亞美尼亞、喬治亞和土耳其的葡萄酒。我們喝的亞美尼亞白葡萄酒叫做沃斯奇亞（Voskehat），有穿透性的酸和怪異的焚香芬芳，還有一支紅酒叫塞雷尼（Sereni）則散發鹹味、辛辣味與雪松氣息。接著，我們又試飲了一款紅酒，以阿雷尼（Areni）葡萄釀製，充滿地中海香料的迷人基調。實際上我曾見過很多來自亞美尼亞的阿雷尼出現在很前衛的酒單上。

事實證明，阿雷尼是由合夥公司出品，包括了加州富豪釀酒廠保羅・霍布斯酒莊（Paul Hobbs）；在成立自己的酒廠之前，霍布斯曾與蒙達維（Mondavi）、作品一號酒莊（Opus One）、思美酒莊（Simi）大廠合作。霍布斯如今在全球各地都有酒廠，值得注意的是，他釀哪些

酒，用哪些葡萄。1988年，他看到馬爾貝克有潛力能成為阿根廷的招牌葡萄，而且也在美國葡萄酒徒圈子裡贏得廣泛的讚譽，有助於在美國葡萄酒徒圈子內帶動馬爾貝克的盛行。自2008年以來，霍布斯一直都在亞美尼亞製作阿雷尼。他其實還曾在加州府上透過視訊和我們一起試酒。「我費盡心力在亞美尼亞開發馬爾貝克，」他告訴我們，「這件事變得更加困難。不過阿雷尼可能成為最出色的古代品種。」

我們試飲了經典的陶罐樣本酒，是白羽和薩博維釀成的葡萄酒。紐約的葡萄酒大師麗莎・格拉尼克（Lisa Granik）要我們別叫這些酒為橘酒。「我跟你們拜託，要稱它們為琥珀（Amber）。」她說，補充說很多消費者聽到「橘酒」，真的以為是用橘子釀造的。格拉尼克努力解釋著陶罐葡萄酒奇特陌生的味道。她建議，因為陶罐的關係，新鮮水果滋味會變成比較像是乾果或煮過的水果，不過這種東方風味比乾果或煮過水果更複雜。「至於琥珀葡萄酒，好比『我嘴裡的派對是啥東東？』」她說。「我要大家記住他們第一次喝到葡萄酒的味道。很奇怪的體驗，對吧？」

飲罷喬治亞葡萄酒，我們接著喝土耳其酒，有娜琳希（Narince）、奧古斯閣主（Öküzgözü）和博阿茲克（Boazkere）。但願我夠誠實，土耳其葡萄酒才剛倒出來，我已經有一點對稀有葡萄酒感到疲勞了。就是此刻，我喝了博阿茲克，很深沉、黯然又單寧濃厚，帶著尤加利和香草糖氣息，使我想起在蒙泰法爾科佐黑松露的那支薩格朗蒂諾（Sagrantino）。

釀造土耳其葡萄酒的加州人丹尼爾・奧唐奈（Daniel O'Donnell）起身講話，穿著短褲配一件T恤。「身為加州釀酒師，」他說，「我要為我們在1990年代對夏多內所做的一切致歉。」奧唐奈和霍布斯一樣，如今在小亞細亞一家名叫凱拉酒廠（Kayra）釀酒。「在土耳其釀酒，讓我了解到這世界根本不需要另一種爛梅洛，」他說，「葡萄酒的任務，最初也是最重要的是，要有趣。我喜歡在土耳其花時間和這些令人興奮的葡萄品種在一起。」

午餐結束後，終於，輪到維拉莫茲博士演講。他告訴我，科學家絕

對不知道世上到底有多少種釀酒葡萄。包括食用葡萄和葡萄乾在內，世上有高達一萬種葡萄。中國比任何其他地方擁有的品種都多，它們泰半都是野生品種，從來未曾被馴化。維拉莫茲博士拿出一張幻燈片，讓我們看葡萄酒的字根存在年代，早於印歐語系的出現，也早於所有語系。

我們唯一能確定的是，世上有一千三百六十八種葡萄被用於釀造葡萄酒。「而全世界葡萄酒裡有99.9%用的品種都是歐亞種釀酒葡萄（Vitis Vinifera）。」他說，「而剩下0.1%，就是你們這些傢伙，你們美國人，堅持要用非釀酒葡萄品種（non-vinifera species）釀酒，譬如美洲葡萄和河岸葡萄（Vitis Riparia）。」他說就是包含康科特這類葡萄，亦即我和兒子小威在這趟飲酒之旅開始時吃的葡萄。維拉莫茲博士笑咯咯，說，「我喝過一些用美洲葡萄和河岸葡萄釀的酒。不過我不會稱呼這種酒是葡萄酒。我會叫它們是液體糖果。」

接下來維拉莫茲博士用金粉黛的故事款待我們。數十年來，很多加州人都以為金粉黛是他們本州原生品種。可是由於美國人沒有原生種釀酒葡萄，這個想法完全是錯的。現在我們知道，金粉黛是在1820年代，由維也納的哈布斯堡育種中心送到美國的，當時普遍錯標為「匈牙利黑色金粉黛」（Black Zinfardel of Hungary）。多年後，才發現在義大利普利亞有個原生種普利米迪奧（Primitivo）和它一樣。但，普利米迪奧又源自何處？專家想知道。於是這段找尋的故事就是所謂的「尋金」（Zinquest）。2001年，維拉莫茲博士在實驗室裡進行了數百次DNA檢驗，終於找到了DNA與金粉黛相符的：是一種來自克羅埃西亞的稀有葡萄，名叫特里比德拉格（Tribidrag），亦稱為卡斯特拉瑟麗（Crljenak Kaštelanski）。「那天在實驗室裡我們當然要開香檳囉。」他說。

維拉莫茲博士說，每思及釀酒葡萄品種多樣化之浩瀚，幾乎就好比思及狗的那麼多血統沒兩樣。來看看這個類比：要找出何時何地釀酒葡萄第一次被馴化，就如同要找出歷史上狼被馴化為狗一樣。維拉莫茲博士開玩笑地要我們想想馴化釀酒葡萄的可憐處境。「我們踩躪這株葡萄藤，」他說。「我們剪了它的髮，剪了它的腿，剪了它的手臂。這株葡萄藤在有壓力下被迫繁殖出更多果實。真是虐待。」

一想到受到虐待的釀酒葡萄，我的腦海立刻閃過佛蒙特州伯特利（Bethel）我曾參觀過的一家酒莊。那是12月初，大地覆雪。我駕車緊張兮兮地開上陡峭的飢餓山路（Mount Hunger Road），要去拉加拉格斯塔酒莊（La Garagista）見德爾雷・海金（Deirdre Heekin）和凱博・芭伯兒（Caleb Barber），他們勇敢地在這個酷寒的青山州種植葡萄。

　　綜觀我的葡萄酒之旅，高山與邊境造就出特定的古怪離奇，比方說阿歐斯塔谷、上阿迪傑和佛里烏利。然而，讓我第一次體會到這一點的第一個地方，就是佛蒙特共和國（Republic of Vermont）[1]。在這個地區裡，大家不是投票給民主黨或共和黨，而是投給進步黨，比方說我大四那年，伯尼・桑德斯（Bernie Sanders）首度當選進入國會。在這裡，我們看得到法語的蒙特婁電視台。在深不見底的尚普蘭湖（Lake Champlain），據說住著神祕的史前湖怪，還有一種富攻擊性活生生的吸血七鰓鰻。才沒幾年前，佛蒙特州給大麻除罪，我有點驚訝原來大麻曾經一度是非法的。發酵飲料盛行到，康普茶（發酵紅茶飲料）以桶裝販售，每人均銷量居全球之冠。再不然，這裡還以異端精釀手工啤酒聞名於世，當地的啤酒極客會去啤酒廠朝聖，比方希爾斯特德農莊（Hill Farmstead）、煉金術士（The Alchemist），大家開車好幾小時，大排長龍等著喝罐裝的「頭頂禮帽」（Heady Topper）啤酒。佛蒙特州在1996年才栽種第一片葡萄園。

　　拉加拉格斯塔的葡萄園裡滿是雜交葡萄，歐洲釀酒葡萄與原生種北美品種混血。雜交種就是維拉莫茲博士在史密斯學會裡所嘲笑的0.1%，非釀酒葡萄。佛蒙特州沒有五指湖那般好的微型氣候，而且能熬過零下二十度隆冬的唯一一種葡萄藤，就是雜交品種。「我們努力栽種麗絲琳和布勞弗恩基施，可是它們就是無法結果。」海金說，「所以我們只好

---

1. 1779年佛蒙特地區二十八個城決定脫離英屬新罕布夏和紐約殖民地獨立，但大陸會議不接納它，於是1777年當地成立地區政府自我管轄，直到1791年。

拔掉它們改種雜交品種。我們知道雜交種可以在這裡生長。它們來自獨一無二的美國大熔爐，獨一無二最適合這裡。在佛蒙特，我們真正擁有的是地球上最古老的土壤。」

拉加拉格斯塔的一些雜交葡萄，比如馬凱特葡萄（Marquette）、新月（La Crescent）、芳堤娜（Frontenac），都是1880年代，在明尼蘇達大學園藝研究所實驗室裡培育出來的。這些葡萄具有複雜的親株，假如用狗做比喻，它們就是雜種狗或混血狗。新月是麝香葡萄和一種源自河岸葡萄但身分不明的原生種葡萄雜交而成。芳堤娜來自明尼蘇達一種野生釀酒葡萄，它起碼與八種不同的品種雜交過。馬凱特的祖株是黑皮諾，但它是由數種非釀酒葡萄品種雜交而來，比如河岸葡萄、美洲葡萄、沙地葡萄（Vitis Rupestris）和其他等等品種混血而來。「馬凱特就像是田裡的黑皮諾，」芭伯兒說，「非常敏感，問題多，很煩人。你得時時刻刻照顧它。」

雜交葡萄在葡萄酒界惡名昭彰。在歐洲它們多半被禁止拿來釀造葡萄酒。法國在根瘤蚜疫情蔓延時創造了黑巴科（Baco noir），在加斯科涅（Gascony）用於釀酒，經過蒸餾做成雅文邑白蘭地（Armagnac），是少數被准許以法定產地名釀造的雜交葡萄。

在美國卻不然，美國有很悠久的歷史以非釀酒葡萄製酒，例如中西部諾頓（Norton）——大多數源自夏季葡萄（Vitis Aestivalis），或是美國南方在十六世紀時栽種的圓葉葡萄（Muscadine，學名是Vitis Rotundifolia或Muscadine），抑或是十九世紀中葉用來製作氣泡酒的卡托巴（Catawba，美洲葡萄與釀酒葡萄的雜交種）。1850年代，來自倫敦的一名記者造訪此地，宣稱俄亥俄河谷的卡托巴氣泡酒足可媲美德國萊茵河，並「超越法國香檳」。南北戰爭結束後，很多卡托巴都遭剷除或荒廢，改種康科特葡萄。

我曾遊歷加州伍德賽（Woodside）歷史古蹟費羅麗花園（Filoli），那裡保留了超過兩百種原生與雜交葡萄品種，包括喀斯喀特（Cascade）、高芙（Goff）、肯代亞（Kendaia）、呂西勒（Lucile）、布蘭特（Brant）、寶石（Ruby）、 克林頓（Clinton）、蓋特納

（Gaertner）、瓦爾哈拉（Yalhalla）、達樂可泰森（Delicatessen）。很多美國人會覺得點一支寶石、呂西勒或達樂可泰森，比藍佛朗克、歐拉麗絲琳、白羽來得容易多了。不過，就我所知，至目前為止沒有具冒險精神的釀酒師願意用它們釀酒。

用雜交品種葡萄釀酒的最大問題是酸度——它們若不是非常不酸，就是要酸掉牙齒上的琺瑯質。海金說，康乃爾大學和其他院校一直都在做原生東北酵母的實驗。她堅信，更了解善用這些原生酵母而非採用商用酵母，定可解決雜交品種的酸度問題。「雜交品種得要坦承以對，」海金說。拉加拉格斯塔的確是自然釀酒的本營，透過有機農作技術、手摘和腳踩，幾乎不加干預，沒有橡木桶。「我們希望有朝一日能用上雙耳瓶。」他們的網站上這麼說。

海金把兩座穀倉充作酒莊，她一面與我品飲了放在穀倉裡由塑膠製柔性罐釀造而成的葡萄酒，一面把木頭扔進柴燒火爐。他們並沒有宣稱要釀出世界一流的葡萄酒，還沒。而他們一年只生產三千瓶。拉加拉格斯塔的第一支年分酒在2010年上市。直到2016年之前，海金和芭伯兒一直在伍德賽經營名叫「麵包與健康」（Osteria Pane e Salute）的餐廳，歷時二十年之久，但為了全心全力釀酒而關掉了餐廳。「我們還處在風土條件的起步階段。」她說。他們仍在摸索釀酒，可是令我對拉加拉格斯塔感到振奮的是，藉著以雜交葡萄釀酒，他們實際上為葡萄酒字母表添加了新的字母，替葡萄酒的顏料箱增添了新的色彩。佛蒙特州不是介於底格里斯河和幼發拉底河之間的肥沃月灣，也不是喬治亞共和國，更非波爾多，非納帕谷，也甚至不是紐澤西。可是說不定這些雜交品種能代表一個釀酒新世紀的卑微出身。

我們啜飲著由布里安娜（Brianna）——得名自內布拉斯加州葡萄育種專家埃爾默・斯文森（Elmer Swenson）孫女——釀成的白酒；這支酒充滿各種奇異的多汁水果，還有檸檬塔和哈密瓜的氣息——但似乎在味蕾上是反方向起作用的，一開始的味道一般通常是尾韻。海金和芭伯兒用布里安娜釀造了一款自然氣泡酒（Pétillant Naturel），一種古老、風格質樸，以自然釀酒法製成的葡萄酒，也就是說，將尚未完全發酵好

的葡萄汁裝瓶，釀成有輕微氣泡的葡萄酒。自然氣泡酒已經成為全球自然葡萄酒狂熱分子的最愛，他們暱稱這支酒是「Pet-Nat」。拉加拉格斯塔的氣泡酒又被稱為「迷惑」（Ci Confonde），意思是義大利文的「令人困惑」。雖然有著刺骨的酸度，但Pet-Nat是一支喝起來很舒服的氣泡酒，是會吸引愛喝西打或酸啤酒的酒徒，而且「迷惑」甚至有瓶蓋。

配著肉片和乳酪，芭伯兒啵的一聲打開了另一瓶「迷惑」，這支是紅色的自然氣泡酒，以百分之百的馬凱特葡萄釀成，就是那種敏感惹麻煩的雜交品種。吱吱作響的紫色葡萄酒傾倒入杯時，酒杯裡形成了一道厚厚的粉紅色泡沫。嗅著大地、泥土、嗆辣的氣息，它把我一路帶回義大利皮耶韋聖賈科莫，回到十九歲穿著費西合唱團T恤的我，啜著那些年裡保羅請我喝的，那支波光粼粼的古圖尼奧紅酒（Gutturnio）。佛蒙特那個下雪的夜晚，我感覺好像繞了一大圈。

全世界葡萄酒裡有
99.9%用的品種都是歐
亞種釀酒葡萄(Vitis vinifera)
剩下的0.1%是美國人使用非釀酒葡萄,
如美洲葡萄和河岸葡萄(Vitis Riparia)
所釀的wine

Chapter 15

你的鴿舍
有多大

How Big Is Your
Pigeon Tower?

「**黑**莫札克（Mauzac）不是真正的莫札克，你聽懂我在說什麼嗎？」弗洛朗・普拉格奧爾斯（Florent Plageoles）說。我們在加亞克普拉格奧爾斯酒莊（Domaine Plageoles），喝著不鏽鋼桶汲出的葡萄酒。

這件事開始讓我很擔心：我的的確確知道弗洛朗在說什麼。法國西南部大多以莫札克白葡萄（Mauzac Blanc）釀製清脆的氣泡酒，帶著可口的蘋果皮芳香。事實上，葡萄酒歷史學家相信，法國西南以莫札克釀製氣泡酒的時間，比香檳發明的時間還要早至少一百年，這使得這種酒成為世上最古老的氣泡酒。莫札克白葡萄和莫札克綠葡萄（Mauzac Ver）、莫札克紅葡萄（Mauzac Roux）和莫札克粉紅葡萄（Mauzac Rose）有親屬關係。不過，莫札克黑葡萄（Mauzac Noir）卻和其他的莫札克葡萄毫無干係，而且在基因上反而比較接近費爾莎伐多（Fer Servadou），後者在加亞克稱之為布洛可（Braucol）。

是的，經過多年來徘徊葡萄酒迷宮之後，我終於了解到這種葡萄瘋有多厲害。我在命運前低頭，屈服於總會有不一樣、鮮為人知的酒區值得一遊，總有另一個被遺忘的品種值得一嚐，總有某個新的別名要記。

可是去法國西南之旅，也就是波爾多五百年前試圖破除酒警法的地區，感覺格外重要。

　　和弗洛朗一起，試飲了釀酒桶裡半打各種莫札克，然後是布洛可，接下來在他的試酒室裡，他倒給我一杯古老葡萄昂登（Ondenc）釀成的白酒，嚐起來像奇怪帶苦味的梨子。然後我們喝了一支杜拉斯（Duras）紅酒，它的名字源於法文「硬」一字，因為它的根莖很硬，而且很難生長。杜拉斯充滿清新的酸度，帶著黑胡椒氣息，就像是一支很好的卡農圖姆的茨威格。「這種葡萄只長在加亞克（Gaillac），」弗洛朗這樣說杜拉斯，「法國別無他處有。」世上的杜拉斯數量差不多等於小希哈。最後，弗洛朗倒了一杯紅酒，以百分之百博拉爾（Prunelar，也拼作Prunelard）釀成。博拉爾在二十世紀末幾乎絕種，1998年時只剩不到五英畝栽種面積。如今，多了數十英畝，可是直到2017年春季之前仍不准列入加亞克法定產地名。縱然酒體豐滿，但博拉爾也很細緻又帶有花香——我沒料到會有葡萄酒聞起來這麼像新鮮的紫羅蘭。

　　加亞克並不是唯一感覺很重要應當造訪的法定名產區。幾天前，我去了弗龍東（Fronton），就位於土魯斯（Toulouse）北邊一小時處，介於加隆河（Garonne）和塔恩河（Tarn）之間。此行是為了品嚐內格芮特（Négrette）釀的葡萄酒，又是一款被遺棄的葡萄。內格芮特是世上最神祕莫測的釀酒葡萄——就連維拉莫茲博士、哈定、羅賓森在著作《釀酒葡萄》裡都對它的身世一無所知。最好的猜測是，它是十二世紀耶路撒冷聖約翰騎士團在十字軍東征結束後，從賽浦路斯帶到法國的——虛構但未經證實子虛烏有。怪得很，內格芮特曾經是加州的主要產物，在1997年之前，在加州一直稱為聖喬治黑皮諾（Pinot St. George）。在1940至1950年代裡，納帕谷最傑出的鸚歌酒莊（Inglenook）就混釀了一些聖喬治黑皮諾（或稱內格芮特）。我不知道聖喬治黑皮諾發生了什麼事，如今酒莊主人是電影名導法蘭西斯・科波拉（Francis Ford Coppola）。

　　在弗龍東法定產區，內格芮特必須占所有紅葡萄酒至少一半以上，

通常與卡本內弗朗、希哈或費爾莎伐多混釀。而位於前皇家林園的貝勒維森林堡（Château Bellevue La Forêt）酒莊，則出產百分之百內格芮特葡萄酒──酒標寫著「馬夫羅」（Mavro），也就是希臘文的「黑」，呼應這種葡萄神祕的出身。不過，至今都沒有最完整可靠的科學線索與這款長在賽浦路斯的黑葡萄有關。

在弗龍東期間，我遇到橄欖球球員，尼古拉斯・霍瑪涅（Nicolas Roumagnac），霍瑪涅酒莊（Domaine Roumagnac）莊主。霍瑪涅看起來就像是長大了的黑髮版丁丁。我們見面那日，他因為近日的比賽受傷眼睛瘀青。霍瑪涅告訴我，他的內格芮特是土魯斯專業橄欖球俱樂部的官方葡萄酒，堪稱舉世無雙。「我在這裡的故事可不是民間傳說。」他說。他從小長在鄰近地區，2009年和當地一名釀酒師合夥開創了自有品牌。「我是新世代，我想要給內格芮特新的精神。」

霍瑪涅對混釀內格芮特深信不疑，因為它會帶有明顯香氣。他的「實干紅葡萄酒」（Authentique Rouge）系列混釀了大部分的內格芮特，加上希哈、卡本內弗朗，甚至一些卡本內蘇維濃。結果釀成了一支葡萄酒中的橄欖球隊長，散發焚香基調，不知為何具有中東氣息。霍瑪涅稱這支酒為「饕餮」（Gourmand），但它很迷人，就像小腹微凸的傢伙竟是出人意表的舞林高手。很難想像，即使是最忠誠不二的高級佳釀擁戴者，也不會喜歡霍瑪涅的「大會合」（Rendezvous）混釀；把黑與藍的內格芮特和希哈混在一起，一個深沉一個清新，帶著菸草和咖啡味，還散發一絲香草糖的氣息。「我們是世上在弗龍東這裡唯一把內格芮特釀造成葡萄酒的酒莊。」他說，「我們非常奇特，我們的內格芮特也非常奇特。」

不過，和弗龍東與其內格芮特同樣奇特的，還有此去土魯斯東北兩小時車程的馬西亞克（Marcillac）的紅黏土。馬西亞克紅黏土極其獨特，當我開車經過克萊爾沃-阿維儂村（Clairvaux-d'Aveyron），路過的每一座建築都泛紅，顯然是以當地石頭砌成。在克羅斯酒莊（Domaine du Cros），我見到菲利普・特里爾（Philippe Teulier）、他的兒子朱立安（Julien），還有他的狗，名叫芒索（Mansois）──費爾莎伐多、布

洛可，馬西亞克在當地的名稱。「fer」在法文意思是「鐵」，字源是「ferus」，在拉丁文裡意謂「野蠻凶猛」——不論叫哪個名字，都暗指這種費爾莎伐多釀酒葡萄有多難應付。

多年以來，我一直在尋找克羅斯酒莊的經典酒，一種名叫「祖國之血」（Lo Sang del Pais）的日常餐酒，以芒索（Mansois）為基底釀成；我愛它的鹹味裡融合著燒烤甜椒與成熟櫻桃味，間或跳出銳利的茴香氣息，我還喜歡它的野花芬芳，它猶如鮮血含鐵狂野的基調。它堪稱你可以15美金以下買到的最好的葡萄酒，酒體輕盈，這一點很好，因為你會想多買一瓶。我問特里爾，為什麼「祖國之血」在美國名稱標示是同義字費爾莎伐多，不是芒索。「是弄錯了，」特里爾說，「在這裡我們叫它芒索。」

配著以拉卡尼綿羊（Lacaune Sheep）乳汁製成，藍黴菌絲如靜脈曲張的洛克福乳酪（Roquefort），特里爾倒給我更陳年的版本，包括一支2009年的老藤，以五十至一百年的老葡萄樹釀成。芒索陳年後，野花成熟芳醇變成了玫瑰，胡椒馴服變成了異國香料，茴香跟著變成了濃縮咖啡，櫻桃泡進了黑巧克力；可是這支葡萄酒並沒有喪失那根鹹血骨幹。我告訴特里爾，即使陳放，對我而言，這支葡萄酒仍感覺不可思議清新又好喝。透過朱立安的翻譯，特里爾說：「是啊，好喝。這樣說很重要，把這一點說清楚。好喝是很大的讚美，謝謝你。」

告別馬西亞克，駕車往西去到卡歐（Cahors），一個中古時期的小鎮，很誇張地座落在洛特河（River Lot）的一個半島上，有座氣宇不凡的十四世紀三塔雕堡石橋。卡歐是馬爾貝克（Malbec）的發源地，如今眾所周知這是一種來自阿根廷的葡萄。然而在這裡，馬爾貝克一直都叫做科特（Cot）——自中世紀以來就是法國西南部出了名的黑葡萄，健壯頑強。卡歐的科特，在大多數情況下，對現代酒徒而言都是珍稀葡萄酒。

但從另一方面來說，阿根廷的馬爾貝克——較柔軟、更有水果味、更平易近人——在主流市場上大獲全勝。「某些葡萄酒非常受歡迎，幾乎不可能有人不記得它們的。」數年前，萊蒂·泰格在《華爾街日報》

寫到關於馬爾貝克，她還補充道，「那是一支凡夫俗子發現的葡萄酒——不是侍酒師發現的。」如今，阿根廷有超過六萬五千英畝地栽種著馬爾貝克，而相較之下，卡歐卻僅有一萬五千英畝上下。馬爾貝克在阿根廷如此盛行，以至於就連卡歐的農人都開始把這種葡萄標示為馬爾貝克，而不是科特。

卡歐的農人似乎對阿根廷搶走他們的原生水果一事，防衛心很強。「阿根廷的馬爾貝克和這裡的大不同，」塞德酒莊（Château du Cèdre）的派翠夏·德爾佩奇（Patricia Delpech）說。「在阿根廷，他們釀製不那麼酸的葡萄酒。」

「也有很好的阿根廷馬爾貝克，我們試飲了，」蒙萊瑟堡酒莊（Château Haut-Monplaisir）丹尼爾·弗尼爾（Daniel Fournier）說。「可是我們認為那只占產量很小一部分而已。」

我拜訪了一位年輕的自然釀酒法農人，西蒙·布瑟（Simon Busser），他用馬匹取代曳引機耕作。布瑟綁著馬尾蓄著鬍子，當我把車開進他家停下時，他正在做手捲菸。參觀他的酒莊時，他指著在他的產業上的一輛拖車。「我朋友問他是不是可以帶拖車過來在這裡住上一陣子。現在，他已經在這裡住了五年！」十年多前布瑟從父親那裡繼承了這座葡萄園。「噢，」他說，「我父親在這裡用了一大堆化學的東西。我不想像那樣釀酒。為了改變土壤花了我十年時間。」

「卡歐的葡萄酒名聲不佳，」布瑟說，「法國人覺得科特太鄉土，單寧過多太強烈。」他堅持要稱呼這種葡萄為科特，而不是馬爾貝克。他不在木桶裡做長時間陳放，反而讓他的馬爾貝克一部分陳放在混凝土桶裡，以天然酵母發酵，用限量的亞硫酸鹽（Sulfites），一切遵照自然葡萄酒喜愛人士的程序。不過布瑟的葡萄酒一直得不到官方法定產區命名法認可，亦即卡歐AOC。「他們說我的葡萄酒不地道，太酸。」於是他的酒標只能寫「Vin de Table」（日常餐酒）字樣，這是法國最低階的認證。沒關係。他的葡萄酒超過半數都出口，到美國和其他地區，在那些地方，布瑟的餐酒可是自然葡萄酒迷的寶貝。布瑟的科特酒和我喝過的馬爾貝克完全不同。這是一支嬉皮馬爾貝克，提神醒腦，有股自由戀

愛般的酸味，有一頭亂髮般的礦石氣息。

　　午餐和布瑟、他妻子米麗安、小學年紀但在家自學的女兒一起，吃的是家庭肥鵝肝，配胡蘿蔔沙拉。「她自己學習，」米麗安說。「當她想要學習什麼東西，而且已經準備好的時候，我就教她。」恰足以隱喻自然葡萄酒對農耕與釀酒的態度。

●●●

　　對於我在法國西南部酒區的旋風之旅，雖然每一站我都喜愛，但讓我完全傾心的是加亞克。它滿足了我對一切珍稀怪奇事物的熱情。舉例來說，觀光局在推廣的塔恩（Tarn）地標建築景觀，是「塔恩信鴿之旅」（La Route des Pigeonniers），這條路線凸顯了該地區擁有的一千七百座白鴿塔「能滿足對這些羽毛朋友住家的好奇心」。養鴿子是為了收集鴿糞，在十一世紀時鴿糞是加亞克一地僧侶唯一合法使用的肥料。乳鴿糞還被當作是奢侈食品販售。

　　「信鴿是健康的象徵。你家的鴿舍大小，代表你有多富有。」特里瑟斯酒莊（Domaine des Terrisses）的釀酒師阿嵐・卡佐特斯（Alain Cazottes）說。卡佐特斯和我一起吃著午餐，而且我正在吃著乳鴿。我被鴿舍是某種地位象徵的說法逗樂了，可是那是過去的事了。從十六到十八世紀，競爭激烈的領主會將他們的鴿舍越建越高，越建越華麗，也越昂貴。聽起來很滑稽荒唐。可是仔細想了想之後，我猜，擁有一座花稍的鴿舍，裡面滿是鴿糞，並不會比浪擲萬金購買高級佳釀炫耀地位來得瘋狂。

　　盤中乳鴿，和卡佐特斯的特里瑟斯酒莊的白葡萄，簡直天作之合；這支混釀以洛得樂（Loin de l'oeil）和莫札克（Mauzac）混釀而成。葡萄品種學家對神祕的洛得樂一無所悉。它可能來自某種當地野生葡萄藤？還是，如某位釀酒師所說，「是魔法。說不定從天而降？」乳鴿也和特里瑟斯酒莊的布洛克（Praucol）、杜拉斯（Duras）和希哈搭配得完美無缺。

吃罷午餐，我們在卡佐特斯的葡萄園裡散步。散著步，天開始暗了下來。「壞天氣全都從那個方向過來。」他說，手揮向西北方。「那裡是波爾多，所有的壞天氣和疾病，都是那邊來的。」這對比著溫煦、乾燥的偏南風，秋季裡從東南方向吹過來，是奇異的加亞克葡萄所喜愛的氣候。

　　我們踏進了卡佐特斯的酒廠，他七歲時跌進了一個發酵中的大桶裡；要是他父親沒有抓住他的腿把他拉出來，他可能就一命嗚呼了。「從那時起我便一直在酒廠裡幹活兒。」我們直接從大木桶品飲了布洛克和博拉爾（Prunelart）。「加亞克人人都知道博拉爾潛力無限，」他說。卡佐特斯告訴我，在艱困的年分裡，老人都知道博拉爾曾經是非法偷加「藥酒」——波爾多葡萄酒，來調整色澤、香氣和單寧用的。

　　那一夜稍晚時，我和尼古拉斯・希里索（Nicolas Hirissou）在他的杜森磨坊酒莊（Domaine du Moulin）共進晚餐。希里索很高大，是個騎師，曾經是中級手球選手，2001年曾在納帕谷當學徒。他很興奮聊著美國。「我愛美國，也愛美國人。我想在那裡盡可能多賣一些酒。」

　　我問他在納帕谷學到了什麼。「關於葡萄酒嗎？什麼也沒。可是我學到有關美國人的很多事。」

　　貓貓狗狗在希里索的寶寶柯琳身旁跑來跑去，他的六歲大兒子馬爹歐在火爐裡添柴火。我們開了一瓶希里索的氣泡莫札克，單純但令人精神一振，很像是在喝著美味無比的金冠蘋果（Golden Apple）。接著我們喝起他的洛得樂和白蘇維濃混釀的白葡萄酒，很清新，杏桃與葡萄柚的味道很均衡——喜愛綠菲特麗娜的酒徒，甚至是夏多內的愛好者，應該會想要一嚐。然後，我們改喝紅酒，第一支是他的入門款，杜拉斯和希哈混釀，滿溢著著漿果與香料的味道，好喝得要命。在美國，杜森磨坊酒莊的葡萄酒大約在13塊錢上下。就如克羅斯酒莊的「祖國之血」一樣，都是可以說服你那些最庸俗不堪、最保守的葡萄酒友願意冒險奮進活出自己一點的那種葡萄酒。

　　最後，我們做了一次垂直試飲，喝了杜森磨坊酒莊最出色的珍釀布洛克，名字是佛倫提（Florentin），一路喝回到2007年。稍早時，他帶

我參觀了佛倫提葡萄園，那裡遍地礫石。「布洛克非常難伺候，」希里索說。「如果沒那麼成熟，嚐起來會很像蔬菜。」基於那個理由，必須等它晚熟，而那麼做始終都是一場豪賭。

希里索的佛倫提令我很激賞，他雄心萬丈要證明布洛克能釀成高級佳釀。這些酒暗沉、豐富，也很濃醇。「我們這裡喜歡顏色。如果它不暗沉，就不是紅葡萄酒，而是粉紅酒。」年輕一點的綠調布洛克很好喝，一會兒是辛辣加果味，一會兒優雅文靜，但仍是有著狂野面的一支葡萄酒。2007年的佛倫提，尤其令人驚豔：高級佳釀卻依舊帶著一絲絲布洛克突出的血腥鐵味。

試飲結束後，希里索問我要不要見見他的老鷹欽托（Cinto）。「我是獵鷹。」他解釋道。他走出去，過了一會兒又出現，前臂上棲著一隻龐然大物的金鵰，巨大的鷹爪攫住厚厚的皮製手臂護套。這隻金鵰的鳥喙如刀鋒利，牠的頭蓋著一片小小的皮面罩，免得受到驚嚇。欽托高聲尖叫，揮動牠的雙翼，強而有力的翅膀。希里索用力拉緊一條小繩子免得牠跑掉。「我用牠在葡萄園裡獵鹿，」他說，「牠是我最要好的朋友。我老婆總是說我花太多時間和牠在一起。」我啞口無言。在我心目中，陳放一段歲月的布洛克現在開始將會一直與我面對面的金鵰，形影不離。

希里索把金鵰送回外面的鷹巢去。我們啜飲陳放更久的布洛克，這時他的太太貝尼迪克（Bénédicte）彈起了民謠吉他，呢喃唱著法國民謠。我教馬爹歐如何揮棒；他父親去紐約出差做銷售時買回來給他一枝塑膠棒球棍。希里索告訴我，馬爹歐很愛NBA籃球，而我告訴他，如果他來費城，我會帶他去看一場費城七六人的籃球賽。

●●●

返家不到一個月，希里索寫電郵告訴我，他要來紐約，計畫搭火車南下費城。我告訴他我會買到七六人的票。

那個下午，希里索陪我一起去參加了一場員工講座；我在魚城魯特

葡萄酒吧教授的課程。他讓員工試飲他的氣泡莫札克，他的洛得樂混釀白葡萄酒，還有他的杜拉斯紅葡萄酒混釀——這些人還在學基本款。莫札克？洛得樂？杜拉斯？有個地方叫加亞克？我看得出來，他們眼中露出驚慌神色，說著，「搞什麼飛機？這個東西會不會考試？」

結束魯特酒吧的講座後，我們去我在郊區的家裡，希里索見到我兒子桑德，如今已是高一學生——歲月如梭，幾年前我還考他法國「酒鼻子」。希里索用獵鷹獵鹿的影片，讓桑斯印象非常深刻。我告訴希里索，桑德正在上法文課，然後他告訴桑德，用法語，問他玩什麼運動。已經參加球隊的桑德說，「Je joue le rowing。」（應該是「Je fais」）

「啊，」希里索糾正道，「你應該說，『我玩划船』。」

我一聽大笑。加亞克的釀酒師，種植著沒有人聽過的葡萄，而且用老鷹獵鹿，在我郊區的客廳裡，糾正我小孩不合文法的法文。我的旅行顯然得到一些怪怪的回報。

希里索和我去看了七六人球賽。任何了解NBA的人都知道，七六人一直都很爛，有史以來真的很糟糕，無數球季都沒長進。其實，他們公然一季又一季擺爛，輸球的目的就是想要拿到更高的「選秀籤」。七六人隊的組織策略就是不想做一支不上不下來回徘徊球隊，從沒贏過任何東西，只可能落入季後賽成為種子隊。與其這樣，公司乾脆將七六人隊拆散，交易老將出去，儲備年輕球員，希望有朝一日成為超級巨星，創建一支具有領導地位的球隊——基本上，不能壯大，就收拾回家去。未來某日，七六人隊會告訴我們，一旦球隊取得足夠天才球員，冠軍指日可待。「要相信過程。」他們說。

思及過程，我想到釀酒師，譬如朱利奧・莫里尼多（Giulio Moriondo），在阿歐斯塔谷拔掉黑皮諾改種科娜琳（Cornalin）、小胭脂紅（Petit Rouge）、薇安（Vien De Nus）。又譬如葛寧（Gonin），在伊澤爾拔掉夏多內改種阿提斯（Altesse）、維黛絲（Verdesse）和裴桑（Persan）。又或者譬如甘波茲克申的格貝舒伯（Gebeshuber），為了金粉黛和紅基夫娜犧牲生計。或是塔明娜的釀酒師想讓大家愛上格烏茲塔明娜（Gewürztraminer）。甚至是霍布斯，曾功成名就釀出納帕谷的卡

本內蘇維濃、俄羅斯河的黑皮諾和阿根廷的馬爾貝克──但如今卻在賣長在亞美尼亞的阿雷尼（Areni）葡萄釀的酒。我想到所有世上我尚未嚐過的葡萄──有待發現的葡萄，由某些不知名的釀酒師在某些珍稀葡萄園裡釀成酒。

希里索和我找到位置坐妥。沒有葡萄酒。今晚我們用塑膠杯喝水水的鵝島啤酒（Goose Island）和印度淡色艾爾啤酒（IPAs）。半場時分，七六人隊潰不成軍，一如往常。然而，某個剎那，一個熟悉雖然諷刺的歡呼聲浮現在球場：「相信過程！」越來越響亮，「相信過程！」

「他們在說什麼？」希里索問。我甚至不曉得從何開始講起。我盡力解釋球迷有一點是在開玩笑。七六人隊正處於漫長的重建過程，試圖從最後一名成為冠軍隊。球迷躁動不安但很有耐性，等待年輕球員茁壯，滿懷希望有朝一日我們會再度贏得比賽。

希里索，用難以想像其珍稀無比的葡萄釀酒，長達五個世紀以來，他的酒區被龐然大物波爾多壓得抬不起頭；他似乎應該了解什麼是「過程」。「是，」他說，「我認為這就像加亞克的葡萄酒。也許有一天，在美國，人人都會喝布洛克。」

我們加入歡呼的群眾：「相信過程！」

葡萄酒歷史學家相信:
法國西南以莫札克(Mauzac Blanc)
釀製氣泡酒的時間,比香檳發明的
時間還要早至少一百年.

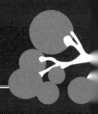

附錄Appendix

叛逆的葡萄
地名詞典

101個值得追尋的品種

接下來是本書提及的許多葡萄的詞彙表和發音指南。一百零一種看似很多——尤其是這些葡萄很多都對飲用葡萄酒的人士相當陌生——但是，一百零一種只是滄海之一粟，沙漠中的一粒沙子，釀酒葡萄宇宙裡的一顆小光點。想想看，已知釀酒葡萄有一千三百六十八個品種，列在這裡的不及那個總數的8%。

事無不可對人言：我非語言學家。不過，我盡力而為，給不熟悉這些葡萄的讀者一個基礎概念，堪稱非常美國入門[1]式的發音輔助。（我可以很確定，這麼說也阻止不了語言糾察隊雞蛋裡挑骨頭，可我盡力了。）

之所以想幫助你們唸出這些葡萄品種的名字，原因很簡單：我希望你能找到引起你興趣的那些葡萄。也因此，我同時提供了供應商資訊。不妨寵愛一下自己，幫自己找到一個嶄新的葡萄酒世界。

當然，時移事往，有些品種現在顯得珍稀，可能未來會變成普遍，變成老掉牙。有些葡萄現在顯得很潮，未來會消失殆盡，有待從今往後再過數十載等新的一代重新發掘。如果從今往後五年、十年或二十年我修訂或增訂本書，地名表肯定有所不同。葡萄酒的世界是個不斷變化的所在。每一杯酒都是當下的印象。

（編按：這裡有些酒莊、人名未必曾出現在前面章節裡。）

---

1. American primer藉著美國詩人惠特曼（Walt Whitman）所撰寫的語言思想小書書名《美國入門》（An American Primer），寓意給讀者一個名詞發音小冊。

葡萄地名詞典

Altesse. ahl-TESS. 阿提斯 │ 法國伊澤爾省（Isère）和薩瓦省（Savoie）境內阿爾卑斯地區所發現的白葡萄。是法定產區Roussette-de-Savoie的主要釀酒葡萄。供應商：Nicolas Gonin、Louis Magnin與Charles Gonnet。

Amigne. ah-MEEN-yeh.艾米尼 │ 生長在瑞士瓦萊州（Valais）的一種古代白葡萄，在韋特羅（Vétroz）一帶特別普遍。大多用來釀造甜酒或半干酒，不過不妨找Domaine Jean-René Germanier。

Antão Vaz. an-TOW vajsh. 安桃娃 │ 來自葡萄牙阿連特茹（Alentejo）地區的白葡萄。通常用於混釀，譬如阿連特茹酒廠Esporão（艾斯波朗）的酒。

Areni. ah-REH-nee. 阿雷尼 │ 亞美尼亞最大宗的紅葡萄，很可能是世上最古老的釀酒葡萄。得名自同名石窟群，考古學家在石窟發現已知最早的釀酒證據，年代超過六千年前。供應商：Yacoubian-Hobbs、Zorah、Trinity Canyon、Koor。

Arinto. ah-RIHN-toh.阿瑞圖 │ 葡萄牙的白葡萄品種，在北部也稱為Pedernã（佩德納）。會出現在布塞拉斯（Bucelas，靠近里斯本）、阿連特茹和米尼奧（Minho）等酒區的Vinho Verde（綠酒）的混釀裡面。

Arvine. ar-VEEN. 奧酩 │ 也通稱Petite Arvine（小奧酩），白葡萄，生長在瑞士瓦萊州，以及義大利阿歐斯塔谷（Valle d'Aosta）。供應商：Domaine Jean-René Germanier、Marie-Thérèse Chappaz（瑞士），以及Grosjean Freres（義大利）。

Baco Noir. BAH-koh nwahr. 黑巴科 │ 歐洲與北美雜交的紅葡萄。用於蒸餾成雅文邑（Armagnac）白蘭地。

Baga. BAH-guh. 巴加 │ 葡萄牙百拉達（Bairrada）酒區的紅葡萄，具有香料味、鹹味。供應商：Sidonio De Sousa和Filipa Pato。

Blauburger. blouw-bur-ger. 布勞堡 │ 奧地利紅葡萄，茨威格博士以Blauer Portugieser（藍葡萄牙人）和Blaufränkisch（藍佛朗克）交配創造出來的。非常稀有珍奇，最常出現在當地維也納的小酒館裡。

Blaufränkisch. blouw-FRANN-kish. 藍佛朗克（或布勞弗恩基施） │ 奧地利最大宗的紅葡萄。也是德國和紐約五指湖兩地最普遍的品種，稱為Lemberger（藍伯格）；在匈牙利則稱為Kékfrankos（卡克法蘭克，意謂偉大的紅色）。

Bo Azkere. bow-aahz-keh-reh. 博阿茲克 │ 土耳其文意謂「咽喉噴燒器」（Throat Burner），來自土耳其安納托利亞（Anatolia）東南部。供應商：Kayra 或Kavaklidere。

Brianna. bree-AH-nah. 布里安娜 │ 歐洲葡萄與北美葡萄雜交的白葡萄，多半生長在美國中西部。供應商可找佛蒙特州La Garagista的微氣泡葡萄酒（自然氣泡）Ci Confonde。

Cot. caht. 科特 │ 大多數葡萄酒徒知道的名字是Malbec（馬爾貝克）。這種紅葡萄源自法國卡歐（Cahors），而當地稱之為Cot，釀成的葡萄酒雄壯強勁。供應商：Château Haut-Monplaisi、Château du Cèdre，以及Simon Busser的Pur Cot。

Castelão. cast-ehl-OW. 卡斯特勞｜葡萄牙種植最廣的紅葡萄，有時用於波特酒混釀。是平價常見的Periquita（比利吉達，意謂小鸚鵡，是Castelão的暱稱）的主要釀酒葡萄。

Chambourcin. shahm-boor-SAN. 香寶馨｜法國葡萄與北美葡萄雜交而成，是1860年代在法國創造出來的品種。普遍栽種於美國，多半在維吉尼亞州、賓州、密蘇里州——還有特別是紐澤西，供應商：Heritage和Sharrott。

Chasselas. shahs-suh-LAH. 夏斯拉｜瑞士最常見的白葡萄品種。在瑞士瓦萊州酒區稱為Fendant（芬丹）。

Croatina. crow-ah-teena. 科羅蒂納｜北義大利稱為Bonarda（伯納達），這種紅葡萄會與Barbera（巴貝拉）混釀成Colli Piacentini的傳奇紅酒Gutturnio。供應商：Torre Fornello酒莊的Gutturnio、Podere Casale酒莊、Montesissa酒莊。

Diolinoir. dee-oh-lee-nwahr. 黛奧琳諾｜稀有的瑞士紅葡萄品種，創造於1970年，由黑皮諾和一種名叫Robin Noir（黑羅賓）的紅葡萄雜交而成。供應商：Domaine de Beudon、Domaine Jean-René Germanier以及Robert Gilliard。

Duras. dew-RAH. 杜拉斯｜主要生長在法國西南加亞克的紅葡萄。名稱由來是法文「硬」一字，因為它的根莖很硬，而且非常難種植。供應商：Domaine Plageoles、 Domaine du Moulin，還有Domaine des Terrisses、L'Enclos des Braves。

Emir. eh-MERE. 埃米爾｜這種充滿朝氣的白葡萄是土耳其卡帕多奇亞（Cappadocia）古城的原生種葡萄，咸信當地釀酒歷史超過七千年。供應商：Turasan和Kayra。

Encruzado. ehn-croo-ZAH-d. 依克加多｜獲獎連連的葡萄牙杜奧（Dao）酒區的白葡萄。供應商：Casa de Mouraz、Quinta do Perdigão、Álvaro Castro、Quinta de Cabriz。

Étraire de la Dhuy. AYE-treyr day la DOO-ee. 伊特黑｜法國南部伊澤爾省和薩瓦省阿爾卑斯山區非常稀有的紅葡萄品種。供應商：Domaine Finot和Domaine des Rutissons。

Fer Servadou. fair SAIR-vah-do. 費爾莎伐多｜芳香美味的紅葡萄，生長在法國西南區，當地在加亞克稱為Braucol（布洛可），而在馬西亞克（Marcillac）稱為Mansois （芒索）。供應商：Domaine du Moulin（加亞克），Domaine des Terrisses （加亞克），還有Domaine du Cros（馬西亞克）。

Friulano. free-oo-LAH-noh. 弗里那諾｜義大利東北部毗鄰斯洛維尼亞邊界佛里烏利（Friuli）的最大宗白葡萄品種，以前名叫Tocai（托卡），在斯洛維尼亞名叫Ravan（拉萬），而法國西南部稱為Sauvignonasse（蘇維濃納斯）——也稱Sauvignon Vert（長相思）——據說那裡是這種葡萄的發源地。

Fumin. foo-MAHN. 富美｜義大利歐斯塔谷（Valle d'Aosta）的紅葡萄，通常與Petit Rouge（小胭脂紅）和Cornalin du Valais（瓦萊科娜琳）混釀。供應商：Grosjean Freres、Les Crêtes、Lo Triolet。

Furmint. FOOR-mint. 弗明｜匈牙利最普遍的白葡萄品種，有史以來都用於和聲名遠播的Tokaji（托卡伊）甜白酒混釀。如今往往以單一品種干型葡萄形式裝瓶販售。

Frontenac. FRON-ten-ack. 芳堤娜｜北美混血品種，親株是明尼蘇達州的一種野生葡萄藤，和至少八種不同品種雜交而成。主要生長在美國北部。在佛蒙特州車庫酒莊（La Garagista）用

這種葡萄做混釀。

Frühroter Veltliner. froo-ROH-ter VELT-lee-ner. 早紅維特娜（也譯作粉維特娜）｜奧地利溫泉區（Thermenregion）混釀酒常見的葡萄品種。字意為「早紅維特娜」，對比金粉黛的暱稱Spaetrot（聖珀爾滕），也就是晚紅。

Gelber Muskateller. GEHL-ber MOOSK-ah-tell-er. 黃色麝香葡萄｜也稱為小粒白麝香、小粒種白蜜思嘉（Muscat Blanc à Petits Grains），生長在奧地利和其他地區的白葡萄，芳香馥郁。供應商：Hermann Moser、Heidi Schröck、Berger和Knoll。

Gewürztraminer. guh-vurtz-TRAH-mee-ner. 格烏茲塔明娜（也譯作瓊瑤漿）｜芳香馥郁的白葡萄，生長在上阿迪傑（Alto Adige）、阿爾薩斯（Alsace）、加州安德森谷（Anderson Valley）等地區。供應商：Cantina Tramin、Elena Walch（上阿迪傑）、Trimbac、Hugel、Domaine Zind-Humbrecht（阿爾薩斯）、Husch、Handley、Phillips Hill、Navarro Vineyards（安德森谷）。

Godello. goh-DAY-yoh. 戈德羅｜生長在西班牙西北加利西亞自治區（Galicia）的白葡萄，酒區有瓦德歐拉（Valdeorras）、薩克拉河（Ribeira Sacra）、埃爾別爾索（El Bierzo）。就在近期不久，1970年代幾乎絕種，如今是西班牙最受歡迎的釀酒葡萄。

Goldburger. gold-bur-ger. 戈德伯格｜奧地利白葡萄，由Welschriesling（威爾斯麗絲琳）和Orangetraube（歐翰吉塔伯）雜交而成。通常用於「維也納混合種植法」（Wiener Gemischter Satz）。

Gouais Blanc. goo-WAY blahnk. 白高維斯｜德文稱為Gwäss（格瓦斯）或Heinisch（海尼希）。從中世紀以來，這種白葡萄在歐洲一直被各種皇室法規禁種。君王認為它是一種繁殖旺盛的農人葡萄，釀製的葡萄酒很粗劣——古法語gou和heinisch都是形容品質低劣的形容詞。但是經過DNA檢測，白高維斯竟是大約八十種葡萄的母株，其中有很多的父株是黑皮諾，包括夏多內、嘉美，還可能有麗絲琳。

Grignolino. gree-nyoh-LEE-noh. 格里尼奧利諾｜紅葡萄，來自義大利皮埃蒙特（Piedmont）地區，特別是阿斯蒂（Asti）和卡薩萊·蒙費拉托（Casale Monferrato），可釀成紅寶石色澤的葡萄酒，酸度高，單寧明顯。

Gringet. grahn-JZEY. 格拉熱｜法國薩瓦省阿爾卑斯山區的白葡萄，種植面積不到一百英畝。最知名的產地是Ayse（艾瑟）一代的葡萄園，特別是Domaine Belluard（貝縷雅酒莊）。

Gros Manseng. grow MAHN-song. 大蒙仙｜芳香馥郁的白葡萄，產自法國西南部，最知名的產區是瑞朗松（Jurancon）、加斯科涅（Gascony），通常用於和Petit Manseng（小蒙仙）、Sauvignon Blanc（白蘇維濃）等葡萄酒的混釀中。

Grüner Veltliner. GREW-ner VELT-lee-ner. 綠菲特麗娜｜奧地利最大宗的原生種白葡萄，風味繁多。聲名遠播的產區有瓦豪河谷（Wachau）、坎普河（Kamptal）、克雷姆斯塔爾（Kremstal）。

Hárslevelü. HARSH-leh-veh-LOO. 哈勒威盧｜匈牙利最大宗的白葡萄品種之一，長久以來用於知名的Tokaji（托卡伊）貴腐酒混釀。

Hondarrabi Zuri. on-da-rabb-eh zorr-ee. 白蘇黎｜西班牙巴斯克（Basque）地區的葡萄，

慣常用於釀製Txakolí（CHA-ko-lee，查科莉酒）。

Humagne Blanche. hoo-MAN-yeh blahnsh. 白玉曼（也譯作小胭脂白）｜非常珍稀的瑞士白葡萄品種，種植面積不到一百英畝，多數位於瓦萊州。和Humagne Rouge（紅玉曼）毫無關係。

Humagne Rouge. hoo-MAN-yeh rooj. 紅玉曼｜阿爾卑斯山區的紅葡萄品種，主要生長在瑞士，以及義大利阿歐斯塔谷（Valle d'Aosta）當地稱為Cornalin（科娜琳）。

Jacquère. jah-KEHR. 雅克奎爾｜法國白葡萄，大多數廣為栽種於薩瓦省（Savoie），最知名的產區是阿普勒蒙（Apremont）和阿比姆（Abymes）。供應商：Charles Gonnet、Gilles Berlioz。

Juhfark. YOO-fark. 玉法克｜匈牙利白葡萄，名字意謂「綿羊尾巴」，因為葡萄串長而捲曲。多半生長在索姆羅（Somló）的火山土，供應商：Fekete Béla。

Kadarka. kah-DARK-ah. 卡達卡｜最知名的匈牙利紅葡萄品種，蜚聲國際的埃格爾（Eger）「公牛血」（Bikavér）就是以它釀成。也生長在塞爾維亞、保加利亞、羅馬尼亞。供應商：Eszterbauer和Heimann釀造的是酒體輕盈、帶辛辣味，絕頂好喝的版本。

Kerner. KEHR-ner. 克納｜白葡萄，Riesling（麗絲琳）和Schiava（斯奇亞瓦）雜交品種，主要生長在上阿迪傑（Alto Adige）／波扎諾（Südtirol），還有德國。供應商：Abbazia di Novacella有單一品種成品。

Kisi. KEE-see. 基西｜不同凡響的白葡萄，生長在喬治亞共和國不到一百二十五英畝地，號稱葡萄酒釀造技術誕生地。Doqi酒莊出品的酒是用傳統陶罐陳放而成。

La Crescent. lah KREH-sent. 新月｜是Muscat（麝香）葡萄與一種源自河岸葡萄（Vitis Riparia）但不知名的原生種葡萄雜交而成的北美葡萄，是1980年代時在明尼蘇達大學實驗室裡創造出來的。生長在美國中西部和北部。

Lagrein. lah-GRAH'EEN. 拉格蘭｜酒體豐滿的紅葡萄，主要生長在上阿迪傑（Alto Adige）／波扎諾（Südtirol）地區。供應商：Tiefenbrunner、Castel Sallegg、Muri-Gries。

Listán Negro. lee-STAN NEY-grow. 黑麗詩丹｜這種葡萄生長在西班牙加納利群島（Canary Islands）火山土，釀成的紅酒很清淡。

Len de L'el (also spelled loin de l'oeil). len-deh-LEYHL. 洛得樂｜法國西南部的白葡萄，主要產區在加亞克，神祕莫測，葡萄品種學家對它一無所知。供應商：Domaine du Moulin、Domaine des Terrisses和 L'Enclos des Braves。

Marquette. mar-KETT. 馬凱特｜北美雜交品種，明尼蘇達大學實驗室創造出來的。祖株是Pinot Noir（黑皮諾），但雜交了多種品種，諸如河岸葡萄（Vitis Riparia）、美洲葡萄（Vitis Labrusca）、沙地葡萄（Vitis Rupestris）等等。生長在美國中西部與北部各州，包括佛蒙特州的La Garagista酒莊。

Mauzac. mohw-ZACK. 莫札克｜白葡萄品種，通常用於釀造法國西南部的氣泡酒，特別是在加亞克與利穆（Limoux）產區，當地釀製氣泡酒的歷史遠早於香檳區。供應商：Domaine du Moulin、Domaine Plageoles（加亞克），還有Domaine de Martinolles（利穆）。

Mencía. mehn-THEE-ah. 門西亞｜伊比利紅葡萄品種，產區在西班牙埃爾別爾索（El Bierzo）、薩克拉河畔產區（Ribeira Sacra）、瓦爾德奧拉斯（Valdeorras）。也生長在葡萄牙，當地名叫Jaen（哈恩）。

Mondeuse. mohn-DOOZ. 蒙德斯｜法國阿爾卑斯山區紅葡萄，最知名的產區是薩瓦省，其中最佳產地是阿爾班村（Arbin）。供應商：Domaine Prieuré Saint Christophe、Domaine Louis Magnin和Maison Philippe Grisard。

Müller-Thurgau. MEW-luhr TOOR-gow. 慕勒-圖高｜德國、奧地利、瑞士、上阿迪傑（Alto Adige）／波扎諾（Südtirol）等地的白葡萄品種。是十九世紀，由瑞士圖爾高州（Thurgau）的米勒‧赫爾曼博士（Dr Hermann Müller），將Riesling（麗絲琳）與Madeleine Royale（皇家瑪德蓮）雜交而成。Tiefenbrunner's Feldmarschall von Fenner出品的最上乘。

Négrette. neh-GREHT. 內格芮特｜法國弗龍東（Fronton）法定產區的最大宗紅葡萄，當地靠近土魯斯，釀造的紅酒芳香馥郁剛勁有力，粉紅酒清新宜人。供應商：Château Bellevue La Forêt、Domaine Roumagnac。

Neuburger. NOY-burger. 紐伯格｜奧地利芳香馥郁的白葡萄，以Sylvaner（希瓦那）、紅Roter Veltliner（維特利納）雜交而成。最知名的產區在瓦豪（Wachau）河谷和布蘭根邦（Burgenland）。

Ondenc. ON-dank. 昂登｜法國西南部的白葡萄品種，主要產區在加亞克，二十世紀時差點絕種。Domaine Plageoles和其他酒莊最近復育成功。

Orangetraube. ORANGE-trowb. 歐翰吉塔伯｜請勿與所謂的「Orange Wine」（橘酒）混淆。這是奧地利白葡萄，非常珍稀，乃至於無法列入官方優質產區酒（Qualitätswein）分級制度。Zahel釀造單一品種瓶裝酒，名稱是Orange T。

Ortrugo. OR-troo-go. 奧圖戈｜義大利艾米利亞-羅馬涅（Emilia-Romagna）科利皮亞琴蒂尼（Colli Piacentini DOC）法定產區的白葡萄。通常與Malvasia（莫瓦西亞）白葡萄混釀，有時也用於釀造微氣泡酒（Frizzante）。

Persan. per-SAHN. 裴桑（也譯魄仙）｜阿爾卑斯山區的紅葡萄品種，生長在薩瓦省和伊澤爾省。十八世紀時，被視為法國最出色的紅酒，可是現在僅存大約二十五英畝栽種面積。供應商：Nicolas Gonin和Domaine Giachino。

Petit Manseng. peh-TEE MAHN-song. 小蒙仙｜法國西南部香氣馥郁的白葡萄，最知名的產區是居宏頌（Jurançon）、加斯科涅（Gascony）。常用於Gros Manseng（大蒙仙）、Sauvignon Blanc（白蘇維濃）等葡萄酒混釀。

Petite Sirah. peh-TEET sih-RAH. 小希哈｜最早稱為Durif（doo-REEF，杜瑞夫），發源於法國阿爾卑斯山區，之後遷徙到加州。如今，有了新的美國化名稱，最負盛名的是它深沉、深紅色澤，也是Zinfandel（金粉黛）的混釀伙伴。

Petit Verdot. peh-TEE vehr-DOH. 小維多｜波爾多經典混釀紅酒法定用品種之一，但波爾多用量極少。也生長在澳洲與美國。

Prié Blanc. pree-EH blahnk. 白布里耶｜義大利阿歐斯塔谷（Valle d'Aosta）白葡萄。白朗峰（Mont Blanc）附近莫爾克斯和拉薩爾（Morgex et de La Salle）亞區的主要葡萄品種。供應

商：Ermes Pavese、Cave du Vin Blanc。

Prunelart. proo-neh-LAHR. 博拉爾｜法國西南部加亞克地區被遺棄的紅葡萄品種，以花香馥郁著稱。1998年栽種面積不及五英畝。直到2017年才獲准用來釀造加亞克法定名稱產區產品。供應商：Domaine Plageoles、Domaine des Terrisses。

Ramisco. rah-MEESH-koh. 拉米斯科｜絕無僅有，只栽種於葡萄牙科拉爾（Colares）產區，在當地熬過十九世紀的根瘤蚜疫病。供應商：Adega Regional de Colares和Adega Viúva Gomes。

Räuschling. ROWSH-ling. 羅詩靈｜稀有白葡萄品種，生長在蘇黎世湖（Lake Zürich）一帶。最常見於蘇黎世的葡萄酒吧。

Refosco. Reh-FOHS-koh. 雷弗斯科｜義大利東北部佛里烏利（Friuli）的古老紅葡萄品種。最知名的變異種是Refosco dal Peduncolo Rosso（紅梗雷弗斯科），其中我們最熟悉的是東坡產區（Colli Orientali），供應商：Livio Felluga、Bastianich和La Viarte。

Ribolla Gialla. ree-BOHL-lah JAHL-lah. 黃麗波拉｜古代品種，也是佛里烏利（Friuli）地區最大宗的白葡萄。在毗鄰的斯洛維尼亞也常見，當地稱為Ribolla（麗波拉）。佛里烏利釀酒師Josko Gravner用來釀造流行的橘酒（Orange Wines）。

Rkatsiteli. ruh-KAT-see-TELL-ee. 白羽｜喬治亞共和國最廣為種植的白葡萄品種，在當地常用傳統陶罐釀造，譬如供應商Doqi和Pheasant's Tears。美國紐約州五指湖康斯坦丁法藍克博士（Dr. Konstantin Frank）酒莊也極富盛名。

Roter Veltliner. ROH-ter VELT-lee-ner. 紅菲特麗娜｜其實與Grüner Veltliner（綠菲特麗娜）毫不相干。它是奧地利品種Neuburger（紐伯格）、Rotgipfler（紅基夫娜）、Zierfandler（金粉黛）的親株。最佳表現出自瓦格拉姆（Wagram）產區的酒莊Franz Leth和Anton Bauer。

Rotgipfler. ROHT-gihp-fluhr. 紅基夫娜｜奧地利溫泉區（Thermenregion）的白葡萄品種，當地傳統上用於混釀Zierfandler（金粉黛），製成甘波茲克申（Gumpoldskirchen）知名的葡萄酒。供應商：Weingut Gebeshuber。

Roussanne. roo-SAHN. 瑚珊｜隆河谷地（Rhône）最知名的葡萄品種，在當地通常與Marsanne（馬爾桑）白葡萄混釀。不過薩瓦省Chignin-Bergeron產區有其最迷人的詮釋。供應商：Gilles Berlioz、Adrien Berlioz和Louis Magnin。

Sagrantino. SAH-grann-TEE-noh. 薩格朗蒂諾｜義大利翁布里亞（Umbria）產區，蒙泰法爾科（Montefalco）的紅葡萄品種，當地用以釀造雄渾高單寧的紅酒。供應商：Arnaldo Caprai、Paolo Bea、Antonelli、Scacciadiavoli和Còlpetrone。

Saperavi. SAH-per-ah-vee. 薩博維（也譯作晚紅蜜）｜喬治亞共和國的最大宗紅葡萄。名字意謂「染」，是世上少數果皮與果汁裡面含有紅色素的葡萄。供應商請參考喬治亞的Doqi 和Pheasant's Tears，以及紐約五指湖的康斯坦丁法藍克博士酒莊（Dr. Konstantin Frank）。

Sankt Laurent. 聖羅蘭｜奧地利像黑皮諾、很挑剔的葡萄。供應商：Juris、Erich Sattle、Umathum、Bründlmaye。

Savagnin. sah-vah-NYAHN. 莎瓦涅｜瑞士稱為Heida（海達），阿爾卑斯山德語區稱為Traminer（塔明娜）。在法國朱羅（Jura）產區，用於釀造類似雪莉酒的黃酒（Vin Jaune）。

Scheurebe. SHOY-reyb-beh. 施埃博｜生長在德國與奧地利一種奢華、芳香迷人的白葡萄酒，當地稱為Sämling 88（桑玲88）。美國葡萄酒進口商泰斯（Terry Theise）形容它「像讀了《印度愛經》（Kama Sutra）的麗絲琳」。

Schiava. ski-AH-vah. 斯奇亞瓦｜上阿迪傑（Alto Adige）／波扎諾（Südtirol）的紅葡萄，當易地也稱為Vernatsch（菲馬切）；德國也產，當地稱為Trollinger（托林格）。釀出的葡萄酒鮮豔、酒體輕盈，幾乎呈現粉紅色。在上阿迪傑／波扎諾一帶，這種葡萄和Lagrein（拉格蘭），在最知名的紅酒產區之一Santa Maddalena DOC用於釀造出色的紅葡萄酒。

Schioppettino. skyow-peh-TEE-noh. 斯奇派蒂諾｜義大利佛里烏利（Friuli）地區最大宗的葡萄，在當地有時候稱為「Ribolla Nera」（黑麗波拉）。但它其實與黃麗波拉（Ribolla Gialla）毫無關係。遠在十三世紀就存在，可是二十世紀末幾近絕種，直到佛里烏利和斯洛維尼亞邊界一代開始復育才存活。

Sercial. SER-shuhl. 賣希爾｜葡萄牙Madeira（馬德拉）最干型的葡萄品種，用於釀造島上最知名的加烈葡萄酒。

Sémillon. seh-mee-YOWN. 榭密松｜波爾多酒區合法能做白酒混釀的葡萄品種之一，用於釀造甜白酒Sauternes（蘇玳）。也廣為人知栽種於澳洲獵人谷（Hunter Valley）與美國。

Silvaner. sihl-VAN-uhr. 希瓦那｜白葡萄，主要種植於德國——特別是法蘭克尼亞（Franconia）和萊茵森（Rheinhessen），以及法國阿爾薩斯（Alsace）——當拼音為sylvaner。源自奧地利，但當地幾乎沒有了。1970年代惡名昭彰，受到劣質甜白酒（Liebfraumilch）如藍仙姑（Blue Nun）拖累。不過現在已重建聲名，尤其受靠著萊茵森新一代供應商的努力。

Tannat. tuh-NAHT. 塔那｜生長在法國西南地區，最著名的產區是馬第宏（Madiran），也有一些生長在烏拉圭。科學家發現它的多酚（Polyphenols）含量最高最有效，也就是能預防很多身體疾病，如癌症、心臟病與糖尿病的抗氧化劑。

Teroldego. teh-ROHL-deh-goh. 特洛迪歌｜義大利北部特倫托（Trentino）地區最普遍的紅葡萄品種。供應商不妨找Teroldego Rotaliano DOC和Foradori。

Timorasso. tee-MORE-ah-so. 迪莫拉索｜根瘤蚜病過後，在義大利亞歷山德里亞（Alessandria）皮埃蒙特省（Piemontese province）裡，蒂莫拉索的生長面積萎縮至托爾托納鎮（Tortona）一帶不到二十英畝。1990年代初期，托爾托納鎮一位名叫華特．馬沙（Walter Massa）的釀酒師從滅絕邊緣搶救了回來。

Tintilla. tin-TEE-ah.廷蒂拉｜這種葡萄在西班牙安達魯西亞地區的當地名稱叫Graciano（格拉西亞諾）。用於和Tempranillo（田帕尼優）混釀里奧哈（Rioja），安達魯西亞有單一葡萄品種裝瓶販售，供應商為Vara y Pulgar。

Touriga Fêmea. too-REE-guh feh-MAY-eh. 多瑞加芙米亞｜葡萄牙斗羅河（Douro）的一種極其稀有的紅葡萄品種。供應商Quinta da Revolta有單一品種釀造的瓶裝酒。

Touriga Nacional. too-REE-guh nah-syoo-NAHL. 國產多瑞加｜葡萄牙最大宗的紅葡萄品種。通常用於釀造斗羅河酒區的干型紅酒。歷史上，用於釀造波特酒的混釀葡萄中，一起混釀的還有Touriga Franca（多瑞加弗藍卡）、Touriga Frances（法國多瑞加）、Tinta Cão（卡奧）、 Tinta Roriz（羅麗紅）——也稱Tempranillo（田帕尼優）等等。

Trousseau. TROO-soh. 特盧梭 | 葡萄牙（用於釀造波特酒）稱為Bastardo（巴斯塔多）。是法國朱羅酒區最令人夢寐以求的紅葡萄品種。

Turbiana. TOOR-bee-anna. 圖比安娜 | 盧加那產區（Lugana）倫巴底（Lombardian）稱Verdicchio（維蒂奇諾）。這種葡萄生長在加爾達湖（Lago di Garda）。盧加那的葡萄藤有四分之一都因興建高速鐵路而飽受威脅。供應商：Zenato、Tenuta Roveglia和Cà dei Frati。

Verdesse. VEHR-dess. 維黛絲 | 相當珍稀的阿爾卑斯山白葡萄，芳香馥郁，主要生長在薩瓦省與伊澤爾省。供應商：Nicolas Gonin、Domaine Finot。

Vien de Nus. vee-EN de NOOS. 薇安 | 義大利阿歐斯塔谷（Valle d'Aosta），通常用於混釀，搭配的葡萄有Petit Rouge（小胭脂紅）、Fumin（富美）、Cornalin（科娜琳），供應商：Grosjean Freres和ViniRari。

Voskehat. voh-ski-hot. 沃斯奇亞 | 意謂「金色漿果」，是最重要的亞美尼亞白葡萄品種，特別來自阿拉加特特恩（Aragatsotn）產區的供應商Koor。

Welschriesling. VELSH-reez-ling. 威爾斯麗絲琳 | 和麗絲琳沒有關係。這種白葡萄生長在奧地利與德國，還有匈牙利——當地稱為Olaszrizling（歐拉麗絲琳），以及克羅埃西亞——當地稱為Grasevina（格拉塞維納）。供應商：Heidi Schröck（奧地利）、Fekete Béla（匈牙利）和Adži（克羅埃西亞）。

Xinomavro. ksee-NOH-mah-vroh. 希諾瑪洛（也譯作黑喜諾） | 字意就是「酸又黑」，這種紅葡萄通常被拿來和義大利的Nebbiolo（內比歐露）做比較，多半生長希臘北邊北馬其頓共和國（Macedonia）的納烏薩（Naousa）地區。供應商：Domaine Karydas、Kir-Yianni和Boutari。

Zierfandler. zeer-FAND-ler. 金粉黛 | 奧地利溫泉區的白葡萄酒，當地傳統上與Rotgipfler（紅基夫娜）混釀，製成知名的甘波茲克申（Gumpoldskirchen）葡萄酒。也稱為Spaetrot（聖珀爾勝），意謂「晚紅」，因為秋天採收前才轉紅（即使它製造的是白葡萄酒）。最佳供應商：Weingut Gebeshuber。

Žilavka. zhe-LAHV-ka. 茲瓦卡 | 波士尼亞與赫塞哥維納（Bosnia and Herzegovina）的白葡萄。主要產區在莫斯塔爾（Mostar）地區。

Zweigelt. TSVY–gelt. 茨威格 | 奧地利最普遍的紅葡萄，也稱為Rotburger（紅伯格），是Blaufränkisch（藍佛朗克）和Sankt Laurent（聖羅蘭）的雜交後代。

致謝｜Acknowledgments

茲感謝維拉莫茲（José Vouillamoz）、茱莉亞·哈定（Julia Harding）和簡西絲·羅賓遜（Jancis Robinson）所撰寫的全面性、精美又具決定性的葡萄品種學專書《釀酒葡萄：1368種葡萄品種的完整指南，包括其來源和風味》。這部長達一千兩百多頁的巨著是寶貴參考書，提供無盡靈感，啟發我撰寫本書。

最令人振奮的是，發現並重新發現釀酒葡萄，解碼它們的起源，解釋其複雜性，這些工作永無止盡──維拉莫茲告訴我，他們的著作初版問世以來，有非常之多新研究誕生。我熱切期待三人未來修訂改版。

在此還要感謝我所有家人的支持，在紐澤西的（Jen、Wes和Sander），佛羅里達的（Frank和Becky），加州的（Jack和Mariann），以及義大利皮耶韋聖賈科莫（Pieve San Giacomo）的家人（Anna和Daniela）。尤其特別感謝艾布拉姆斯出版社（Abrams Press）編輯部主任賈米森·斯托爾茲（Jamison Stoltz），謝謝他願意為這本怪異的書甘冒風險，一路相伴一點一點學習葡萄酒知識。

同時感謝以下眾人：AFAR 的Derk Richardson和Jeremy Saum，《華盛頓郵報》的David Rowell和Joe Yonan，Beverage Media的William Tish協助讓一篇篇文章付梓成書。Constance Chamberlain、Inama家族（Stefano、Matteo、Alessio）、David Foss，以及「葡萄酒馬賽克」（Wine Mosaic）一眾真正的葡萄酒狂熱好友，還有，Greg Root和最初的Fishtown Wine Club（Lauren、Joe、Mike、Alexa、 Francisco、Nicole和Amber），多謝你們，謝謝！

也謝謝我的哥哥，一同演出很久以前的貝德福德·拉斯卡爾老爺車戲碼；謝謝Kevin Dorn的大頭照（雖然沒有派上用場）；謝謝一頭紅髮怒放的Shelby Vittek引領我從風時亞盒裝葡萄酒變成葡萄酒專家。最重要的是，感謝全世界所有獨立思考內心瘋狂的釀酒師，謝謝他們投身於種植你聞所未聞的葡萄。

叛逆的葡萄：踏上珍稀葡萄酒旅程 / 傑森.威爾遜(Jason Wilson)著；傅士玲譯. -- 初版. -- 臺北市：
大辣出版：大塊文化發行, 2020.07　面；15×23公分. -- (dala food；8)　譯自：Godforsaken grapes：
a slightly tipsy journey through the world of strange, obscure, and underappreciated wine
ISBN 978-986-98557-5-4(平裝)

1.葡萄酒　2.製酒　3.品酒　　　463.814　　　　109007385